前言

在大學階段，我們獲得知識的一般途徑是透過對教材的理論學習及對應的實驗驗證。具體到教材的每一節（章），大致上是先提出某個已被確定的理論，然後由簡入繁組織一些模式相似的例子，用於練習或驗證先前提出的理論，這種學習方法實際上就是對模型（model）的學習。在學習數學的過程中，如果我們能逐步自我訓練，把每一節的學習當作一個模型去對待，理解這個模型的理論基礎，它能解決什麼樣的問題以及如何解決，這種訓練無疑比陷入題海或過分專注於一些技巧要好的多。累積的模型多了，在解決實際問題時才會更快的定位到正確或接近正確的解決模式上，也才有可能得到這個問題的確切解或近似解（解決方案），但如果用錯誤的模型去匹配一個未知問題，結果很可能大幅偏離正解，甚至南轅北轍。

科學計算是對已知理論或假設，運用特定演算法或程式，並對這一理論（假設）進行驗證或進一步探索的試驗過程，是手工計算在機器上的延伸與拓展，同時也是科技人員必須具備的一項技能。由此，我和我的同事撰寫了和「高等數學」（含「線性代數」）、「機率論與數理統計」和「作業研究」幾本傳統教材搭配的科學計算輔導用書。我們希望科學計算從這幾門基礎課開始生根。

Python 是當下的第一選項，原因在於以下兩個方面：（1）就科學計算來說，基於 Python 的函數庫是相對完備且開放的，使用人群的基數也決定著學習資源的品質與多樣性；（2）相對於 C、C++、Java 等程式語言，Python 對於非電腦類專業來講有著更為合適的生長土壤，我們不太可能用 C 語言來求解諸如熱處理問題、資源設定問題或實驗中某些因素的互動作用問題等。

數學為我們提供了豐富多彩的素材用以學習程式設計：從讀者已掌握的知識（例如繪製一個拋物線，計算一個函數的導數）到未知的領域（如求一個複雜函數的極值），這期間有驗證的快樂，也有探索的艱辛，在不斷重複這些活動的過程中學會熟練運用這一工具，工具的熟練使用反過來也會幫助我們對特定問題進行更為深入的探討與研究。

Visual Studio Code 為我們提供了良好的工作環境。

基本理論和手工計算是根本，然後才可以使用機器進行實踐，切莫本末倒置。如果自己無法解釋程式或程式輸出，那就要調整為理論優先。建議讀者依據自身對基礎的理解，可以採用理論與實踐按節融合、按章融合或學期後融合的策略。

本書的第 1~3 章由賈愛娟老師撰寫，第 4~6 章由張靈帥老師撰寫，第 7~9 章由陳繼紅老師撰寫，第 10~11 章由郭曉玉撰寫，第 12 章由楊懷霞老師撰寫，第 13~21 章由毛悅悅老師撰寫，第 22~33 章由我撰寫。文件的審核及校對由趙文峰、程方榮、崔紅新和時博老師完成。

畢文斌

目錄

第三部分　機率論與數理統計

第四部分　作業研究

第一部分
程式設計基礎

本部分主要介紹 Python 程式設計平台的架設、Python 的基底資料型態、分支與迴圈、異常處理及 numpy 函數庫的基礎。

Python 基礎

▶ 1.1 Python 簡介與安裝

Python 是 1989 年荷蘭人 Guido van Rossum 為改 ABC 語言而發明的一種物件導向的直譯型高級程式語言，它的設計優美、清晰、簡單。第一個 Python 編輯器誕生於 1991 年，當時它已具有了串列、字典、函數、類別、異常處理等核心資料型態與機制，以及基於模組的拓展系統。Python 特別在意可拓展性，它有豐富和強大的函數庫，能夠把其他語言製作的各種模組輕鬆地聯結在一起。因此，Python 常被稱為「膠水」語言。

2001 年 Python 軟體基金會 PSF（Python Software Foundation）成立於美國 Delaware 州。基金會的宗旨是：促進、保護和發展 python 程式語言，同時支援並輔助 Python 開發者組成的多樣化的國際社區的發展。基於上述宗旨，基金會的主要職責有：開發核心模組與函數，維護 Python 文件，聯絡開發者和使用者的社區以及組織會議。Python 官方網站：https://www.python.org。

Python 是一種跨平台的程式語言，可以執行在多個作業系統中，例如
Linux 系統、Mac OS X 系統與 Windows 系統。要進行 Python 開發，需要
先安裝 Python 解譯器，解譯器的下載請存取 https://www.python.org/
downloads/，安裝步驟如下。

根據電腦作業系統的需要選擇下載安裝檔案，以 Windows 系統為例，如
圖 1.1 所示。

▲ 圖 1.1

選擇 Python 版本，推薦版本 3.7.5，如圖 1.2 所示。

Release version	Release date		Click for more
Python 3.5.9	Nov. 2, 2019	Download	Release Notes
Python 3.5.8	Oct. 29, 2019	Download	Release Notes
Python 2.7.17	Oct. 19, 2019	Download	Release Notes
Python 3.7.5	Oct. 15, 2019	Download	Release Notes
Python 3.8.0	Oct. 14, 2019	Download	Release Notes
Python 3.7.4	July 8, 2019	Download	Release Notes
Python 3.6.9	July 2, 2019	Download	Release Notes
Python 3.7.3	March 25, 2019	Download	Release Notes

▲ 圖 1.2

選擇 Windows x86-64 executeable installer，如圖 1.3 所示。

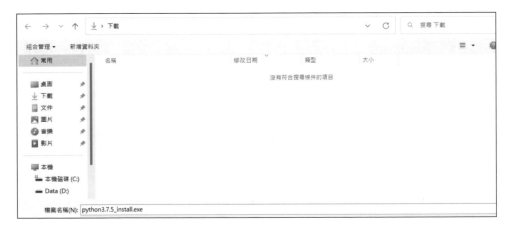

Files

Version	Operating System	Description	MD5 Sum	File Size	GPG
Gzipped source tarball	Source release		1cd071f78ff6d9c7524c95303a3057aa	23126230	SIG
XZ compressed source tarball	Source release		08ed8030b1183107c48f2092e79a87e2	17236432	SIG
macOS 64-bit/32-bit installer	Mac OS X	(Deprecated) for Mac OS X 10.6 and later	cd503606638c8e6948a591a9229446e4	35020778	SIG
macOS 64-bit installer	Mac OS X	for macOS 10.9 and later	20d9540e88c6aaba1d2bc1ad5d069359	28198752	SIG
Windows help file	Windows		608cafa250f8baa11a69bbfcb842c0e0	8141193	SIG
Windows x86-64 embeddable zip file	Windows	for AMD64/EM64T/x64	436b0f803d2a0b393590030b1cd59853	7500597	SIG
Windows x86-64 executable installer	Windows	for AMD64/EM64T/x64	697f7a884e80ccaa9dff3a77e979b0f8	26777448	SIG
Windows x86-64 web-based installer	Windows	for AMD64/EM64T/x64	b8b6e5ce8c27c20bfd28f1366ddf8a2f	1363032	SIG
Windows x86 embeddable zip file	Windows		726877d1a1f5a7dc68f6a4fa48964cd1	6745126	SIG
Windows x86 executable installer	Windows		cfe9a828af6111d5951b74093d70ee89	25766192	SIG
Windows x86 web-based installer	Windows		ea946f4b76ce63d366d6ed0e32c11370	1324872	SIG

▲ 圖 1.3

選擇下載儲存路徑，如圖 1.4 所示。

▲ 圖 1.4

下載完成後先在非系統磁碟（推薦 D 磁碟）新建一個資料夾，將其命名為 Python3.7.5，Python 將被安裝至這個資料夾中，如圖 1.5 所示。

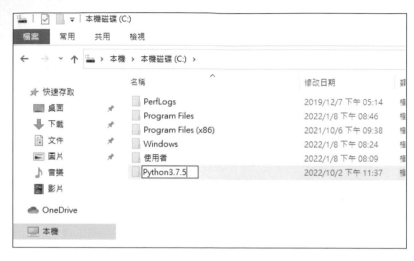

▲ 圖 1.5

按兩下 Python3.7.5 安裝程式，選取 Add Python 3.7 to PATH，點擊 Customize installation（自訂安裝），如圖 1.6 所示。

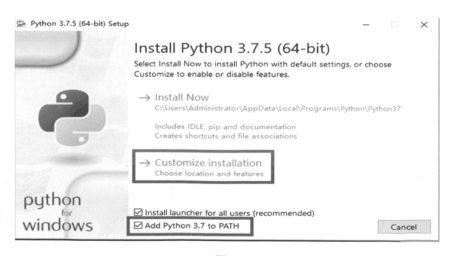

▲ 圖 1.6

在接下來的介面，點擊 Next 按鈕，如圖 1.7 所示。

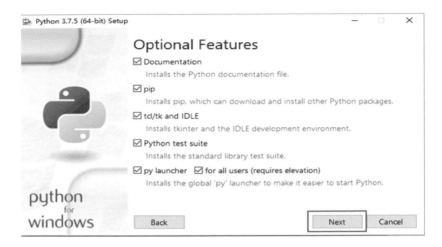

▲圖 1.7

點擊 Browse 按鈕，選擇安裝路徑，然後點擊 Install 按鈕直到安裝結束，
如圖 1.8 所示。

▲圖 1.8

下面安裝協力廠商函數庫，打開資料夾，路徑如圖 1.9 所示。

▲圖 1.9

選中資料夾路徑，如圖 1.10 所示。

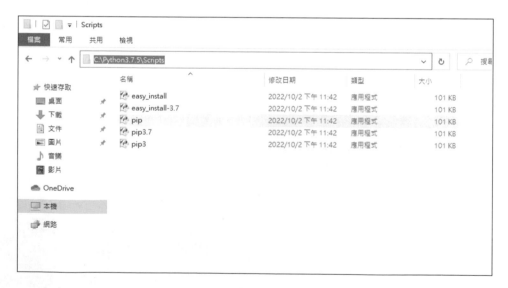

▲圖 1.10

在此輸入命令 cmd，按確認鍵，如圖 1.11 所示。

▲ 圖 1.11

輸入命令 pip install numpy，按確認鍵，如圖 1.12 所示。

```
C:\Windows\System32\cmd.exe
Microsoft Windows [版本 10.0.19044.1415]
(c) Microsoft Corporation. 著作權所有，並保留一切權利。

C:\Python3.7.5\Scripts>pip install numpy
```

▲ 圖 1.12

numpy 安裝結束，如圖 1.13 所示。

```
D:\python3.7.5\Scripts>pip install numpy
Collecting numpy
  Downloading https://files.pythonhosted.org/packages/72/dd/fcb5046365a1c3edd8e6d5824e58a106568
/numpy-1.19.0-cp37-cp37m-win_amd64.whl (13.0MB)
    |████████████████████████████████| 13.0MB 3.2MB/s
Installing collected packages: numpy
Successfully installed numpy-1.19.0
WARNING: You are using pip version 19.2.3, however version 20.1.1 is available.
You should consider upgrading via the 'python -m pip install --upgrade pip' command.

D:\python3.7.5\Scripts>
```

▲ 圖 1.13

輸入命令 pip install matplotlib，按確認鍵，如圖 1.14 所示。

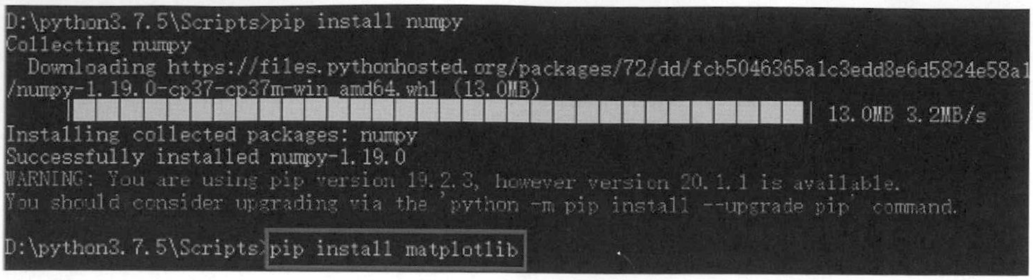

▲圖 1.14

matplotlib 安裝結束，如圖 1.15 所示。

▲圖 1.15

查看安裝好的函數庫，如圖 1.16 所示。

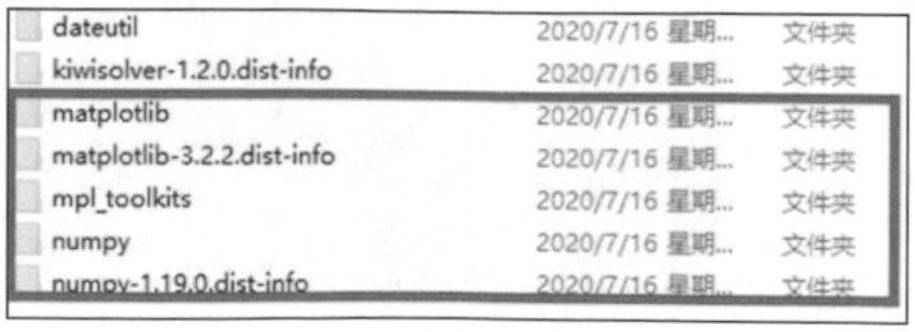

▲圖 1.16

依次輸入以下命令，獲得本書需要的函數庫。

```
pip install sympy
pip install scipy
pip install seaborn
pip install pandas
pip install sklearn
pip install statsmodels
pip install pulp
pip install xlwt
```

▶ 1.2 協力廠商開發工具 VS Code

Visual Studio Code (簡稱 VS Code) 是一款免費開放原始碼的現代化輕量級程式編輯器，幾乎支援所有主流開發語言的程式偵錯，可作為 Python 的開發工具，安裝時安裝 Python 外掛程式即可，VS Code 的官網下載網址為：https://code.visualstudio.com/Download。

打開網址，出現 Visual Studio Code 的下載頁面，如圖 1.17 所示。

▲圖 1.17

根據需要選擇下載版本，以 Windows 64 位元系統為例，選擇 System Installer 64 bit，如圖 1.18 所示。

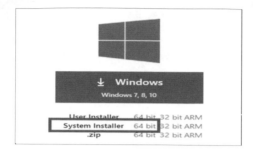

▲圖 1.18

選擇儲存路徑，點擊「下載」按鈕，如圖 1.19 所示。

▲圖 1.19

下載完成後按兩下安裝檔案，選擇「我同意(A)」，點擊「下一步」按鈕，如圖 1.20 所示。

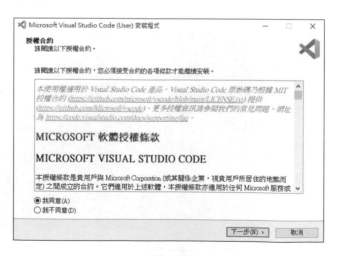

▲圖 1.20

選擇要安裝資料夾的位置，點擊「下一步」按鈕，如圖 1.21 所示。

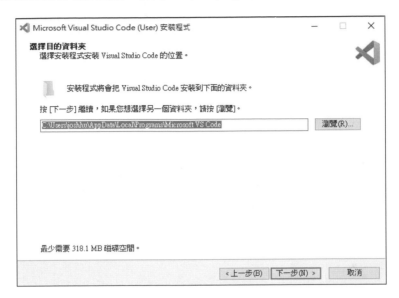

▲ 圖 1.21

選擇開始選單資料夾，點擊「下一步」按鈕，如圖 1.22 所示。

選擇加入 PATH 中（重新啟動後生效），點擊「下一步」按鈕，如圖 1.23 所示。

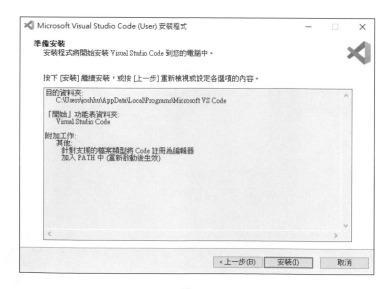

▲ 圖 1.23

點擊「安裝」按鈕，如圖 1.24 所示。

▲ 圖 1.24

點擊「完成」按鈕，如圖 1.25 所示。

▲ 圖 1.25

重新啟動電腦，打開 Visual Studio Code，安裝擴充，如圖 1.26 所示。

▲ 圖 1.26

輸入 Python 搜尋，點擊 Install 按鈕，如圖 1.27 所示。

▲ 圖 1.27

當按鈕顯示為 Uninstall 時，說明 Python 擴充安裝結束，如圖 1.28 所示。

▲ 圖 1.28

輸入 jupyter 搜尋，點擊 Install 按鈕，如圖 1.29 所示。

▲ 圖 1.29

當按鈕顯示為 Uninstall 時，說明 Jupyter 擴充安裝結束，如圖 1.30 所示。

▲ 圖 1.30

在功能表列上選擇 File→New File 新建檔案，如圖 1.31 所示。

▲ 圖 1.31

新建一個未命名檔案 Untitled-1，如圖 1.32 所示。

▲ 圖 1.32

點擊 File→Save As 更改檔案類型，如圖 1.33 所示。

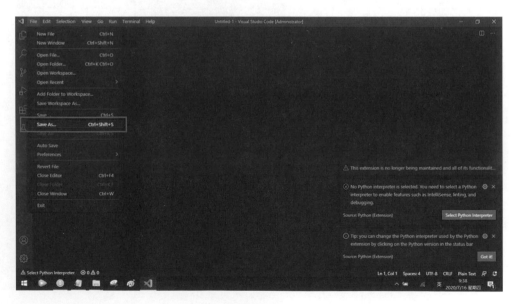

▲ 圖 1.33

不用修改檔案名稱，點擊第二個下拉清單，如圖 1.34 所示。

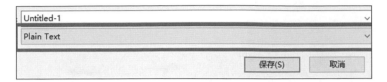

▲ 圖 1.34

選擇 Jupyter 類型，如圖 1.35 所示。

▲ 圖 1.35

點擊「儲存」按鈕，如圖 1.36 所示。

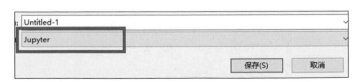

▲ 圖 1.36

現在 Jupyter Server 的狀態為 Not Started,圖示為紅色，在單元格中輸入程式 print('hello')，點擊其上方的綠色小三角形按鈕，執行程式，如圖 1.37 所示。

▲圖 1.37

執行提示各種錯誤，如圖 1.38 所示。

▲圖 1.38

右下角提示 Jupyter 沒有安裝及 Python 解譯器沒有設定，點擊 "Install" 按鈕，如圖 1.39 所示。

▲圖 1.39

此時，提示讓我們選擇 Python 解譯器，點擊 "Select Python Interpreter"
按鈕，如圖 1.40 所示。

▲ 圖 1.40

選擇 D:\Python3.7.5\Python.exe，如圖 1.41 所示。

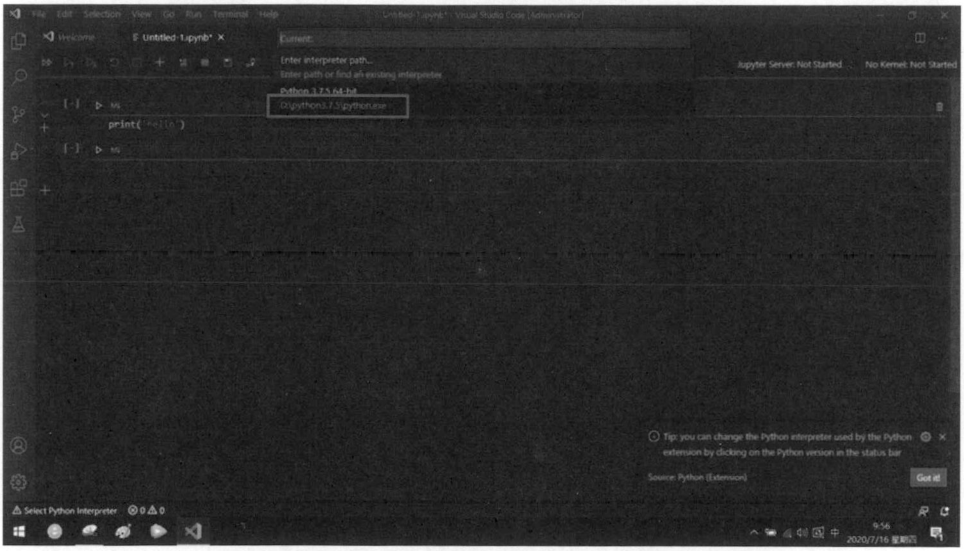

▲ 圖 1.41

繼續安裝 Jupyter，如圖 1.42 所示。

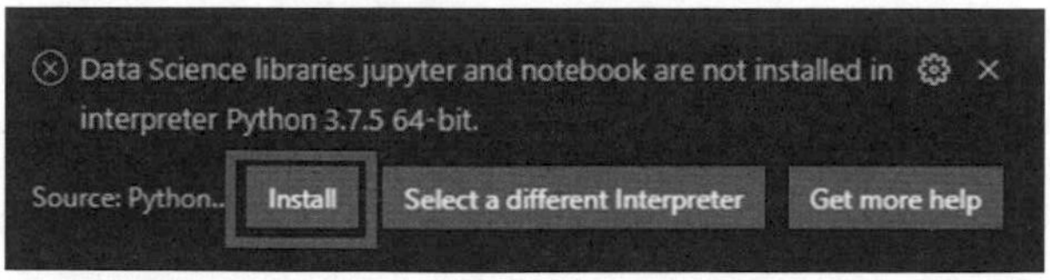

▲ 圖 1.42

安裝過程，如圖 1.43 所示。

▲ 圖 1.43

安裝結束，如圖 1.44 所示。

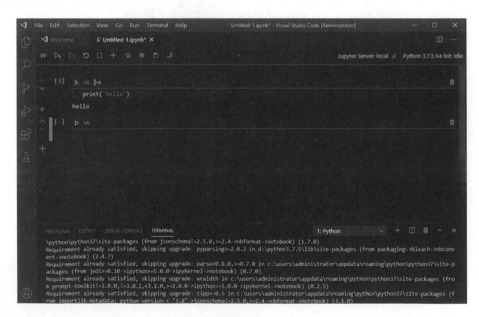

▲ 圖 1.44

將終端視窗關閉,這個視窗對我們以後的工作沒有用,如圖 1.45 所示。

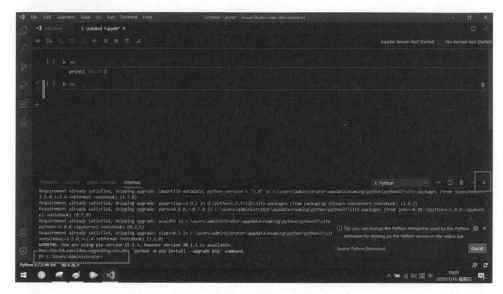

▲圖 1.45

稍等片刻,當 Jupyter Server 右側的小圖示由紅色變為綠色時,說明 Jupyter Server 已經可以為我們服務了,如圖 1.46 所示。

▲圖 1.46

點擊三角形按鈕執行程式,如圖 1.47 所示。

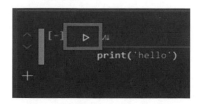

▲圖 1.47

執行成功,至此,我們的工作平台架設完畢,如圖 1.48 所示。

▲圖 1.48

最後調節 Visual Studio Code 的字型大小,選擇 File→Preferences→Settings,如圖 1.49 所示。

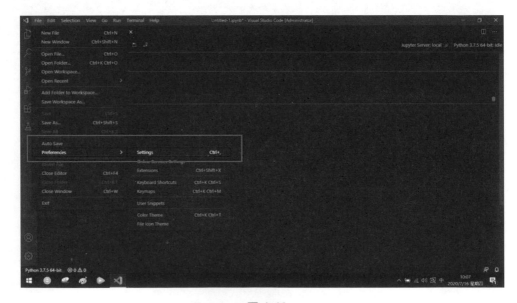

▲圖 1.49

設定字型大小,如圖 1.50 所示。

▲圖 1.50

⊙ 1.3 Python 內建資料型態與函數

1.3.1 基底資料型態

記憶體中儲存的資料有多種類型，整數類型（int）、浮點數（float）、字串類型（str）、布林類型（bool）。例如姓名可用字元型儲存，年齡可用整數類型儲存，身高可用浮點數儲存，已婚與否可用布林類型儲存。這些都是 python 中常用的基底資料型態。

int 用來表示整數，即沒有小數部分的數值。

在非系統磁碟（不是必需的）新建一個資料夾，將其命名為 BasicPython,打開 VS Code，新建一個檔案，並將其另存為 Jupyter（尾碼為.ipynb）檔案，在單元格中輸入程式，如圖 1.51 所示。

其中 '#' 號後面的內容為程式註釋（不是必需的），不參與程式的執行，現在點擊執行按鈕（小三角形），執行結果如圖 1.52 所示。

▲圖 1.51

▲圖 1.52

float 由整數部分和小數部分組成（以下非必要時不再使用圖片，執行結果前加 out:，以和程式部分區分）。

```
y=1.0                    #定義一個浮點數變數
type(y)                  #查看變數的資料型態
out:float
```

str 指連續的字元序列，可以是電腦所能表示的所有字元的集合。Python
中字串要用引號括起來，引號可以是單引號也可以是雙引號。

```
z='abc'                              #定義一個字串類型變數
type(z)                              #查看變數的資料型態
out:str
```

bool 主要用來表示真或假，Python 中用 True 表示真，False 表示假。

```
u=True                               #定義一個布林類型變數
type(u)                              #查看變數的資料型態
out:bool
```

1.3.2 串列

串列由一系列按照特定順序排列的元素組成。元素之間可以沒有任何關
係。Python 中，用中括號[]表示串列，並用逗點分隔其中的元素。串列可
以是一維的，可以是二維的，也可以是 n 維的（n≥3）。

```
list_1=[5,4,3,5,6]                   #一維串列
list_2=[[1,2,3],[4,5,6]]             #二維串列
```

由於串列是有序集合，因此存取串列元素時，只需將該元素的位置或索引
告訴 Python 即可。需要注意的是，Python 的索引是從 0 開始，而非從 1
開始，對於串列中最後一個元素，Python 提供了一種特殊語法，將索引
指定為-1。

```
list_1[0]                            #得到整數 5
list_1[-1]                           #得到整數 6
list_2[0]                            #得到串列[1,2,3]
list_2[0][1]                         #得到整數 2
```

可以同時獲得多個結果，如圖 1.53 所示。

```
▷ M↓ ┃-8
  list_1=[5,4,3,5,6]           #一維串列
  list_2=[[1,2,3],[4,5,6]]     #二維串列
  list_1[0],list_1[-1],list_2[0],list_2[0][1]

(5, 6, [1, 2, 3], 2)
```

▲ 圖 1.53

除了存取串列單一元素，Python 還可以處理串列的部分元素，稱為切片。建立切片時，需指定要使用的第一個元素的索引以及最後一個元素的索引加 1。

```
list_1[2:4]                    #得到串列[3,5]
```

當第一個索引缺失時，Python 預設從串列開頭開始。

```
list_1[:-2]                    #得到串列[5,4,3]
```

要讓切片終止於串列尾端，也可使用類似的語法。

```
list_1[2:]                     #得到串列[3,5,6]
```

串列建立後，可隨著程式的執行增刪元素。在串列中增加新元素，最簡單的做法是將元素增加到串列尾端。方法 append()可實現這一操作。

```
list_3=[1,4,7]                 #定義一個串列
list_1.append(list_3)
```

list_1 增添一個串列[1,4,7]作為第 5 個元素，變成[5,4,3,5,6,[1,4,7]]，若想要串列 list_1 增添三個整數 1，4，7 分別作為第 5，6，7 個元素，即變成[5,4,3,5,6,1,4,7]，則需使用 extend()方法。

```
list_1.extend(list_3)
```

當需要從串列中刪除一個或多個元素時，可使用 pop()或 remove()。

```
list_1.pop(3)                  #刪除串列中的第 3 個元素
list_1.remove(4)               #刪除串列中的元素 4
```

這裡 remove() 只刪除第一個指定的值。若要刪除的值在串列中多次出現，則需要使用迴圈來判斷是否刪除了所有這樣的值。

1.3.3 元組

元組的結構與串列很像，它使用小括號而非方括號來標識。元組中的元素不可修改。元組中元素的存取方法與串列相同。

```
tuple_1=(1,2,3,4,5)              #元組變數
tuple_1[0]                       #得到整數 1
tuple_1[-1]                      #得到整數 5
tuple_1[2:4]                     #得到元組(3,4)
tuple_1[:3]                      #得到元組(1,2,3)
tuple_1[2:]                      #得到元組(3,4,5)
```

1.3.4 字典

字典是無序的可變序列，其內容以「鍵-值」對的形式存放在大括號 {} 中，不同的「鍵-值」對之間用逗點分隔。每個鍵都連結一個值，值可以是數字、字串、串列乃至字典。可以使用鍵來存取與之連結的值。

```
dict_1={'name':'Ada', 'age':23}    #字典變數
dict_1['name']                     #得到字串'Ada'
```

字典是種動態結構，可隨時在其中增加「鍵-值」對。依次指定字典名稱、用中括號括起的鍵和相連結的值即可。

```
dict_1['sex']= 'male'            #增加'sex': 'male'的"鍵-值"對
```

對於字典中不再需要的資訊，可使用 del 敘述刪除。del 敘述使用時，必須指定字典名稱和要刪除的鍵。

```
del dict_1['sex']                #刪除'sex': 'male'的"鍵-值"對
```

1.3.5 集合

Python 中的集合與數學中的集合類似，用於儲存不重複的元素。所有元素都放在大括號{}中，不同元素之間用逗點分隔。由於集合中元素不重複，所以集合最好的應用是去重。集合的建立可以直接使用{},也可以用set()函數。

```
set_1={1,2,3,2,6}                    #集合變數
set_2=set(list_1)                    #從串列定義集合
```

集合是可變序列，可對其增加或刪除元素。常用的方法是 add()和remove()。

```
set_1.add(7)                         #增加元素 7
set_2.remove(5)                      #刪除元素 5
```

集合常用的操作是進行交、並、差和對稱差運算，使用的運算符號分別是"&"、"|"、"-" 和 "^"。

```
set_1&set_2                          #兩集合的交集
set_1|set_2                          #兩集合的聯集
set_1-set_2                          #兩集合的差集
set_1^set_2                          #兩集合的對稱差集
```

1.3.6 函數

函數的應用非常廣泛，Python 除了內建的標準函數外，還支援自訂函數。建立單一輸出的函數既可使用 def 關鍵字，也可使用匿名函數(lambda)。例如定義一個函數 $f(x) = x^3 + 2x$，並求 $f(3)$ 的值，有兩種做法：

方法 1

```
def   f(x):return x**3+2*x          #def 定義函數
f(3)                                #計算 f(3)的值
```

方法 2

```
f=lambda x: x**3+2*x              #lambda 定義函數
f(3)                              #計算 f(3)的值
```

建立多個輸出的函數只能使用 def 關鍵字，如圖 1.54 所示。

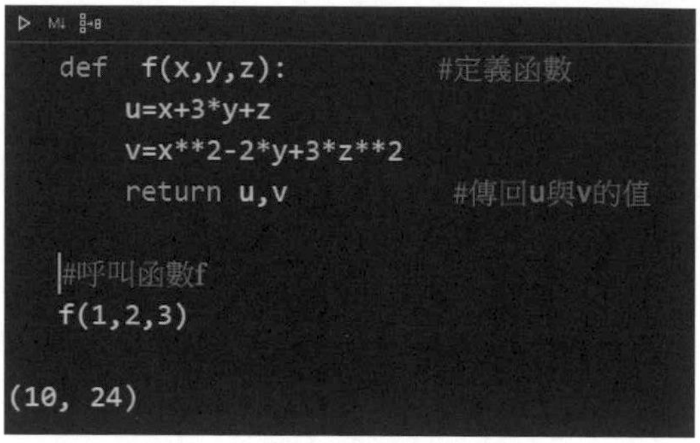

▲圖 1.54

需要注意兩點：

（1）函數傳回多個值，是 python 特有的性質，VS Code 將其作為元組顯示（10, 24），常見的呼叫多值函數的方法為：

```
u,v=f(1,2,3)
u,v
```

（2）函數的第一行 def f(x,y,z):和函數本體內的程式行不能對齊，如果在第一行的冒號後確認時，游標沒有自動如圖一樣停在 u 前方的位置，這時按鍵盤上的 'Tab' 鍵。

1.3.7 迴圈敘述

迴圈是讓電腦自動完成重複工作的一種方法。常用的迴圈敘述有 for 迴圈和 while 迴圈。for 迴圈是計次迴圈，迴圈次數已知的情況下使用，常用於列舉或遍歷。舉例來説，計算 $s = 1+2+3+4+5$，如圖 1.55 所示。

```
    s=0                                    #變數初值
    for i in range(1,6):
        print('Now,i={}'.format(i),end=';')
        s=s+i
        print('and s={}'.format(s))
    print('At last s is {}'.format(s))
Now,i=1;and s=1
Now,i=2;and s=3
Now,i=3;and s=6
Now,i=4;and s=10
Now,i=5;and s=15
At last s is 15
```

▲圖 1.55

上述程式中使用了 range()函數，它是 python 的內建函數，用於生成一系列連續的整數。語法格式 range(start, end, step)，start 用於指定起始值，如省略則預設從 0 開始，end 用於指定結束值(不包括該值)，不能省略，step 用於指定步進值，即兩數之間的間隔，如省略預設為 1。

一個字串的.format()函數用來顯示字串和資料資訊（格式化字串），其中 for 迴圈本體內的第一行相當於把 i 的值填入大括號內，而第二、三個 print 是把 s 的值填入大括號內。

while 迴圈透過一個條件來判斷是否繼續執行迴圈本體中的敘述，當條件為真時執行，執行完畢重新判斷條件運算式，直到條件為假時跳出迴圈。下面的 while 迴圈從 1 數到 6，如圖 1.56 所示。

```
    num=1                          #指定從1開始
    while num<=6:                  #只要num<=6就接著運行迴圈
        print(num,end=';')         #輸出num的值
        num+=1                     #num值加1
1;2;3;4;5;6;
```

▲圖 1.56

1.3.8 分支敘述

實際問題中經常需要檢查一系列條件，並依此決定採取什麼措施。Python 中的 if … else 敘述可以實現這一過程。舉例來說，計算 $t=1-\dfrac{1}{2}+\dfrac{1}{3}-\dfrac{1}{4}+\cdots+\dfrac{1}{99}-\dfrac{1}{100}$，分母為奇數的項前方為正號，分母為偶數的項前方為負號，如圖 1.57 所示。

```
t=0
for i in range(1,101):
    if i%2==1:          #判斷i除以2的餘數是不是等於1
        t=t+1/i                 #等於1執行該敘述
    else:
        t=t-1/i         #餘數不等於1，執行該行敘述
print('t={}\n'.format(t))           #輸出t的值
t=0.688172179310195
```

▲圖 1.57

如果有多個判斷條件時，可以使用 if…elif…else 敘述。使用方法與 if…else 敘述類似。

◉ 1.4　Python 常用協力廠商函數庫：numpy

1.4.1　numpy 函數庫簡介

numpy 是 Numerical Python 的縮寫，最初由 Travis Oliphant 在 2005 年開發，是 Python 科學計算的基本模組。numpy 提供快速高效的多維陣列物件 ndarray，它是數值計算的基礎資料結構；提供基於元素的陣列計算或陣列間數學操作的函數；提供線性代數的計算，傅立葉轉換以及亂數產生等方法。

1.4.2　numpy 陣列

numpy 的最常用功能之一就是 numpy 陣列，它與 python 內建串列最大的區別在於功能性和速度，numpy 陣列更高效，更靈活。生成陣列最簡單的方式是使用 array 函數。用以下幾個圖片來展示 numpy 陣列和 python 串列的區別，這對初學者很重要。

除了 numpy.array，還有很多其他函數可以建立新陣列。陣列的維數也可以改變。首先匯入 numpy 函數庫，如圖 1.58 所示。

```
import numpy as np #匯入numpy庫並按慣例將其重新命名為np
```

▲ 圖 1.58

匯入 numpy 函數庫後記得要執行一下，後面的程式才可以使用這個函數庫中的函數，如圖 1.59 所示。

```
a_python_list=[1,2]
a_numpy_array=np.array([1,2])
type(a_python_list),type(a_numpy_array) #二者類型不一樣

(list, numpy.ndarray)
```

▲ 圖 1.59

二者類型不一樣，在程式設計領域也常說二者屬於不同的類別，乘以 2 的結果也不一樣，如圖 1.60 所示。

```
a_python_list*2,a_numpy_array*2    #乘以2的結果也不一樣

([1, 2, 1, 2], array([2, 4]))
```

▲ 圖 1.60

list 類型的變數乘以 2 相當於兩個相同的 list 連接，而 np.array 乘以 2，相當於每個元素都乘以 2。

np.array 不支援增加元素的 append 函數，這裡使用了 python 的 try⋯except⋯（異常捕捉）機制，如圖 1.61 所示，我們放在本章的最後介紹。

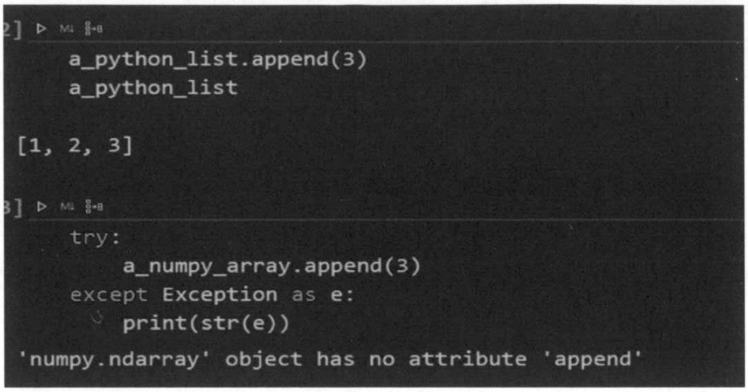

```
a_python_list.append(3)
a_python_list

[1, 2, 3]

try:
    a_numpy_array.append(3)
except Exception as e:
    print(str(e))
'numpy.ndarray' object has no attribute 'append'
```

▲ 圖 1.61

二者經常這樣相互轉換，如圖 1.62 所示。

```
#二者可以相互轉換
a=np.array(a_python_list)
b=list(a)
a,b

(array([1, 2, 3]), [1, 2, 3])
```

▲ 圖 1.62

以下程式，請自行在 VS Code 上執行並觀察結果。

```
np.zeros(5)
np.ones((2,3))
np.arange(1,10,2)              #不包含 10
np.linspace(1,10,5)           #繪圖時經常使用這個函數，包含 10
np.arange(16).reshape((4,4))
```

1.4.3 numpy 數學計算

numpy 陣列允許使用類似純量的操作語法對整個區塊資料進行數學計算。

```
x=np.arange(1,5).reshape(2,2)
x
out:array([[1, 2],
       [3, 4]])
y=np.arange(5,9).reshape(2,2)
y
out:array([[5, 6],
       [7, 8]])
x+y
    out:array([[ 6,8],
          [10,12]])
x-y
    out:array([[-4,-4],
          [-4,-4]])
x/y
out:array([[0.2 , 0.33333333],
     [0.42857143, 0.5]])
x*y
out:array([[5,12],
     [21,32]])
np.sqrt(x)                    #所有元素取平方根
np.log(x)                     #所有元素取自然對數
np.sin(x)                     #所有元素取正弦
np.cos(x)                     #所有元素取餘弦
100+x                         #np 特有的廣播機制
```

現在簡單介紹 python 的異常捕捉機制：

一般將可能出現錯誤的程式碼部分放在 try:下面，如果這段程式有異常，則觸發執行 except:下的程式，否則不執行 except:下的程式；如果這個機制中還有 finally:程式碼部分(一般只有 try…except…)，則無論是否有異常，都要在最後執行 finally:下的程式碼部分，如圖 1.63 所示。

```
a=[1,2,3]
try:
    a=a+1 #這行程式將出現異常，list不支持這種操作
except Exception as e:
    print('異常資訊：{}'.format(str(e)))
finally:
    print(np.array(a)+1)
異常信息: can only concatenate list (not "int") to list
[2 3 4]
```

▲ 圖 1.63

最後，舉出 python 及幾個函數庫的官方網址，讀者可以透過官方文件進一步學習：

```
python     https://docs.python.org/3/tutorial/index.html
numpy      https://numpy.org/devdocs/user/quickstart.html
matplotlib https://matplotlib.org/tutorials/index.html
```

matplotlib 主要用來繪圖，要重點掌握幾個常用的繪圖函數。

sympy 函數庫將配合「高等數學」詳細學習，其官方網址為 https://docs.sympy.org/latest/tutorial/index.html。

scipy 函數庫將透過「機率論和數理統計」和「作業研究」來學習它的部分內容，其中 Scipy 的官方文件網址：http://scipy.github.io/devdocs/。

第二部分
高等數學

本部分結合「高等數學」中的極限、導數與積分、微分方程及級數等內容，詳細介紹了符號運算函數庫 sympy、陣列函數庫 numpy 及繪圖函數庫 matplotlib 的使用，同時「線性代數」一章結合行列式的計算、矩陣的運算、線性方程組求解、特徵值及特徵向量等內容，介紹了 numpy.linalg 的解決方法。

函數與極限

高等數學的研究目標是函數，函數影像可幫助更進一步地理解函數並研究其性質。matplotlib 是 python 最常用的繪圖套件，可將圖形匯出為常見格式。matplotlib 的使用方法將會結合具體問題進行說明。

▶ 2.1 映射與函數

【例 2.1】絕對值函數 $y = |x| = \begin{cases} -x, & x < 0 \\ x, & x \geq 0 \end{cases}$ ，其定義域 D=(-∞,+∞) ，值域 $R_f = [0, +\infty)$ ，繪製其函數圖形。

解 程式如下：

```
#匯入pyplot子模組並將其重新命名為plt
import matplotlib.pyplot as plt

#新建兩個空串列，用於存放x座標與y座標
x=[]
y=[]
for i in range(100):
```

```
    element=-1+0.02*i
    x.append(element)  #生成 x 座標列
    y.append(element if element>=0 else -element)  #生成 y 座標列
plt.plot(x,y)     #繪製折線圖
plt.show()        #顯示圖形
```

執行結果如圖 2.1 所示。

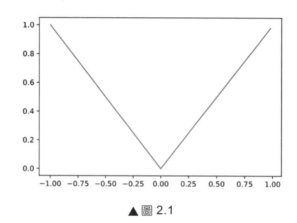

▲ 圖 2.1

註釋：plot() 函數的功能是畫折線圖，一般選擇較小的引數增加幅度，使其看起來好像是曲線圖。

除了上述繪圖方法以外，更為通用的做法是透過定義函數實現圖形的繪製，程式如下：

```
import numpy as np
#定義絕對值函數
def f(x):
    return np.abs(x)
x=np.linspace(-1,1,100)
plt.plot(x,f(x),'r',linewidth=2)    #折線顏色為紅色，線寬為 2
plt.show()
```

執行結果如圖 2.2 所示。

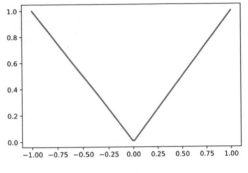

▲ 圖 2.2

【例 2.2】 符號函數 $y = \operatorname{sgn} x = \begin{cases} -1, & x < 0 \\ 0, & x = 0 \\ 1, & x > 0 \end{cases}$ ，它的定義域 D=(−∞,+∞)，值域

$R_f = \{-1, 0, 1\}$ ，繪製其函數圖形。

解 先來看 plot()函數的繪圖效果，程式如下：

```
#自訂符號函數
def sgn(x):
    if x>0:
        return 1
    elif x<0:
        return -1
    else:
        return 0
x=np.linspace(-2,2,51)
y=[]
for i in range(len(x)):
    y.append(sgn(x[i]))
plt.plot(x,y,'g',linewidth=3)      #線條顏色為綠色
plt.xlabel('x')                    #設定 x 軸標籤
plt.ylabel('y')                    #設定 y 軸標籤
plt.title('y=sgn(x)')              #設定標題
plt.show()
```

執行結果如圖 2.3 所示。

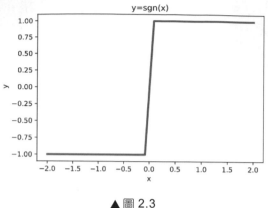

▲圖 2.3

註釋：plot()函數的實質是將所有的點連成線，當有間斷點時，影像不能表現真實的圖形。此時可以使用散點函數 scatter()，當點足夠密集時，亦可形成曲線，範例程式如下：

```
x=np.linspace(-2,2,201)
plt.scatter(x,np.sign(x),c='g',s=10)    #點的大小為 10
plt.xlabel('x')
plt.ylabel('y')
plt.title('y=sgn(x)')
plt.show()
```

執行結果如圖 2.4 所示。

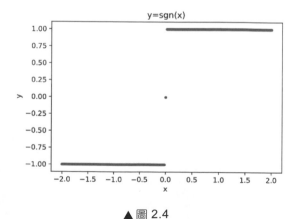

▲圖 2.4

註釋：其中 np.sign()是 numpy 內建符號函數。

上述兩個例子都是一個圖中畫一個函數的影像，當我們需要對多個函數進行比較時，可在一個圖中畫多條曲線（一個座標系），也可在一個圖中畫多個子圖（多個座標系），程式如下：

```
x=np.linspace(0,3,100)
fig,ax=plt.subplots()
ax.plot(x,x,label='y=x')
ax.plot(x,x**2,label='y=x^2')
ax.plot(x,x**3,label='y=x^3')
ax.set_title('Multi Curves')   #設定標題
ax.legend()   #顯示圖例
plt.show()
```

執行結果如圖 2.5 所示。

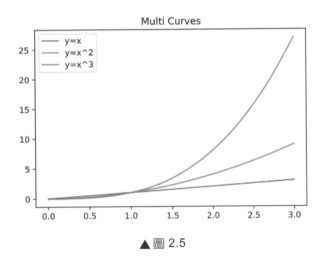

▲ 圖 2.5

註釋：subplots()函數傳回一個包含 figure 和 axes 物件的元組，因此，使用 fig,ax=plt.subplots()將元組分解為 fig 和 ax 兩個變數，fig 變數可用來修改 figure 層級的屬性，ax 變數中儲存著子圖的可操作 axes 物件。本例中只有一個子圖，三次呼叫 plot 函數，可在該子圖中繪製三條不同的函數曲線。

當要在一個圖中繪製多個子圖時，需對 subplots 函數增加對應的參數，範例程式如下：

```
x=np.linspace(-1.9,1.9,100)
fig,(ax1,ax2,ax3)=plt.subplots(1,3,figsize=(10,6))
ax1.scatter(x,np.floor(x),s=5)    #向下整數:floor(1.9)=1
ax2.scatter(x,np.round(x,0),s=5,c='r')    #四捨五入取整數
ax3.scatter(x,np.ceil(x),s=5,c='g')   #向上取整數:ceil(2.01)=3
plt.show()
```

執行結果如圖 2.6 所示。

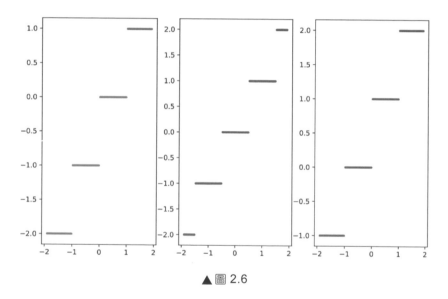

▲圖 2.6

註釋：函數 subplots(1,3)中的參數 1 表示行數，3 表示列數。ax1，ax2，ax3 用來生成三個不同的 axes（座標系）物件。

【例 2.3】函數 $y = x^3$ 與函數 $y = \sqrt[3]{x}$ 互為反函數，繪圖展示其影像關於 $y=x$ 對稱。

解 程式如下：

```
def f(x):
    return np.power(x,3)
```

```
x=np.linspace(-1,1)    #等於 x=np.linspace(-1,1,50)
fig,ax=plt.subplots()
plt.axis('equal')    #設定等比例縮放
ax.plot(x,f(x),label='y=x**3')
ax.plot(f(x),x,label='y=x**(1/3)')
ax.plot(x,x,label='y=x')
ax.legend()
plt.show()
```

執行結果如圖 2.7 所示。

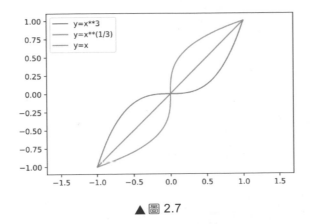

▲圖 2.7

【例 2.4】繪製雙曲正弦、雙曲餘弦及雙曲正切函數的圖形，並了解其交錯性。

解 程式如下：

```
x=np.linspace(-2,2)
fig,ax=plt.subplots()
ax.plot(x,np.sinh(x),label='y=shx')    #雙曲正弦
ax.plot(x,np.cosh(x),label='y=chx')    #雙曲餘弦
ax.plot(x,np.tanh(x),label='y=thx')    #雙曲正切
ax.legend()
plt.show()
```

執行結果如圖 2.8 所示。

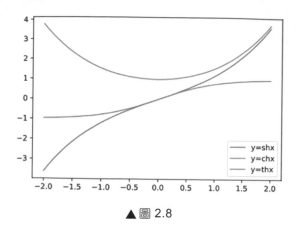

▲圖 2.8

◉ 2.2 數列的極限

【例 2.5】繪圖說明數列 $2, \dfrac{1}{2}, \dfrac{4}{3}, \dfrac{3}{4}, \cdots, \dfrac{n + (-1)^{n-1}}{n}, \cdots$ 的極限是 1。

解 數列 $\{a_n\}$ 可以看作引數為正整數 n 的函數,因此數列的定義方法與函數類似,程式如下:

```
import matplotlib.pyplot as plt
import numpy as np
def a(n):
    return (n+np.power(-1,n-1))/n
for i in range(1,6):
    print('a[{}]={};'.format(i,a(i)))
```

執行結果如圖 2.9 所示。

```
a[1]=2.0;
a[2]=0.5;
a[3]=1.3333333333333333;
a[4]=0.75;
a[5]=1.2;
```

▲圖 2.9

選取 a_{90} 到 a_{159} 作為關注物件並繪製圖形，程式如下：

```
n=[]
for i in range(90,160):
    n.append(i)
a_n=[]
for i in range(len(n)):
    a_n.append(a(n[i]))
epsilon=0.01
fig,ax=plt.subplots()
#繪製水平輔助線
ax.hlines(1-epsilon,90,160,'g','dashed',label='y=0.99')
ax.hlines(1,90,160,'k','solid',label='y=1.00')
ax.hlines(1+epsilon,90,160,'r','dashed',label='y=1.01')
#繪製數列散點圖
ax.scatter(n,a_n,s=10,label='a(n)')
#確定 N 值，當 n>N 時，|a_n-1|<epsilon
for N in range(len(a_n)):
    if np.abs(a_n[N]-1)<epsilon:
        break    #條件滿足時退出迴圈
N-=1
N+=90
#設定垂直輔助線
ax.vlines(N,0.989,1.011,colors='b',label='n=N',lw=3)
ax.set_title('Defination limit of a series of numbers by Epsilon')
plt.xlabel('n')
plt.ylabel('a(n)')
plt.legend()
plt.show()
```

執行結果如圖 2.10 所示。

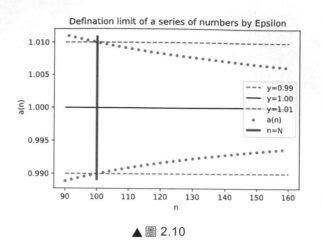

▲圖 2.10

註釋：函數 hlines() 用於繪製水平線。ax.hlines(1-epsilon,90,160, 'g','dashed',label='y=0.99')中的參數分別表示 y 值：1-epsilon，x 最小值：90，x 最大值：160，線條顏色：'g'綠色，線條類型：'dashed'虛線，標籤：y=0.99。ax.vlines()函數用來繪製垂直線，其參數與 hlines()函數類似。從輸出圖上可以看出，當 $n>N$ 時，a_n 全部落在 $y=1-\varepsilon$ 與 $y=1+\varepsilon$ 之間，即 $|a_n-1|<\varepsilon$，故數列的極限為 1。

▶ 2.3　函數的極限

本節引入 sympy。sympy 是 python 的符號計算函數庫，它支援以運算式的形式進行精確的數學運算而非近似計算，可進行符號計算、高精度計算、模式匹配、繪圖、解方程式、微積分、組合數學、離散數學、幾何學、機率與統計、物理學等方面的運算。其使用方法結合具體例子來進一步學習。

【例 2.6】求 $\lim\limits_{x \to 1} \dfrac{x^2-1}{x-1}$。

解 程式如下：

```
import sympy as sy                          #匯入 sympy 並命名為 sy
x=sy.symbols('x')                           #定義變數
def f(x):return (x**2-1)/(x-1)
result=sy.limit(f(x),x,1,dir='+-')          #求 x 趨近於 1 時的極限
print(result)
```

執行結果為：2

註釋：sympy 中定義變數可以使用 symbols()，如果定義單一變數也可以使用 Symbol()函數，如 x=Symbol('x')。symbols()函數可接收一系列由空格分隔的變數名稱串，並將其賦給對應的變數名稱，例如：x,y,z=sy.symbols('x y z')。limit()函數用來求極限，它有四個參數 limit(f, x, x0, dir='+')，其中 f 表示函數，x 表示要取極限的變數，x_0 表示 x 趨近的數值，dir 表示取極限的方向，如果 dir='+' 則表示取右極限，'-' 表示取左極限，'+-' 表示取雙向左右極限，參數缺失情況下預設 dir='+'。

【例 2.7】 求 $\lim\limits_{x\to 0^-}\dfrac{|x|}{x}$ 與 $\lim\limits_{x\to 0^+}\dfrac{|x|}{x}$ 。

解 程式如下：

```
x=sy.symbols('x')
g=lambda x:sy.Abs(x)/x
sy.limit(g(x),x,0,dir='-'),sy.limit(g(x),x,0,dir='+')
```

執行結果為：（-1, 1）

【例 2.8】 設 $f(x)=\begin{cases}x-1, & x<0 \\ 0, & x=0 \\ x+1, & x>0\end{cases}$ ，證明當 $x\to 0$ 時，函數極限不存在。

證明 分段函數是 python 科學計算中一個不太容易處理的問題。函數可用以下形式定義，程式如下：

```
x=sy.symbols('x')
def f(x):
    if x<0:return x-1
    elif x==0:return 0
    else:return x+1
f(-1),f(0),f(1)
```

執行結果為：（-2, 0, 2）

但該定義下無法直接使用 limit()函數求極限，需將分段函數拆開再求極限，程式如下：

```
x=sy.symbols('x')
def f_left(x):return x-1
def f_middle(x):return 0
def f_right(x):return x+1
sy.limit(f_left(x),x,0,dir='-'),sy.limit(f_right(x),x,0,dir='+')
```

執行結果為：（-1, 1）

註釋：從結果中可以看到 x 趨近於 0 時的左右極限不相等，故函數在 $x=0$ 處的極限不存在。

▶ 2.4 無限小與無限大

無限大在 sympy 中用兩個字母 o 表示，正無限大大為 sy.oo，負無限大大為-sy.oo。程式如下：

```
import sympy as sy
x=sy.oo
print(1/x)
```

執行結果為：0

【例 2.9】求極限 $\lim\limits_{x \to 0^-} \dfrac{1}{x}$。

解 程式如下：

```
x=sy.symbols('x')
print(sy.limit(1/x,x,0,dir='-'))
```

執行結果為：$-\infty$

◐ 2.5 極限運算法則

對於商的極限的運算，limit()函數一般都可以處理得很好，舉例如下。

【例 2.10】求 $\lim\limits_{x \to 3} \dfrac{x-3}{x^2-9}$。

解 $x \to 3$ 時，分子與分母極限都是零。程式如下：

```
import sympy as sy
x=sy.symbols('x')
print(sy.limit((x-3)/(x**2-9),x,3,dir='+-'))
```

執行結果為：$1/6$

【例 2.11】求 $\lim\limits_{x \to 1} \dfrac{2x-3}{x^2-5x+4}$。

解 $x \to 1$ 時，分母極限為零，分子不為零。程式如下：

```
x=sy.symbols('x')
print(sy.limit((2*x-3)/(x**2-5*x+4),x,1,dir='-'))
print(sy.limit((2*x-3)/(x**2-5*x+4),x,1))
```

執行結果為：

$-\infty$

∞

註釋： x 趨於 1 的左極限為 $-\infty$ ，右極限為 $+\infty$ ，所以 x 趨於 1 時的極限為 ∞ 。

【例 2.12】 求 $\lim\limits_{x \to \infty} \dfrac{3x^3 + 4x^2 + 2}{7x^3 + 5x^2 - 3}$ 。

解 $x \to \infty$ 時，分子與分母都趨於無限大。程式如下：

```
x=sy.symbols('x')
print(sy.limit((3*x**3+4*x**2+2)/(7*x**3+5*x**2-3),x,sy.oo))
print(sy.limit((3*x**3+4*x**2+2)/(7*x**3+5*x**2-3),x,-sy.oo))
```

執行結果為：

3/7

3/7

註釋： 不論 x 趨於正無限大還是負無限大極限均為 $\dfrac{3}{7}$ ，所以 x 趨於無窮時極限是 $\dfrac{3}{7}$ 。

【例 2.13】 求 $\lim\limits_{x \to \infty} \dfrac{\sin x}{x}$ 。

解 $x \to \infty$ 時，分子與分母極限都不存在。程式如下：

```
x=sy.symbols('x')
y=sy.sin(x)/x
print(sy.limit(y,x,sy.oo))
print(sy.limit(y,x,-sy.oo))
```

執行結果為：

0

0

註釋： 不論 x 趨於正無限大還是負無限大極限均為 0，所以 x 趨於無窮時極限是 0。

▶ 2.6 極限存在準則

【例 2.14】求 $\lim\limits_{x \to 0} \dfrac{\sin x}{x}$。

解 程式如下：

```
import sympy as sy
x=sy.symbols('x')
lim=sy.limit(sy.sin(x)/x,x,0,dir='+-')
print(lim)
```

執行結果為：1

【例 2.15】求 $\lim\limits_{x \to 0} \dfrac{\arcsin x}{\tan x}$。

解 程式如下：

```
x=sy.symbols('x')
print(sy.limit(sy.asin(x)/sy.tan(x),x,0,dir='+-'))   #sy.asin()指
arcsin 函數
```

執行結果為：1

【例 2.16】求 $\lim\limits_{x \to 0} \dfrac{1-\cos x}{x^2}$。

解 程式如下：

```
x=sy.symbols('x')
print(sy.limit((1-sy.cos(x))/(x**2),x,0,dir='+-'))
```

執行結果為：1/2

【例 2.17】求 $\lim\limits_{x \to 0}(1+x)^{\frac{1}{x}}$。

解 程式如下：

```
x=sy.symbols('x')
lim=sy.limit((1+x)**(1/x),x,0,dir='+-')
print(lim)
```

執行結果為：E

【例 2.18】 求 $\lim\limits_{x\to\infty}(1+\dfrac{1}{x})^x$。

解 程式如下：

```
x=sy.symbols('x')
lim=sy.limit((1+1/x)**x,x,sy.oo,dir='-')
print(lim)
print(lim.round(3))
print(sy.limit((1+1/x)**x,x,-sy.oo))
```

執行結果為：

E

2.718

E

【例 2.19】 説明數列 $\sqrt{2},\sqrt{2+\sqrt{2}},\sqrt{2+\sqrt{2+\sqrt{2}}},\cdots$ 的極限存在。

解 注意到 $a_{n+1}=\sqrt{2+a_n}$ ，我們需要使用函數的遞迴機制定義此數列。

程式如下：

```
#用函數的遞迴機制定義數列
def a_complex_series(n):
    #退出條件
 if n<=0:return 2**0.5
#一個函數如果呼叫自身，則這個函數就是一個遞迴函數
    return (2.0+a_complex_series(n-1))**0.5
#繪製前 20 個數的散點圖
import matplotlib.pyplot as plt
```

```
import numpy as np
x=[]
y=[]
for i in range(20):
    x.append(i)
    y.append(a_complex_series(i))
print(np.array(y))
plt.scatter(x,y)
plt.show()
```

運行結果如圖 2.11 所示。

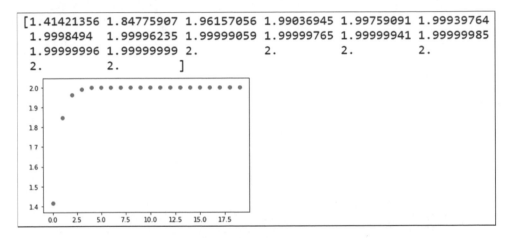

```
[1.41421356 1.84775907 1.96157056 1.99036945 1.99759091 1.99939764
 1.9998494  1.99996235 1.99999059 1.99999765 1.99999941 1.99999985
 1.99999996 1.99999999 2.         2.         2.         2.
 2.         2.         ]
```

▲ 圖 2.11

註釋：從輸出的 y 值及散點圖來看，隨著 n 的增大數值越來越靠近 2，從第 15 項開始後邊的數值基本為 2，故數列極限存在就是 2。

▶ 2.7 無限小的比較

【例 2.20】求 $\lim\limits_{x \to 0} \dfrac{\tan 2x}{\sin 5x}$。

解 程式如下：

```
from sympy import limit,sin,cos,tan,symbols #從 sympy 中僅匯入這幾個函數
x=symbols('x')
example_1=tan(2*x)/sin(5*x)
result=limit(example_1,x,0,dir='+-')
print(result)
```

執行結果為：2/5

【例 2.21】求 $\lim\limits_{x \to 0} \dfrac{\sin x}{x^3 + 3x}$。

解 程式如下：

```
from sympy import limit,sin,symbols
x=symbols('x')
example_2=sin(x)/(x**3+3*x)
result=limit(example_2,x,0,dir='+-')
print(result)
```

執行結果為：1/3

【例 2.22】求 $\lim\limits_{x \to 0} \dfrac{(1+x^2)^{\frac{1}{3}}-1}{\cos x - 1}$。

解 程式如下：

```
x=symbols('x')
example_3=((1+x**2)**(1/3)-1)/(cos(x)-1)
result=limit(example_3,x,0,dir='+-')
print(result)
```

執行結果為：-0.666666666666667

▶ 2.8 函數的連續性與間斷點

【例 2.23】$x=0$ 是函數 $y=\sin\dfrac{1}{x}$ 的振盪間斷點。

解 程式如下：

```
import matplotlib.pyplot as plt
import numpy as np
x=np.linspace(-5,5,2000)   #保證 x 中不包含 0
plt.plot(x,np.sin(1/x))
plt.show()
```

執行結果如圖 2.12 所示。

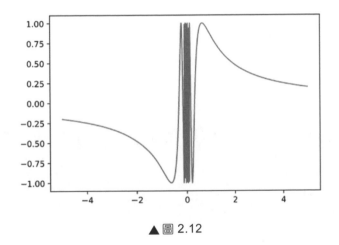

▲圖 2.12

註釋：函數 $y=\sin\dfrac{1}{x}$ 在點 $x=0$ 處沒有定義，從函數影像上可以看到當 x 趨近於 0 時，函數值在-1 與 1 之間振盪，故 $x=0$ 是函數 $y=\sin\dfrac{1}{x}$ 的振盪間斷點。

【例 2.24】討論函數 $f(x)=\lim\limits_{n\to\infty}\dfrac{1-x^{2n}}{1+x^{2n}}$ 的連續性，若有間斷點，判斷其類型。

解 程式如下：

```
from sympy import limit,oo,symbols,Abs
x=symbols('x')
n=symbols('n',positive=True)    #限定 n 值不能為負
def f(x):
 return limit((1-Abs(x)**(2*n))/(1+Abs(x)**(2*n)),n,oo)    #電腦不計算
底為負數的指數函數！
epsilon=1e-5
print((f(1-epsilon),f(1),f(1+epsilon)))
print((f(-1-epsilon),f(-1),f(-1+epsilon)))
```

執行結果為：

(1, 0, -1)

(-1, 0, 1)

註釋：從輸出結果可以看出函數在 x=1 與 x=-1 點處間斷。由於這兩點處函數的左右極限存在不相等，所以這兩點都是跳躍間斷點。

▶ 2.9 連續函數的運算與初等函數的連續性

【例 2.25】求 $\lim\limits_{x \to 0} \dfrac{\log_a(1+x)}{x}$ 。

解 程式如下：

```
from sympy import *
a=symbols('a',real=True,positive=True)    #限定 a 為正實數
x=symbols('x')
init_printing()      #啟動環境中可用的最佳列印資源
example_1=limit(log(1+x,a)/x,x,0,dir='+-')
example_1
```

執行結果為：$1/\log(a)$

註釋：

（1）from sympy import *與 import sympy as sy 類似，都可將 sympy 全部匯入，區別是 from sympy import *後，在使用 sympy 中的函數時前方不需再加 sy.了。

（2）init_printing()功能在於啟動環境中可用最佳列印資源後，每次輸出時不再需要呼叫 print()函數。

（3）對數函數 $\ln x$ 在 VS Code 環境下顯示為 log(x)。

【例 2.26】求 $\lim\limits_{x\to0}\dfrac{a^x-1}{x}$。

解 程式如下：

```
a=symbols('a',real=True,positive=True)
x=symbols('x')
init_printing()
example_2=limit((pow(a,x)-1)/x,x,0,dir='+-')
example_2
```

執行結果為：log(a)

【例 2.27】求 $\lim\limits_{x\to0}\dfrac{(1+x)^\alpha-1}{x}(\alpha\in R)$。

解 程式如下：

```
x=symbols('x')
alpha=symbols('alpha',real=True)
init_printing()
example_3=limit(((1+x)**alpha-1)/x,x,0,dir='+-')
example_3
```

執行結果為：α

【例 2.28】求 $\lim\limits_{x\to0}(1+2x)^{\frac{3}{\sin x}}$。

解 程式如下：

```
x=symbols('x')
init_printing()
example_4=limit((1+2*x)**(3/sin(x)),x,0,dir='+-')
example_4
```

執行結果為：e^6

【例 2.29】設 $f(x)=\dfrac{e^{\frac{1}{x}}-1}{e^{\frac{1}{x}}+1}$，判斷函數在 x=0 處是否連續，若不連續寫出間斷點的類型。

解 程式如下：

```
from sympy import *
x=symbols('x')
f=(E**(1/x)-1)/(E**(1/x)+1)
print(limit(f,x,0,dir='-'))
print(limit(f,x,0,dir='+'))
```

執行結果為：

-1

1

註釋：從輸出結果可以看出函數在 x=0 處的左右極限存在但不相等，所以 x=0 是函數的跳躍間斷點。

【例 2.30】求 $\lim\limits_{x\to 0}\left(\dfrac{a^x+b^x+c^x}{3}\right)^{\frac{1}{x}}(a>0,b>0,c>0)$。

解 程式如下：

```
a,b,c=symbols('a b c',positive=True)
print(limit(((a**x+b**x+c**x)/3)**(1/x),x,0,dir='+-'))
```

執行結果為：a**(1/3)*b**(1/3)*c**(1/3)

【例 2.31】求曲線 $y = (2x-1)e^{\frac{1}{x}}$ 的斜漸近線。

解 程式如下：

```
x=symbols('x')
f=(2*x-1)*(E**(1/x))
k=limit(f/x,x,oo)
print('k={}'.format(k))
b=limit((f-k*x),x,oo)
print('b={}'.format(b))
```

執行結果為：

k=2

b=1

註釋：曲線的斜漸近線為 $y = 2x+1$。

導數與微分

▶ 3.1 導數概念

sympy 中函數 diff()用來求導。diff()函數有兩種使用方法，一種是
f(x).diff(x)，另一種是 diff(f(x),x)，都表示求函數 $f(x)$ 關於 x 的一階導數。
若要求函數的高階導數，可適當增加參數，例如 diff(f(x),x,x,x) 或
diff(f(x),x,3)都表示求三階導。下面來看幾個簡單函數的求導。

【例 3.1】求函數 $f(x) = C$ (C 為常數)的導數。

解 程式如下：

```
from sympy import *
x,C=symbols('x C')
init_printing()
#第一種求導的方式：f(x).diff(x)
C.diff(x)
```

執行結果為：0

【例 3.2】求冪函數 $f(x) = x^{\mu} (\mu \in R)$ 的導數。

解 程式如下：

```
x,mu=symbols('x mu')
init_printing()
(x**mu).diff(x)
```

執行結果為：$\mu x^{\mu}/x$

【例 3.3】求函數 $f(x) = \sin x$ 的導數。

解 程式如下：

```
x=symbols('x')
init_printing()
sin(x).diff(x)
```

執行結果為：$\cos(x)$

【例 3.4】求函數 $f(x) = a^x (a > 0, a \neq 1)$ 的導數。

解 程式如下：

```
x,a=symbols('x a')
init_printing()
(a**x).diff(x)
```

執行結果為：$a^x \log(a)$

【例 3.5】求函數 $f(x) = \log_a x (a > 0, a \neq 1)$ 的導數。

解 程式如下：

```
x,a=symbols('x a')
init_printing()
diff(log(x,a),x)    #log(x,a)中 a 為底數
```

執行結果為：$\dfrac{1}{x\log(a)}$

【例 **3.6**】求函數 $f(x) = \ln x$ 的導數。

解 程式如下：

```
x=symbols('x')
init_printing()
#第二種求導的方式：diff(f(x),x)
diff(log(x),x)    #log(x)底數為 e
```

執行結果為： $\dfrac{1}{x}$

若要求導函數在某一點處的函數值，可以使用 subs()函數，它可將運算式中某個物件替換為其他物件。例如，求 $\sin(x)$的導數在 $x=0$ 處的函數值，即 $\cos(0)$的值，程式如下：

```
diff_sinx=diff(sin(x),x)
#將 x 替換為 0
diff_sinx.subs(x,0)
```

執行結果為：1

◯ 3.2 函數的求導法則

【例 **3.7**】已知 $y = 2x^3 - 5x^2 + 3x - 7$，求 y'。

解 程式如下：

```
from sympy import *
x=symbols('x')
init_printing()
diff(2*x**3-5*x**2+3*x-7,x)
```

執行結果為： $6x^2\text{-}10x\text{+}3$

【例 3.8】已知 $f(x) = x^3 + 4\cos x - \sin\dfrac{\pi}{2}$ ，求 $f'(x)$ 及 $f'(\dfrac{\pi}{2})$ 。

解 程式如下：

```
x=symbols('x')
init_printing()
f=(x**3+4*cos(x)-sin(pi/2)).diff(x)
f,f.subs(x,pi/2)
```

執行結果為：$\left(3x^2 - 4\sin(x), -4 + \dfrac{3\pi^2}{4}\right)$

【例 3.9】已知 $y = e^x(\sin x + \cos x)$ ，求 y' 。

解 程式如下：

```
x=symbols('x')
init_printing()
y=E**x*(sin(x)+cos(x))
y.diff(x)
```

執行結果為：$(-\sin(x)+\cos(x))e^x + (\sin(x)+\cos(x))e^x$

該結果可以進一步化簡，用 simplify() 函數，程式如下：

```
#將上式化簡
simplify(y.diff(x))
```

執行結果為：$2e^x\cos(x)$

【例 3.10】已知 $y = \tan x$ ，求 y' 。

解 程式如下：

```
x=symbols('x')
init_printing()
diff(tan(x),x),simplify(diff(tan(x),x))
```

執行結果為：$\left(\tan^2(x) + 1, \dfrac{1}{\cos^2(x)} \right)$

【例 3.11】已知 $y = \sec x$ ，求 y' 。

解 程式如下：

```
x=symbols('x')
init_printing()
sec(x).diff(x)
```

執行結果為： $\tan(x)\sec(x)$

【例 3.12】已知 $y = \arcsin x$ ，求 y' 。

解 程式如下：

```
x=symbols('x')
init_printing()
asin(x).diff(x)
```

執行結果為： $\dfrac{1}{\sqrt{1 - x^2}}$

【例 3.13】已知 $y = \arcsin x + \arccos x$ ，求 y' 。

解 程式如下：

```
x=symbols('x')
init_printing()
(asin(x)+acos(x)).diff(x)
```

執行結果為：0

【例 3.14】 $y = \arctan x$ ，求 y' 。

解 程式如下：

```
x=symbols('x')
init_printing()
```

```
atan(x).diff(x)
```

執行結果為：$\dfrac{1}{x^2+1}$

【例 3.15】已知 $y=e^{x^3}$，求 y'。

解 該函數可以看成複合函數，程式如下：

```
x=symbols('x')
init_printing()
#先定義 u(x)
u=x**3
#再定義 y(u)
y=E**u
y.diff(x)
```

執行結果為：$3x^2 e^{x^3}$

註釋：u 和 y 的定義順序不能顛倒，讀者可以嘗試一下第 6 行程式剪下到第 4 行的上面，執行一下，看看錯誤訊息。校正也是一項必備的技能，出現錯誤，要多思考，避免下次再犯。

【例 3.16】已知 $y=\sin\dfrac{2x}{1+x^2}$，求 y'。

解 程式如下：

```
x=symbols('x')
init_printing()
y=sin(2*x/(1+x**2))
simplify(diff(y,x))
```

執行結果為：$-\dfrac{2(x^2-1)\cos\left(\dfrac{2x}{x^2+1}\right)}{(x^2+1)^2}$

【例 3.17】設 $y=\sin nx \cdot \sin^n x$（n 為常數），求 y'。

解 程式如下：

```
x,n=symbols('x n')
init_printing()
y=sin(n*x)*(sin(x)**n)
simplify(diff(y,x))
```

執行結果為：$n\sin^{n-1}(x)\sin(nx+x)$

▶ 3.3 高階導數

【例 3.18】已知 $y = ax+b$ ，求 y'' 。

解 程式如下：

```
from sympy import *
x,a,b=symbols('x a b')
init_printing()
y=a*x+b
y.diff(x,2)
```

執行結果為：0

【例 3.19】$s = \sin\omega t$ ，求 s'' 。

解 程式如下：

```
w,t=symbols('omega t')
init_printing()
s=sin(w*t)
s.diff(t,2)
```

執行結果為：$-\omega^2\sin(\omega t)$

【例 3.20】證明函數 $y = \sqrt{2x-x^2}$ 滿足關係式 $y^3 y'' + 1 = 0$ 。

解 程式如下：

```
x=symbols('x')
init_printing()
y=(2*x-x**2)**(1/2)
simplify(y**3*diff(y,x,2)+1)
```

執行結果為： $-1.0x^2+2.0x-1.0(-x(x-2))^{1.0}$

註釋：結果看起來並不能讓人滿意，原因在於 y 的運算式中出現了「數/數」這種結構。sympy 會自動將出現在運算式中的數進行符號化，但遇到有「數/數」（第 3 行程式中的 1/2）時，Python 會先計算出「數/數」的值，然後再交給 sympy 做後續的處理，可能導致結果偏離預期。解決辦法，我們可以用 sqrt 函數替代 1/2 次方，或一般的在「數/數」其中的數上加上函數 S()進行符號化，例如「S(數)/數」。修改過後的程式如下：

```
x=symbols('x')
init_printing()
y=sqrt(2*x-x**2)  #或 y=(2*x-x**2)**(S(1)/2)
simplify(y**3*diff(y,x,2)+1)
```

執行結果為：0

【例 3.21】求指數函數 $y=e^x$ 的 n 階導數。

解 程式如下：

```
x=symbols('x')
n=Symbol('n',integer=True,positive=True)
init_printing()
y=E**x
diff(y,x,n)
```

執行結果為：0

註釋：$y=e^x$ 的 n 階導數應該還是 e^x，程式 *diff(y,x,n)* 被程式認為 $y=e^x$ 先對符號 x 求導，然後對符號 n 求導。

【例 **3.22**】已知 $y = x^2 e^{2x}$ ，求 $y^{(20)}$ 。

解 程式如下：

```
x=symbols('x')
init_printing()
(x**2*E**(2*x)).diff(x,20)
```

執行結果為： $1048576(x^2 + 20x + 95)e^{2x}$

▶ 3.4 隱函數及由參數方程式所確定的函數的導數相關變化率

先來看隱函數的作圖問題：plot_implicit()可以用來繪製隱函數圖形，plot_implicit (expr,x_var=None, y_var=None)中參數 expr 表示要繪製的方程式或不等式，x_var 表示要繪製在 x 軸上的符號或符號連同其變化範圍所組成的元組，例如（x，xmin，xmax），y_var 類似。例如繪製函數 $x^2 - xy + y^2 - 2 = 0$ 的函數影像，程式如下：

```
from sympy import *
x=symbols('x')
y=symbols('y',real=True)
#繪製隱函數的圖形
plot_implicit(x**2-x*y+y**2-2,(x,-2,2),(y,-2,2))
```

執行結果如圖 3.1 所示。

再看隱函數求導，隱函數求導使用函數 idiff()。

idiff(eq, y, x, n=1)中參數 eq 表示要求導的隱函數方程式，y 表示因變數或因變數串列（串列以 y 開頭），x 表示要求導的變數，n 表示求導的階數，預設為 1。

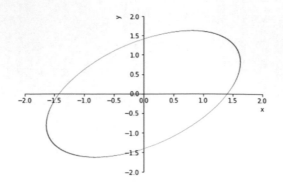

```
<sympy.plotting.plot.Plot at 0x1e9c82c01d0>
```

▲圖 3.1

【例 3.23】求由方程式 $e^y + xy - e = 0$ 所確定的隱函數的導數 $\dfrac{\mathrm{d}y}{\mathrm{d}x}$。

解 程式如下：

```
x,y=symbols('x y')
init_printing()
f=E**y+x*y-E
#求由等式 f=0 所確定的 y'(x)
idiff(f,y,x)
```

執行結果為：$-\dfrac{y}{x+e^y}$

【例 3.24】求由方程式 $y^5 + 2y - x - 3x^7 = 0$ 所確定的隱函數的導數在 $x=0$ 處的值 $\dfrac{\mathrm{d}y}{\mathrm{d}x}\bigg|_{x=0}$。

解 先求隱函數的導數，程式如下：

```
x,y=symbols('x y')
init_printing()
f=y**5+2*y-x-3*x**7
idiff(f,y,x)
```

執行結果為：$\dfrac{21x^6+1}{5y^4+2}$

接下來求 $x=0$ 時 y 的值，這裡使用了 solve()函數.solve(f,*symbols)中 f 可以是等於 0 的運算式、等式、關係式或它們的組合，symbols 是要求解的物件，可以是一個也可以是多個（用串列表示），程式如下：

```
Y=solve(f.subs(x,0),y)
Y[0]
```

執行結果為：0

註釋：由於我們在上一段程式中規定了 y 為實數，否則將在複數範圍內求 $y^5+2y-0-3\cdot0^7=0$ 的解。

最後，把 $x=0$，$y=0$ 帶入隱函數導數，得導函數在 $x=0$ 處的函數值，程式如下：

```
k=idiff(f,y,x).subs([(x,0),(y,Y[0])])
k
```

執行結果為：1/2

【**例 3.25**】 求橢圓 $\dfrac{x^2}{16}+\dfrac{y^2}{9}=1$ 在點 $\left(2,\dfrac{3}{2}\sqrt{3}\right)$ 處的切線方程式。

解 程式如下：

```
x,y=symbols('x y')
init_printing()
k=idiff(x**2/16+y**2/9-1,y,x).subs([(x,2),(y,3*sqrt(3)/2)])    #切線在
該點處的切線斜率
simplify(y-3*sqrt(3)/2-(k*(x-2)))
```

執行結果為：$\sqrt{3}x/4+y-2\sqrt{3}$

故最終切線方程式為 $\dfrac{\sqrt{3}x}{4}+y-2\sqrt{3}=0$。

【例 3.26】求由方程式 $x - y + \dfrac{1}{2}\sin y = 0$ 所確定的隱函數的二階導數 $\dfrac{\mathrm{d}^2 y}{\mathrm{d}x^2}$。

解 程式如下：

```
x,y=symbols('x y')
init_printing()
idiff(x-y+sin(y)/2,y,x,2)
```

執行結果為：$\dfrac{4\sin(y)}{(\cos(y)-2)^3}$

【例 3.27】求 $y = x^{\sin x}(x > 0)$ 的導數。

解 程式如下：

```
x=symbols('x',positive=True)
init_printing()
diff(x**sin(x),x)
```

執行結果為：$x^{\sin(x)}\left(\log(x)\cos(x) + \dfrac{\sin(x)}{x}\right)$

【例 3.28】已知橢圓參數方程式為 $\begin{cases} x = a\cos t, \\ y = b\sin t, \end{cases}$ 求 $\dfrac{\mathrm{d}^2 y}{\mathrm{d}x^2}$。

解 先求 y 關於 x 的一階導數，程式如下：

```
t,a,b=symbols('t a b')
x=a*cos(t)
y=b*sin(t)
init_printing()
diff_1_x=diff(y,t)/diff(x,t)
diff_1_x
```

執行結果為：$-\dfrac{b\cos t}{a\sin t}$

一階導數依舊是關於 t 的參數方程式,再次求導可得,程式如下:

```
#二階導數
diff_2_x=diff_1_x.diff(t)/x.diff(t)
simplify(diff_2_x)
```

執行結果為: $-\dfrac{b}{a^2 \sin^3(t)}$

本節最後,來看參數方程式的畫圖:參數方程式畫圖使用函數 plot_parametric(expr_x, expr_y, range),其中 expr_x 代表 x 的運算式,expr_y 指 y 的運算式,range 是由參數以及參數範圍所組成的三元元組。舉例來說,繪製參數方程式 $\begin{cases} x = t - \sin t \\ y = 1 - \cos t \end{cases}$ 的影像,程式如下:

```
t=symbols('t')
#繪製由參數方程式所確定的圖形
plot_parametric(t-sin(t),1-cos(t),(t,-pi/2,5*pi/2))
```

執行結果如圖 3.2 所示。

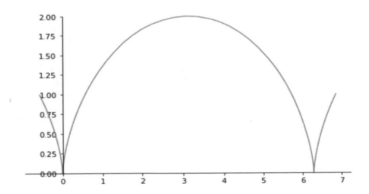

```
<sympy.plotting.plot.Plot at 0x25fadba87c8>
```

▲ 圖 3.2

註釋:plot_parametric() 函數還有更多的用法,可在程式視窗輸入 plot_parametric? 進行查看。上述參數函數繪圖也可以使用 matlibplot.pyplot

進行。程式如下：

```
import numpy as np
import matplotlib.pyplot as plt
t=np.linspace(-np.pi/2,5*np.pi/2,200)
fig,ax=plt.subplots()
#x,y 軸比例相同
plt.axis('equal')
ax.plot(t-np.sin(t),1-np.cos(t))
plt.show()
```

執行結果如圖 3.3 所示。

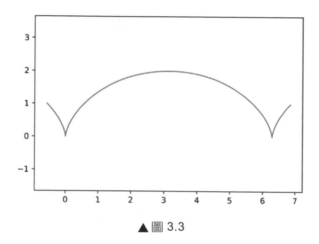

▲ 圖 3.3

微分中值定理與
導數的應用

▶ 4.1 微分中值定理

科學計算的優勢是計算給定式子的值，或求出方程式的解，但不擅長證明問題，這裡透過一個例子複習一下 plt.plot()函數。

【例 4.1】證明當 x>0 時，$\dfrac{x}{1+x} < \ln(1+x) < x$。

解 程式如下：

```
import numpy as np
import matplotlib.pyplot as plt
x=np.linspace(0,2)  #資料個數預設為 50
plt.plot(x,x/(1+x),label='y=x/(1+x)')
plt.plot(x,np.log(1+x),label='y=ln(x)')
plt.plot(x,x,label='y=x')
plt.legend()
plt.show()
```

執行結果如圖 4.1 所示。

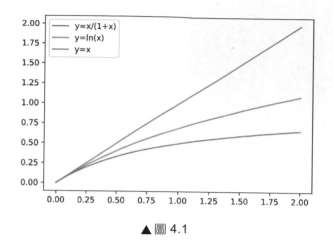

▲ 圖 4.1

註釋：從影像可以看出當 $x>0$ 時，$\dfrac{x}{1+x} < \ln(1+x) < x$。

▶ 4.2　羅必達法則

本節僅以一個例子來複習 limit 函數的用法。

【例 4.2】求 $\lim\limits_{x \to 0^+} x^x$。

解　程式如下：

```
from sympy import limit,symbols
x=symbols('x')
y=x**x
limit_ex_1=limit(y,x,0,dir='+')
print(limit_ex_1)
```

執行結果為：1

註釋：一般情況下，不要將一個函數庫的所有函數導進來，即不推薦使用 from sympy import *，用到哪個就匯入哪個即可。

◉ 4.3 泰勒公式

本節會用到 sympy 中的 series()函數。series()是一個非常重要的函數，它將一個函數展開成一系列幂函數的和。series(expr, x=None, x0=0, n=6, dir='+')中，expr 是待展開的運算式，x 是運算式中的變數，x_0 表示在 $x=x_0$ 處展開，n 表示展開到的階數，預設值為 6，dir 表示展開的方向，'+' 表示 $x \to x_0^+$，'-' 表示 $x \to x_0^-$，預設為'+'，下面來看幾個常用函數在 $x=0$ 處的幂級數展開。

【例 4.3】寫出函數 $f(x) = e^x$ 的帶有佩亞諾(Peano)餘項的麥克勞林公式。

解 程式如下：

```
from sympy import E,symbols,init_printing,series, sin,cos,log,
simplify,tan,limit,oo,E
x=symbols('x')
init_printing()
f=E**x
exp1=series(f,x,0)
exp1
```

執行結果為：$1 + x + \dfrac{x^2}{2} + \dfrac{x^3}{6} + \dfrac{x^4}{24} + \dfrac{x^5}{120} + o(x^6)$

【例 4.4】求 $f(x) = \sin x$ 的帶有佩亞諾餘項的麥克勞林公式。

解 程式如下：

```
x=symbols('x')
init_printing()
series(sin(x),x,0,n=10)
```

執行結果為：$x - \dfrac{x^3}{6} + \dfrac{x^5}{120} - \dfrac{x^7}{5040} + \dfrac{x^9}{362880} + o(x^{10})$

【例 4.5】求 $f(x)=\ln(1+x)$ 的帶有佩亞諾餘項的麥克勞林公式。

解 程式如下：

```
x=symbols('x')
init_printing()
series(log(1+x),x,0)
```

執行結果為：$x-\dfrac{x^2}{2}+\dfrac{x^3}{3}-\dfrac{x^4}{4}+\dfrac{x^5}{5}+o(x^6)$

註釋：理論上，當 $x=1$ 時，$\ln 2=1-\dfrac{1}{2}+\dfrac{1}{3}-\dfrac{1}{4}+\dfrac{1}{5}+\cdots$。

【例 4.6】求 $f(x)=(1+x)^\alpha$ 的帶有佩亞諾餘項的麥克勞林公式。

解 程式如下：

```
a=symbols('alpha',real=True)
init_printing()
simplify(series((1+x)**a,x))
```

執行結果為：

$$1+\alpha x+\frac{\alpha x^2(\alpha-1)}{2}+\frac{\alpha x^3(\alpha^2-3\alpha+2)}{6}+\frac{\alpha x^4(\alpha^3-6\alpha^2+11\alpha-6)}{24}+$$
$$\frac{\alpha x^5(\alpha^4-10\alpha^3+35\alpha^2-50\alpha+24)}{120}+o(x^6)$$

【例 4.7】求 $f(x)=\tan x$ 的帶有佩亞諾餘項的麥克勞林公式。

解 程式如下：

```
x=symbols('x')
init_printing()
series(tan(x),x,0)
```

執行結果為：$x+\dfrac{x^3}{3}+\dfrac{2x^5}{15}+o(x^6)$

【例 4.8】求 $f(x) = \dfrac{1}{x}$ 按 $(x+1)$ 的冪展開的帶有佩亞諾餘項的麥克勞林公式。

解 程式如下：

```
x=symbols('x')
init_printing()
series(1/x,x,-1)
```

執行結果為：$-2-(x+1)^2-(x+1)^3-(x+1)^4-(x+1)^5-x+o\left((x+1)^6;x\to-1\right)$

註釋：按 $(x+1)$ 的冪展開指在 x=-1 處展開。

最後用例題檢驗一下 sympy 求極限的能力。

【例 4.9】求下列極限：

（1） $\displaystyle\lim_{x\to+\infty}(\sqrt[3]{x^3+3x^2}-\sqrt[4]{x^4-2x^3})$ ；

（2） $\displaystyle\lim_{x\to0}\dfrac{\cos x-e^{-\frac{x^2}{2}}}{x^2[x+\ln(1-x)]}$ ；

（3） $\displaystyle\lim_{x\to0}\dfrac{1+\dfrac{1}{2}x^2-\sqrt{1+x^2}}{(\cos x-e^{x^2})\sin x^2}$ ；

（4） $\displaystyle\lim_{x\to\infty}\left[x-x^2\ln(1+\dfrac{1}{x})\right]$ 。

解 （1）程式如下：

```
x=symbols('x')
init_printing()
ex_1=(x**3+3*x**2)**(1/3)-(x**4-2*x**3)**(1/4)
limit(ex_1,x,oo)
```

執行結果為：1.5

（2）程式如下：

```
x=symbols('x')
init_printing()
ex_2=(cos(x)-E**(-x**2/2))/(x**2*(x+log(1-x)))
limit(ex_2,x,0,dir='+-')
```

執行結果為：1/6

（3）程式如下：

```
x=symbols('x')
init_printing()
ex_3=(1+x**2/2-(1+x**2)**(1/2))/((cos(x)-E**(x**2))*sin(x**2))
limit(ex_3,x,0,dir='+-'),-1/12
```

執行結果為：（-0.8333333333333，-0.8333333333333）

註釋：複雜的數學式子的括號套括號問題很討厭，記住：當需要打括號時，左右括號一定要一起打出來。

（4）程式如下：

```
x=symbols('x')
init_printing()
ex_4=x-x**2*log(1+1/x)
limit(ex_4,x,oo),limit(ex_4,x,-oo)
```

執行結果為：（1/2,1/2）

註釋：x 趨於正無限大以及負無限大的極限都是 $\frac{1}{2}$，故趨於無窮的極限就是 $\frac{1}{2}$。

◑ 4.4 函數的單調性與曲線的凹凸性

函數單調性與凹凸性的判定離不開函數的一階與二階導數,同時結合函數影像可造成事半功倍的效果。

【例 4.10】判定函數 $y = x - \sin x$ 在 $[-\pi, \pi]$ 上的單調性。

解 先求函數的一階導數,程式如下:

```
import sympy as sy
x=sy.symbols('x')
y=x-sy.sin(x)
sy.init_printing()
diff_y=sy.diff(y,x)
diff_y
```

執行結果為:$1 - \cos(x)$

由於函數 y 在 $[-\pi, \pi]$ 上連續,在 $(-\pi, \pi)$ 內導函數 $1 - \cos(x) \geq 0$,且等號僅在 $x = 0$ 處成立,所以函數在 $[-\pi, \pi]$ 上單調遞增。

【例 4.11】討論函數 $y = \sqrt[3]{x^2}$ 的單調性。

解 透過繪圖觀察函數單調性,程式如下:

```
import numpy as np
import matplotlib.pyplot as plt
x=np.linspace(-2,2,201)
plt.plot(x,(x**2)**(1/3),'g',label='y=x**(2/3)')
plt.axis('equal')
plt.xlabel('x')
plt.ylabel('y')
plt.title('Curve of Ex_3')
plt.axes().set_ylim(0,2)    #設定 y 軸座標範圍為 0 到 2
plt.legend()
plt.show()
```

執行結果如圖 4.2 所示。

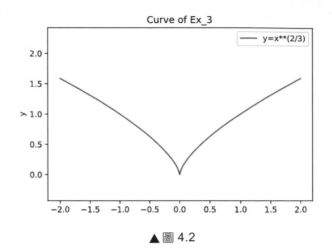

▲圖 4.2

註釋：從輸出結果可以看到函數在 $(-\infty,0)$ 單調遞減，在 $(0,+\infty)$ 單調遞增，為了圖形顯示不出現意外，一般不推薦在圖形中標注中文字，如果不影響觀察，也不建議做過多的標注。

【例 4.12】求曲線 $y=2x^3+3x^2-12x+14$ 的反趨點。

解 首先令 $y''=0$ 解出 $x=-\dfrac{1}{2}$，程式如下：

```
x=sy.symbols('x')
sy.init_printing()
y=2*x**3+3*x**2-12*x+14
diff_1=sy.diff(y,x)
diff_2=sy.diff(diff_1,x)
inflection_x=sy.solve(diff_2,x)
#注意 inflection_x 為解集，類型為串列
inflection_x
```

執行結果為：$\left[-\dfrac{1}{2}\right]$

然後求出 $x = -\dfrac{1}{2}$ 時的 y 值，程式如下：

```
inflection_y=y.subs(x,inflection_x[0])
inflection_y
```

執行結果為：$\dfrac{41}{2}$

註釋：由於 inflection_x 傳回的是一個串列，要使用其中值時需加上對應的索引 inflection_x[0]。

最後繪圖觀察點 $\left(-\dfrac{1}{2}, \dfrac{41}{2}\right)$ 確實是曲線的反趨點，程式如下：

```
x=np.linspace(-3,2,200)
plt.plot(x,2*x**3+3*x**2-12*x+14,'g--',label='Curve of y')
plt.scatter(inflection_x,inflection_y,s=80,label='Inflection Point')
plt.legend()
plt.show()
```

執行結果如圖 4.3 所示。

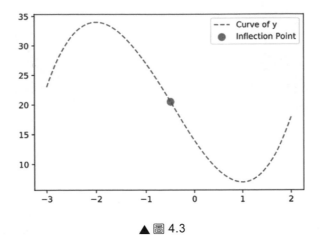

▲ 圖 4.3

▶ 4.5　函數的極值與最大值最小值

本節引入 scipy.optimize 模組(一般稱為最佳化模組)的 fmin()函數，fmin()
函數可幫助找到函數的局部極小值點，下面透過一個例子展示 fmin()函數
的用法。

【例 4.13】討論函數 $y=x+3\sin x$ 的極值。

解　先透過作圖了解函數的特性，程式如下：

```
import numpy as np
import matplotlib.pyplot as plt
def f(x):
    return x+3*np.sin(x)
x=np.linspace(0,15,200)
plt.plot(x,f(x))
plt.show()
```

輸出結果如圖 4.4 所示。

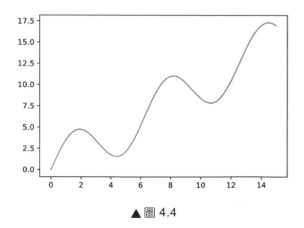

▲圖 4.4

從影像中可以看出函數有多個極小值與極大值點，接下來使用 fmin()函
數，程式如下：

```
#fmin(f,x_0),其中第二個參數 x_0 表示從 x_0 開始，找最近的極小值點
result=fmin(f,2)
result
```

執行結果如圖 4.5 所示。

```
Optimization terminated successfully.
        Current function value: 1.544125
        Iterations: 18
        Function evaluations: 36

array([4.37255859])
```

▲圖 4.5

結果為：找到了一個極小值點 $x=4.3725, f(4.3725)=1.544125$，實際上，
fmin() 按照函數值下降的方向去搜尋，程式及執行結果如下：

```
fmin(f,7)
```

執行結果如圖 4.6 所示。

```
Optimization terminated successfully.
        Current function value: 1.544125
        Iterations: 17
        Function evaluations: 34

array([4.37252197])
```

▲圖 4.6

```
fmin(f,9)
```

執行結果如圖 4.7 所示。

```
Optimization terminated successfully.
        Current function value: 7.827310
        Iterations: 16
        Function evaluations: 32

array([10.65574951])
```

▲圖 4.7

```
fmin(f,12)
```

執行結果如圖 4.8 所示。

```
Optimization terminated successfully.
        Current function value: 7.827310
        Iterations: 16
        Function evaluations: 32

array([10.65571289])
```

▲圖 4.8

透過以上探究可知，fmin()沿函數值減小的方向搜尋，如果找到一個極小值點（再向前搜尋函數值開始變大），搜尋馬上結束，如果想求極大值點，可以這樣定義函數，程式如下：

```
def f(x,get_min=1):
    return (x+3*np.sin(x))*get_min
#當需求極大值時,讓參數 get_min=-1,如下：
fmin(f,3,args=(-1,))
```

執行結果如圖 4.9 所示。

```
Optimization terminated successfully.
        Current function value: -4.739060
        Iterations: 16
        Function evaluations: 32

array([1.91066895])
```

▲圖 4.9

註釋：-f(1.910)=4.739 為局部極大值，如果要求函數在某區間的最大值與最小值，只需比較極值點與端點處的函數值即可，下面定義一個函數 f_min_max()，用來求一個導函數連續的函數 f()，在一個區間的極小值點、極大值點及待研究的點（導數與二階導數均為 0 的點），同時輸出左、右端點的函數值，這樣透過比較，就解決了最大最小值問題。讀者需要理解求一元函數的最大值最小值的基本原理，並透過本例學習過程性程式設計的方法。程式如下：

```python
from sympy import symbols,diff,solve
def f_min_max(f,x,scope=[-100,100]):
    #篩選出落在區間[-100,100]內的可疑極值點
    diff_1=f.diff(x)
    solves=solve(diff_1,x)
    maybe_minORmax_point=[]
    for i in range(len(solves)):
        if solves[i]>scope[0] and solves[i]<scope[1]:
            #將導數為0的點增加至串列maybe_minORmax_point
            maybe_minORmax_point.append(solves[i])
    #從可疑極值點中挑選出極小值點，極大值點以及待確定點
    diff_2=diff_1.diff(x)
    min_points=[]
    max_points=[]
    not_sure_points=[]
    for i in range(len(maybe_minORmax_point)):
        if diff_2.subs(x,maybe_minORmax_point[i])>0: #如果二階導數>0
            min_points.append((maybe_minORmax_point[i],f.subs(x,mayb
e_minORmax_point[i])))
        elif diff_2.subs(x,maybe_minORmax_point[i])<0: #如果二階導數<0
            max_points.append((maybe_minORmax_point[i],f.subs(x,mayb
e_minORmax_point[i])))
        else: #如果二階導數==0
            not_sure_points.append((maybe_minORmax_point[i],f.subs(x
,maybe_minORmax_point[i])))
    #顯示左端點函數值
    print('Left point:{}'.format((scope[0],f.subs(x,scope[0]))))
    #顯示右端點函數值
    print('Right point:{}'.format((scope[1],f.subs(x,scope[1]))))
    print('Max points:{}'.format(max_points))
    print('Min points:{}'.format(min_points))
    print('Not sure points:{}'.format(not_sure_points))
```

來看幾個例子：

【例 **4.14**】求函數 $f(x)=(x^2-1)^3+1$ 的極值。

解 程式如下：

```
x=symbols('x',real=True)     #將 x 設定為實數非常必要！
f=(x**2-1)**3+1
f_min_max(f,x,scope=[-2,2])
```

運行結果如圖 4.10 所示。

```
Left point:(-2, 28)
Right point:(2, 28)
Max points:[]
Min points:[(0, 0)]
Not sure points:[(-1, 1), (1, 1)]
```

▲圖 4.10

註釋：從輸出結果可以看到(0,0)點是極小值點，極小值為 0，點(-1,1)與(1,1)是否為極值點需借助左右兩側一階導數的符號進一步判定。

【例 **4.15**】求函數 $f(x)=\dfrac{3x^2+4x+4}{x^2+x+1}$ 的極值。

解 程式如下：

```
x=symbols('x',real=True)
y=(3*x**2+4*x+4)/(x**2+x+1)
f_min_max(y,x)
```

執行結果如圖 4.11 所示。

```
Left point:(-100, 29604/9901)
Right point:(100, 30404/10101)
Max points:[(0, 4)]
Min points:[(-2, 8/3)]
Not sure points:[]
```

▲圖 4.11

最後使用 f_min_max()函數再來看例 4.13 中函數的極值,程式如下:

```
from sympy import sin
x=symbols('x',real=True)
f=x+3*sin(x)
f_min_max(f,x,scope=[0,15])
```

運行結果如圖 4.12 所示。

```
Left point:(0, 0)
Right point:(15, 3*sin(15) + 15)
Max points:[(acos(-1/3), acos(-1/3) + 2*sqrt(2))]
Min points:[(-acos(-1/3) + 2*pi, -2*sqrt(2) - acos(-1/3) + 2*pi)]
Not sure points:[]
```

▲ 圖 4.12

它僅求出了一個極小值和一個極大值,看起來與實際情況不符,原因在於
solve()函數(求一個等式的解)也在盡力避免一個等式有無窮個解的情
況,例如求解 $\sin x=0$,僅輸出兩個解 0 跟 π,程式如下:

```
solve(sin(x),x)
```

執行結果為:[0, pi]

【複習】:

(1) 當求一個函數的極值時,最好先畫出它的圖形,做到心中有數。

(2) scipy.optimize.fmin()函數看似笨手笨腳,但非常實用。

(3) f_min_max()函數可以解決教材中的一些「理想狀態下」的題目,它
    嚴重依賴於 sympy.solve()函數的表現,此函數意義更偏重學習程式
    設計。

(4) 如果對程式中的哪行程式不太明白,可以在 Jupyter 的下一個單元格
    中去偵錯,直到明白為止。

▶ 4.6 函數圖形的描繪

【例 4.16】描繪函數 $y = \dfrac{1}{\sqrt{2\pi}}e^{-\frac{x^2}{2}}$ 的圖形。

解 程式如下:

```
import numpy as np
import matplotlib.pyplot as plt
def f(x):
    return np.power(np.e,-x**2/2)/((2*np.pi)**0.5)
x=np.linspace(-3,3,200)
plt.plot(x,f(x))
plt.title('An Important Curve')
plt.show()
```

執行結果如圖 4.13 所示。

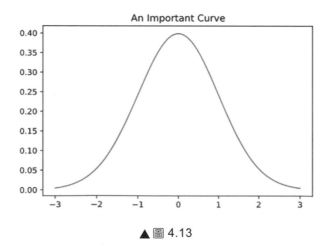

▲ 圖 4.13

註釋:np.power(np.e,-x**2/2)是冪函數,第一個參數為底數,第二個參數為指數。

上述函數是標準正態分佈的機率密度函數,我們知道機率密度曲線下方的面積等於 1,我們來嘗試檢驗這一結論,程式如下:

```
#生成點的個數
gen_size=100000
np.random.seed(0)  #為 np.random 物件設定種子，以便每次執行的結果一樣
x=np.random.random(size=gen_size)   #生成[0,1]之間的 100000 個隨機數
x=6*x-3  #隨機數範圍變為[-3,3)
y=np.random.random(size=gen_size)/((2*np.pi)**0.5)
                                    #[0,f(0))之間的 100000 個隨機數
#計算 gen_size 個點中有多少個點在曲線下方
nums=0
for i in range(gen_size):
    if y[i]<f(x[i]):
        nums+=1.0
#矩形 S 的面積為 6*f(0),曲線下方與 x 軸上方所圍區域的面積估值為:
S*nums/gen_size
S=6/((2*np.pi)**0.5)
S*nums/gen_size
```

執行結果為：0.9937731993255771

註釋：由 x=-3，x=3，y=0，$y=\dfrac{1}{\sqrt{2\pi}}$ 圍成的矩形記為 S，其面積方便起見

仍用 S 表示，從矩形中隨機取出 gen_size 個點，其中有 nums 個點落在曲

線 $y=\dfrac{1}{\sqrt{2\pi}}e^{-\frac{x^2}{2}}$ 下方，故曲線下方面積的近似值為 $S\times\dfrac{nums}{gen\_size}$，這種透過產

生大量隨機樣本解決特定問題的方法，稱為（蒙地卡羅）隨機模擬法。

當 x 的設定值範圍為 R 時，曲線下方面積為 1，由於隨機的原因，資料可

能會有偏差，但樣本總量越多，偏差越小，越接近真實值。

▶ 4.7 方程式的近似解

本節介紹求方程式的近似解最常用的兩種方法，二分法與切線法。

【例 4.17】用二分法求方程式 $x^3+1.1x^2+0.9x-1.4=0$ 的實根的近似值，使誤差不超過 10^{-3}。

解 程式如下：

```python
import numpy as np
def f(x):
    return x**3+1.1*x**2+0.9*x-1.4
epsilon=1e-3
left=0    #f(0)<0
right=1   #f(1)>0
middle=(left+right)/2
while np.abs(f(middle))>epsilon:
    print('middle={},\t'.format(middle),end='')
    print('f(middle)={},\t'.format(f(middle)),end='')
    if f(middle)>0:
        right=middle
    else:
        left=middle
    print('Now: left={}\t,right={}'.format(left,right))
    middle=(left+right)/2
print("At last,x={},f({})={}".format(middle,middle,f(middle)))
```

執行結果如圖 4.14 所示。

```
middle=0.5,      f(middle)=-0.5499999999999998,   Now: left=0.5  ,right=1
middle=0.75,     f(middle)=0.31562500000000004,   Now: left=0.5  ,right=0.75
middle=0.625,    f(middle)=-0.1636718749999999,   Now: left=0.625 ,right=0.75
middle=0.6875,   f(middle)=0.06362304687500009,   Now: left=0.625 ,right=0.6875
middle=0.65625,  f(middle)=-0.053021240234375482, Now: left=0.65625      ,right=
0.6875
middle=0.671875,         f(middle)=0.0045402526855471415,       Now: left=0.656
25     ,right=0.671875
middle=0.6640625,        f(middle)=-0.02442922592163077, Now: left=0.6640625
,right=0.671875
middle=0.66796875,       f(middle)=-0.009991848468780429,       Now: left=0.667
96875  ,right=0.671875
middle=0.669921875,      f(middle)=-0.002737660706042977,       Now: left=0.669
921875 ,right=0.671875
At last,x=0.6708984375,f(0.6708984375)=0.0008983274921776641
```

▲圖 4.14

本例也可使用 solve()函數求方程式的真值，程式如下：

```
from sympy import solve,symbols
x=symbols('x',real=True)
roots=solve(f(x),x)
print("roots={}".format(roots))
print("f(roots)={}".format(f(roots[0])))
```

執行結果如圖 4.15 所示。

```
roots=[0.670657310725810]
f(roots)=0
```

▲圖 4.15

註釋：二分法是電腦演算法中較為重要的演算法。

【例 4.18】用切線法求方程式 $x^5+5x+1=0$ 的實根的近似值，使誤差不超過 10^{-8}。

解 程式如下：

```
def f(x):return x**5+5*x+1
def diff_f(x):return 5*x**4+5
def nextX(x):return x-f(x)/diff_f(x)
epsilon=1e-8
```

```
x=0
iter_times=0
while abs(f(x))>epsilon:
    iter_times+=1
    x=nextX(x)
x,iter_times
```

執行結果為：(-0.19993610223642172, 2)

註釋：當要求精度為 1e-8 時，程式也就迭代了 2 次，效率遠遠高於二分法。

不定積分

● 5.1 不定積分的概念與性質

要計算積分，可使用 sympy 中的 integrate()函數。該函數既可計算不定積分，也可計算定積分，本章先學習不定積分的計算。使用時僅需將函數運算式及變數傳遞給 integrate()函數，即 integrate(f, var)。來看幾個例子：

【例 5.1】求 $\int x^2 dx$。

解 程式如下：

```
from sympy import *
x=symbols('x')
init_printing()
integrate(x**2,x)
```

執行結果為：$x^3/3$

注意：積分結果不會自動增加任意常數(+C)。

【例 5.2】求 $\int \dfrac{(x-1)^3}{x^2}dx$ 。

解 程式如下：

```
x=symbols('x')
init_printing()
ex_2=(x-1)**3/(x**2)
integrate(ex_2,x)
```

執行結果為： $x^2/2-3x+3\log(x)+1/x$

注意：傳回結果中，對數函數沒有加絕對值，它預設 x 為正數。

【例 5.3】求 $\int \sin^2 \dfrac{x}{2}dx$ 。

解 程式如下：

```
x=symbols('x')
init_printing()
ex_3=lambda x:(sin(x/2))**2
integrate(ex_3(x),x)
```

執行結果為： $x/2-\sin(x/2)\cos(x/2)$

【例 5.4】求 $\int \dfrac{2x^4+x^2+3}{x^2+1}dx$ 。

解 程式如下：

```
x=symbols('x')
init_printing()
def ex_4(x):
    return (2*x**4+x**2+3)/(x**2+1)
integrate(ex_4(x),x)
```

執行結果為： $2x^3/3-x+4\mathrm{a}\tan(x)$

◐ 5.2 換元積分法

我們不必關心 sympy 是如何求出一個不定積分的,僅需熟練使用 integrate()函數就可以。再來看幾個例子:

【例 **5.5**】求 $\int \frac{1}{a^2+x^2}dx$ $(a \neq 0)$ 。

解 程式如下:

```
from sympy import *
x,a=symbols('x a',real=True)
init_printing()
integrate(1/(x**2+a**2),x)
```

執行結果為: $\operatorname{atan}(x/a)/a$

【例 **5.6**】求 $\int \sin^2 x \cos^4 x dx$ 。

解 程式如下:

```
x=symbols('x',real=True)
init_printing()
f=sin(x)**2*cos(x)**4
result=integrate(f,x)
result
```

執行結果為: $x/16 - \sin(x)\cos^5(x)/6 + \sin(x)\cos^3(x)/24 + \sin(x)\cos(x)/16$

該結果可進一步化簡,程式如下:

```
simplify(result)
```

執行結果為: $x/16 - (\cos(2x)+1)^2 \sin(2x)/48 + \sin(2x)/24 + \sin(4x)/192$

註釋:這裡 simplify()化簡結果不太理想。

【例 **5.7**】求 $\int \csc x dx$ 。

解 程式如下：

```
x=symbols('x',real=True)
init_printing()
result=integrate(csc(x),x)
result
```

執行結果為：$\log(\cos(x)-1)/2 - \log(\cos(x)+1)/2$

再一次測試化簡函數 simplify()，程式如下：

```
simplify(result)
```

執行結果為：$\log(\cos(x)-1)/2 - \log(\cos(x)+1)/2$

註釋：simplify()的化簡結果有時可能不盡如人意。

【例 5.8】求 $\int \sqrt{a^2 - x^2}\, dx\, (a > 0)$。

解 程式如下：

```
a=symbols('a',positive=True)
x=symbols('x',real=True)
init_printing()
integrate(sqrt(a**2-x**2),x)
```

執行結果為：$a^2 \mathrm{asin}(\dfrac{x}{a})/2 + x\sqrt{a^2 - x^2}\,/2$

【例 5.9】求 $\int \dfrac{1}{\sqrt{x^2 + a^2}}\, dx\, (a > 0)$。

解 程式如下：

```
a=symbols('a',positive=True)
x=symbols('x',real=True)
init_printing()
f=1/(sqrt(x**2+a**2))
integrate(f,x)
```

執行結果為：$\mathrm{asinh}(x/a)$

註釋：該結果可進一步手工驗證，與積分表中的結果一致。

【例 5.10】求 $\int \dfrac{x^3}{(x^2-2x+2)^2}\,dx$ 。

解 程式如下：

```
x=symbols('x',real=True)
init_printing()
integrate(x**3/((x**2-2*x+2)**2),x)
```

執行結果為：$-\dfrac{x}{x^2-2x+2}+\log(x^2-2x+2)/2+2\mathrm{atan}(x-1)$

▶ 5.3 分部積分法

【例 5.11】求 $\int x\arctan x\,dx$ 。

解 程式如下：

```
from sympy import *
x=symbols('x')
init_printing()
integrate(x*atan(x),x)
```

執行結果為：$x^2\mathrm{atan}(x)/2-x/2+\mathrm{atan}(x)/2$

【例 5.12】求 $\int e^x\sin x\,dx$ 。

解 程式如下：

```
from sympy import *
x=symbols('x')
init_printing()
integrate(E**x*sin(x),x)
```

執行結果為：$e^x \sin(x)/2 - e^x \cos(x)/2$

【例 5.13】求 $\int \sec^3 x dx$ 。

解 程式如下：

```
from sympy import *
x=symbols('x')
init_printing()
res=integrate(sec(x)**3,x)
res
```

執行結果為： $-\log(\sin(x)-1)/4 + \log(\sin(x)+1)/4 - \dfrac{\sin(x)}{2\sin^2(x)-2}$

化簡程式如下：

```
simplify(res)
```

執行結果為： $-\log(\sin(x)-1)/4 + \log(\sin(x)+1)/4 + \dfrac{\sin(x)}{2\cos^2(x)}$

註釋：讀者透過這個例子應進一步理解 sympy 為符號運算的含義，它不負責檢驗式子是否合理，就像這裡的 $\log(\sin(x)-1)$ 。

● 5.4 有理函數的積分

首先介紹幾個初等運算的函數。

1. cancel() 函數

程式如下：

```
from sympy import *
x=symbols('x')
init_printing()
```

```
#約分:cancel()
cancel((x**2-2*x+1)/(x**2-1))
```

執行結果為： $\dfrac{x-1}{x+1}$

註釋：cancel()用於有理函數的約分，輸出形式為分式的規範標準型，即分子與分母為整係數的多項式，且分子與分母無公因數。

2. expand() 函數

程式如下：

```
x=symbols('x')
init_printing()
#展開:expand()
expand((x+1)**3)
```

執行結果為： x^3+3x^2+3x+1

註釋：expand()可將函數展開成標準多項式的形式，它同時提供了多種展開方法，可根據實際需要選取。這裡我們僅考慮函數的展開功能。

3. factor()函數

程式如下：

```
x=symbols('x')
init_printing()
#分解因式:factor()
factor(x**3+3*x**2+3*x+1)
```

執行結果為： $(x+1)^3$

註釋：factor()可將函數分解為有理數域上的不能再分解的因數乘積（分解因式）。

4. apart()函數

程式如下：

```
x=symbols('x')
init_printing()
#將假分式拆分為幾個真分式的和:apart()
apart((2*x**4+x**2+3)/(x**2+1),x)
```

執行結果為：$2x^2 - 1 + \dfrac{4}{x^2+1}$

註釋：apart()對有理函數執行部分分式分解。

上述幾個函數也可被看作「化簡」函數，當 simplify()的化簡結果偏離我們的預期時，可考慮上述特定功能的「化簡」函數。下面來看幾個有理函數的積分。

【例 5.14】求 $\displaystyle\int \frac{x+2}{(2x+1)(x^2+x+1)}dx$ 。

解 程式如下：

```
x=symbols('x')
init_printing()
ex_1=(x+2)/((2*x+1)*(x**2+x+1))
integrate(ex_1,x)
```

執行結果為：$\log(x+1/2) - \log(x^2+x+1)/2 + \sqrt{3}\text{atan}(2\sqrt{3}x/3 + \sqrt{3}/3)/3$

【例 5.15】求 $\displaystyle\int \frac{x-3}{(x-1)(x^2-1)}dx$ 。

解 程式如下：

```
x=symbols('x')
init_printing()
ex_2=(x-3)/((x-1)*(x**2-1))
integrate(ex_2,x)
```

執行結果為： $\log(x-1)-\log(x+1)+\dfrac{1}{x-1}$

【例 5.16】求 $\displaystyle\int\dfrac{1+\sin x}{\sin x(1+\cos x)}dx$ 。

解 程式如下：

```
x=symbols('x')
init_printing()
ex_3=(1+sin(x))/(sin(x)*(1+cos(x)))
integrate(ex_3,x)
```

執行結果為： $\log\big(\tan(x/2)\big)/2+\tan^2(x/2)/4+\tan(x/2)$

【例 5.17】求 $\displaystyle\int\dfrac{1}{(1+\sqrt[3]{x})\sqrt{x}}dx$ 。

解 程式如下：

```
x=symbols('x')
init_printing()
ex_4=1/(sqrt(x)+x**(S(5)/6))
integrate(ex_4,x)
```

執行結果為： $6\sqrt[6]{x}-6\mathrm{atan}(\sqrt[6]{x})$

對 sympy 來說，積分要比求導複雜的多（當然，對於人也一樣）！

Chapter

06

定積分

▶ 6.1 定積分的概念和性質

【例 6.1】按矩形法、梯形法和拋物線法計算定積分 $\int_0^1 \dfrac{4}{1+x^2}dx$ 的近似值（取 $n=10$，計算時取 5 位小數）。

解 使用 numpy，程式如下：

```
import numpy as np
x=np.linspace(0,1,11)
y=np.round(4/(1+x**2),5)
x,y
```

執行結果如圖 6.1 所示。

```
(array([0. , 0.1, 0.2, 0.3, 0.4, 0.5, 0.6, 0.7, 0.8, 0.9, 1. ]),
 array([4.    , 3.9604 , 3.84615, 3.66972, 3.44828, 3.2    , 2.94118,
        2.68456, 2.43902, 2.20994, 2.    ]))
```

▲ 圖 6.1

矩形法近似 1：$\int_0^1 \dfrac{4}{1+x^2}\,dx \approx \dfrac{b-a}{n}(y_0+y_1+...+y_{n-1})$

矩形法近似 2：$\int_0^1 \dfrac{4}{1+x^2}\,dx \approx \dfrac{b-a}{n}(y_1+y_2+...+y_n)$

$\Delta x = 0.1$，程式如下：

```
delta_x=0.1
#矩形法的兩個結果
result_rect_1=np.sum(y[0:-1])*delta_x
result_rect_2=np.sum(y[1:len(y)])*delta_x
result_rect_1,result_rect_2
```

執行結果為：(3.2399250000000004,3.039925)。

註釋：y[0:-1]=[y[0],y[1]…y[n-2]]，即 y 去掉最後一個元素的子串列，而 y[1:len(y)]是指[y[1],y[2]…,y[n-1]]即去掉第一個元素的子串列。

梯形法：$\int_0^1 \dfrac{4}{1+x^2}\,dx \approx \dfrac{b-a}{n}(\dfrac{y_0+y_n}{2}+y_1+y_2+...+y_{n-1})$，程式如下：

```
#梯形法
result_trapezoid=(np.sum(y)-(y[0]+y[-1])/2)*delta_x
result_trapezoid
```

執行結果為：3.1399250000000003。

拋物線法：

$$\int_0^1 \dfrac{4}{1+x^2}\,dx \approx \dfrac{b-a}{3n}[y_0+y_n+4(y_1+y_3+...+y_{n-1})+2(y_2+y_4+...+y_{n-2})]$$

這裡假設 n 為偶數，程式如下：

```
#拋物線(辛普森)法
result_Simpson=(y[0]+y[-1]+4*(np.sum(y[1:len(y):2]))+2*np.sum(y[2:-1:2]))*delta_x/3
result_Simpson
```

執行結果為：3.141591333333334

最後，我們學習 sympy 求本題的方法，程式如下：

```
from sympy import integrate,Symbol,init_printing
x=Symbol('x')
init_printing()
result=integrate(4/(1+x**2),(x,0,1))#計算定積分的方法
result,result.evalf(),float(result)
```

執行結果為：(pi,3.14159265358979,3.141592653589793)

註釋：

（1）sympy.integrate(f,(x,a,b))用以計算定積分 $\int_a^b f(x)dx$ ；

（2）result.evalf()一般用來將一個常數符號（如 e, π）或其運算式及無理數（如 $\sqrt{2}$）表示為小數；更為常用的是直接用強制類型轉換 float(expr)。

▶ 6.2 微積分基本公式

本節繼續學習 sympy.integrate 的使用方法，程式如下：

```
from sympy import *
x=Symbol('x')
init_printing()
```

【例 6.2】計算 $\int_{-2}^{-1} \frac{1}{x} dx$ 。

解 程式如下：

```
integrate(1/x,(x,-2,-1))
```

執行結果為:-log(2)

【例 6.3】求積分上限函數 $\int_0^x e^{2t}dt$ 。

解 程式如下：

```
t=Symbol('t')
integrate(E**(2*t),(t,0,x))
```

執行結果為：$e^{2x}/2 - 1/2$

註釋：進一步理解 sympy 為符號計算函數庫，這裡將 x 視為一個符號。

【例 6.4】求 $\lim\limits_{x \to 0} \dfrac{\int_{\cos x}^1 e^{-t^2}dt}{x^2}$ 。

解 程式如下：

```
limit(integrate(E**(-t**2),(t,cos(x),1))/(x**2),x,0)
```

執行結果為：1/2e

註釋：這裡綜合使用了 sympy 的 integrate()和 limit()函數。

▶ 6.3　定積分的換元法和分部積分法

儘管已經初步了解了 sympy.integrate()函數的使用方法，但更多的實踐是必要的---我們需要知道在哪些情況下它運作的非常好，哪些情況可能會故障，及故障情況下的補救方法。

首先匯入 sympy 函數庫，程式如下：

```
from sympy import *
x=Symbol('x',real=True)
init_printing()
```

【例 6.5】求 $\int_0^a \sqrt{a^2-x^2}\,dx(a>0)$。

解 程式如下：

```
a=Symbol('a',positive=True)
integrate(sqrt(a**2-x**2),(x,0,a))
```

執行結果為：$\pi a^2/4$

【例 6.6】計算 $\int_0^\pi \sqrt{\sin^3 x-\sin^5 x}\,dx$。

解 程式如下：

```
#下一行程式不能正確執行
#integrate(sqrt(sin(x)**3-sin(x)**5),(x,0,pi))
integrate(sin(x)**(3/2)*cos(x),(x,0,pi/2))-
integrate(sin(x)**(3/2)*cos(x),(x,pi/2,pi))
```

執行結果為：0.8

註釋：第二行程式會使程式陷入無窮迴圈；sympy 沒有分區間討論一個函數的義務，一旦遇到這種情況（分段函數），我們要提前做好預案。

也可以使用 scipy.integrate.quad()函數，程式如下：

```
f=lambda x:np.sqrt(np.sin(x)**3-np.sin(x)**5)
quad(f,0,np.pi)
```

執行結果為：(0.8000000000000002, 3.1020013224747345e-09)

註釋：

（1） scipy.integrate.quad()求一個定積分的數值解，非符號解（解析解）；

（2） quad()傳回兩個值，第一個值為定積分的近似值（0.8000000000000002），第二個值為計算誤差(3.102×10^{-9})。

【例 6.7】計算 $\int_0^4 \dfrac{x+2}{\sqrt{2x+1}}\,dx$。

解 程式如下：

```
integrate((x+2)/sqrt(2*x+1),(x,0,4))
```

執行結果為：22/3

註釋：如果不牽涉三角函數換元，sympy.integrate()一般表現很好。

【例 6.8】計算 $\int_{-1}^{1} \ln(x+\sqrt{1+x^2})dx$。

解 注意被積函數為奇函數，積分區間關於 0 對稱，程式如下：

```
res=integrate(log(x+sqrt(x**2+1)),(x,-1,1))
res,simplify(res)
```

運行結果如圖 6.2 所示。

$$(\log(-1+\sqrt{2})+\log(1+\sqrt{2}),\ 0)$$

▲ 圖 6.2

註釋：

（1）這個單元格執行了時間很長，這是因為被積函數 $\ln(x+\sqrt{1+x^2})$ 太複雜，sympy 最終透過什麼方法計算出來這個結果的，我們不知道；

（2）sympy 不負責簡化結果，需要呼叫函數 simplify() 做進一步簡化。

我們使用 quad() 函數，程式如下：

```
def an_odd_fun(x):
    return np.log(x+np.sqrt(x**2+1))
val,err=quad(an_odd_fun,-1,1)
np.round(val,5)
```

執行結果為：0

【例 6.9】計算 $\int_{0}^{3} \dfrac{x^2}{(x^2-3x+3)^2}dx$。

解 程式如下：

```
integrate(x**2/(x**2-3*x+3)**2,(x,0,3))
```

執行結果為：$1+8\sqrt{3}\pi/9$

註釋：很快得到結果，而這個題目恰恰是使用三角函數換元法，sympy 善於和不善於解決哪一類積分問題，仍需要進一步探索。

【例 6.10】設函數 $f(x)=\begin{cases}\dfrac{1}{1+\cos x},-\pi<x<0,\\ xe^{-x^2},x\geq 0,\end{cases}$，計算 $\displaystyle\int_1^4 f(x-2)dx$。

解 分段函數是科學計算的難題，可以這樣解決，程式如下：

```
f_left=1/(1+cos(x))
f_right=x*pow(E,-x**2)
integrate(f_left,(x,-1,0))+integrate(f_right,(x,0,2))
```

執行結果為：$\dfrac{1}{2e^4}+1/2+\tan(1/2)$

【例 6.11】設 $I_n=\displaystyle\int_0^{\frac{\pi}{2}}\sin^n xdx$，由分部積分法可以推導出 $I_n=\dfrac{n-1}{n}I_{n-2}$，撰寫程式求 I_3 及 I_6。

解 由遞推公式得到一般結果的方法在程式設計中稱為「遞迴」，程式如下：

```
def I(n):
    if n==1:return 1
    if n==0:return pi/2
    return I(n-2)*(n-1)/n
I(3),I(6)
```

執行結果為：0.6666666，$5\pi/32$

註釋：依 I_6（I(6)）的計算來理解遞迴函數的原理：

（1）n=6，前兩個條件（n==1 和 n==0）不成立，執行第三行程式 return $I_4 \times \dfrac{5}{6}$ ；

（2）因為 I_4 不知道是多少，所以繼續呼叫函數 I(4)；

（3）n=4，前兩個條件不成立，執行第三行程式 return $I_2 \times \dfrac{3}{4}$ ；

（4）因為 I_2 不知道是多少，所以繼續呼叫函數 I(2)；

（5）n=2，前兩個條件不成立，執行第三行程式 return $I_0 \times \dfrac{1}{2}$ ；

（6）因為 I_0 不知道是多少，所以繼續呼叫函數 I(0)；

（7）n=0，第二個條件成立，return $\dfrac{\pi}{2}$ ；

至此，函數傳回 $\dfrac{5}{6} \times \dfrac{3}{4} \times \dfrac{1}{2} \times \dfrac{\pi}{2}$ 。

本例中的前兩行程式，一般稱為遞迴函數的退出條件，如果沒有這個條件，程式會繼續執行 I(-2),I(-4)；第三行程式為遞推公式，熟練撰寫遞迴函數需要一個過程。

◉ 6.4 反常積分

和上一節的定積分相比，無窮限的反常積分只不過將積分上（下）限換成無限大；對於有瑕點的無界函數的反常積分，我們在進行科學計算時不用考慮，sympy 能自己處理。

首先匯入必要的函數庫函數，程式如下：

```
from sympy import *
from scipy.integrate import quad
from scipy import Infinity
init_printing()
x=Symbol('x')
```

註釋：應該將後兩行程式和匯入庫函數的前三行程式分置在兩個單元格
中。

【例 6.12】計算 $\int_{-\infty}^{\infty} \dfrac{1}{1+x^2} dx$ 。

解 程式如下：

```
integrate(1/(1+x**2),(x,-oo,oo))
```

執行結果為：π

還可以用 quad()函數，程式如下：

```
quad(lambda x:1/(1+x**2),-Infinity,Infinity)[0]
```

執行結果為：3.141592653589793

註釋：scipy 函數庫的無限大為 Infinity。

【例 6.13】計算反常積分 $\int_{0}^{\infty} te^{-pt} dt$ ，其中 p 是常數，且 $p > 0$ 。

解 程式如下所示。

```
p=Symbol('p',positive=True)
t=Symbol('t')
integrate(t*E**(-p*t),(t,0,oo))
```

執行結果為：$\dfrac{1}{p^2}$

【例 6.14】計算反常積分 $\int_{0}^{a} \dfrac{dx}{\sqrt{a^2-x^2}} (a>0)$ 。

解 程式如下：

```
a=Symbol('a',positive=True)
integrate(1/sqrt(a**2-x**2),(x,0,a))
```

執行結果為：$\pi/2$

【例 6.15】討論反常積分 $\int_{-1}^{1}\dfrac{dx}{x^2}$ 的收斂性。

解 程式如下：

```
integrate(x**(-2),(x,-1,1))
```

執行結果為：∞

【例 6.16】求反常積分 $\int_{0}^{\infty}\dfrac{dx}{\sqrt{x(x+1)^3}}$ 。

解 程式如下：

```
integrate(1/sqrt(x*(x+1)**3),(x,0,oo))
```

執行結果為：2

▶6.5 反常積分的審斂法 Γ函數

僅討論 $\Gamma(s)=\int_{0}^{\infty}e^{-x}x^{s-1}dx$ （ $2s$ 為正整數）的情況；

繼續學習遞迴函數的撰寫：

已知　（1）$\Gamma(\dfrac{1}{2})=\sqrt{\pi}$ ；

（2）$\Gamma(1)=1$

（3）$\Gamma(s)=(s-1)\Gamma(s-1)$

函數程式如下：

```
from sympy import pi,sqrt
from math import floor
def Gamma(n):
    if floor(2*n)!=(2*n) or n<=0:
```

```
        print('參數 n 錯誤，2n 必須為正整數')
        return #或 return None
    if n==1:return 1
    if n==1/2:return sqrt(pi)
return (n-1)*Gamma(n-1)
```

呼叫 Gamma()函數，程式如下：

```
Gamma(3),Gamma(4),Gamma(5)
```

執行結果為：(2,6,24)

繼續呼叫 Gamma()函數，程式如下：

```
Gamma(0.5),Gamma(1.5),Gamma(2.5)
```

執行結果為：(sqrt(pi), 0.5*sqrt(pi), 0.75*sqrt(pi))

錯誤的呼叫，程式如下：

```
Gamma(1.6),Gamma(0)
```

執行結果為：

參數 n 錯誤，2n 必須為正整數

參數 n 錯誤，2n 必須為正整數

```
(None, None)
```

註釋：觀察上面程式的輸出結果，進一步理解函數的遞迴機制。

▶ 6.6 極座標系下繪圖

關於積分函數的呼叫，我們不再討論，本章僅學習極座標下曲線的繪製。

首先匯入函數程式庫，程式如下：

```
import numpy as np
import matplotlib.pyplot as plt
```

【例 6.17】繪製 $r=1$ 的圖形。

解 程式如下：

```
theta=np.linspace(0,2*np.pi,100)
r=[1.0]*100
#polar()實現極座標系下繪圖
plt.polar(theta,r,linewidth=3)
plt.show()
```

執行結果如圖 6.3 所示。

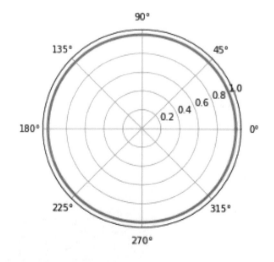

▲圖 6.3

註釋：繪製極座標系下的曲線使用 plt.polar()函數，第一個參數為 θ，第二個參數為 r。

【例 **6.18**】繪製 $\rho = \cos\theta(-\dfrac{\pi}{2} \leq \theta \leq \dfrac{\pi}{2})$。

解 程式如下：

```
theta=np.linspace(-np.pi/2,np.pi/2)
r=np.cos(theta)
plt.polar(theta,r,'g--')
plt.show()
```

執行結果如圖 6.4 所示。

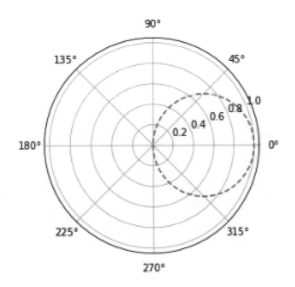

▲ 圖 6.4

【例 6.19】繪製 $\rho = \sin\theta(0 \le \theta \le \pi)$ 。

解 程式如下：

```
theta=np.linspace(0,np.pi)
r=np.sin(theta)
plt.polar(theta,r,'r*')
plt.show()
```

執行結果如圖 6.5 所示。

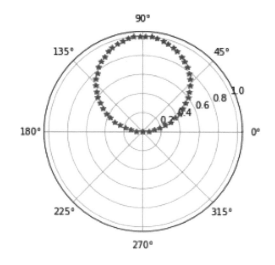

▲圖 6.5

【例 6.20】繪製阿基米德螺線 $\rho = a\theta(0 \le \theta \le 2\pi)$ 。

解 程式如下：

```
a=2.0
theta=np.linspace(0,2*np.pi,100)
#阿基米德螺線
r=a*theta
plt.polar(theta,r,'r',linewidth=2)
plt.show()
```

執行結果如圖 6.6 所示。

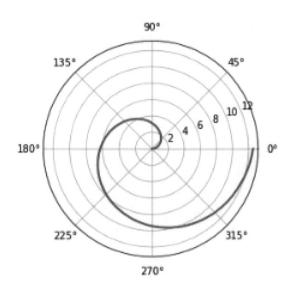

▲ 圖 6.6

【例 **6.21**】繪製心形線 $\rho = a(1+\cos\theta)(a > 0)$。

解 程式如下：

```
fig=plt.figure()
#極座標系下繪圖的另一種方法
ax=fig.add_subplot(111,projection='polar')
theta=np.linspace(0,2*np.pi,200)
a=2.0
#心形線
r=a*(1+np.cos(theta))
ax.plot(theta,r,'r',linewidth=2.0,label='Cardioid')
ax.legend()
plt.show()
```

運行結果如圖 6.7 所示。

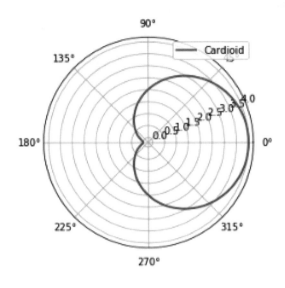

▲圖 6.7

註釋：fig.add_subplot(111,projection='polar')為另一種繪製極座標曲線的方法，此方法提供更為靈活的繪製參數。

微分方程

▶ 7.1 微分方程的基本概念

本節引入 dsolve()函數，該函數可用於求解常微分方程以及常微分方程組。這裡我們只討論單一常微分方程的求解，使用方法如下：dsolve (eq,f(x), ics=None)，從微分方程 eq（也可以是預設等於 0 的一組運算式）中解出 f(x)，初始條件為 ics。來看一個例子：

【例 7.1】一曲線通過點(1,2)，且在該曲線上任一點(x,y)處的切線斜率為 2x，求這曲線方程式。

解 程式如下：

```
from sympy import *
x=symbols('x')
init_printing()
f=Function('f')  #定義一個函數
eq=f(x).diff(x)-2*x  #預設=0
#ics={},大括號中填入初始條件
dsolve(eq,f(x),ics={f(1):2})
```

執行結果為：$f(x) = x^2 + 1$

註釋：f=Function('f')說明 f 是一個函數，f(x)則進一步表明 f 是關於 x 的函數。ics 以字典的形式給予值。

【例 7.2】 列車在平直線路上以 20m/s（相當於 72km/h）的速度行駛，當煞車時列車獲得加速度-0.4m/s²。求煞車階段列車的運動規律 s(t)。

解 程式如下：

```
init_printing()
s=Function('s')
t=Symbol('t')
#eq=Derivative(s(t),t,2)+0.4    --和下兩行程式等效
#eq=s(t).diff(t,t)+0.4
eq=s(t).diff(t,2)+0.4
#初始條件 s'(0)=20 這樣寫：s(t).diff(t).subs(t,0):20
ics={s(0):0,s(t).diff(t).subs(t,0):20}
dsolve(eq,s(t),ics=ics)
```

執行結果為：$s(t) = -t^2/5 + 20t$

【例 7.3】 驗證函數 $x = C_1 \cos kt + C_2 \sin kt$ 是微分方程 $\frac{d^2x}{dt^2} + k^2 x = 0$ 的解。

解 將 x 帶入微分方程，程式如下：

```
init_printing()
x,C1,C2,k,t=symbols('x C1 C2 k t')
x=C1*cos(k*t)+C2*sin(k*t)
x.diff(t,2)+k**2*x
```

執行結果為：0

【例 7.4】 已知函數 $x = C_1 \cos kt + C_2 \sin kt$ 當 $k \neq 0$ 時是微分方程 $\frac{d^2x}{dt^2} + k^2 x = 0$ 的通解，求滿足初值條件 $x|_{t=0} = A, \frac{dx}{dt}|_{t=0} = 0$ 的特解。

解 程式如下：

```
init_printing()
A=Symbol('A')
x=Function('x')
eq=x(t).diff(t,2)+k**2*x(t)
ics={x(0):A,x(t).diff(t).subs(t,0):0}
solve=dsolve(eq,x(t),ics=ics)
solve
```

執行結果為：$x(t) = Ae^{ikt/2} + Ae^{-ikt/2}$

對複數形式的解進行化簡，程式如下：

```
#化簡
simplify(solve)
```

執行結果為：$x(t) = A\cos(kt)$

▶ 7.2 可分離變數的微分方程

【*例* **7.5**】求微分方程 $\dfrac{dy}{dx} = 2xy$ 的通解。

解 程式如下：

```
from sympy import *
init_printing()
x=Symbol('x')
y=Function('y')
dsolve(y(x).diff(x)-2*x*y(x),y(x))
```

執行結果為：$y(x) = C_1 e^{x^2}$

【*例* **7.6**】放射性元素鈾由於不斷地有原子放射出微粒子而變成其他元素，鈾的含量就不斷減少，這種現象叫做衰變。由原子物理學知道，鈾的

衰變速度與當時未衰變的鈾原子的含量 M 成正比。已知 t=0 時鈾的含量
為 M_0，求在衰變過程中鈾含量 M(t)隨時間 t 變化的規律。

解 由於鈾的衰變速度與當時未衰變的鈾原子的含量 M 成正比，設衰變
係數為 λ，可得微分方程：

$$\frac{dM}{dt} = -\lambda M$$

按題意，初值條件為：

$$M\,|_{t=0} = M_0$$

程式如下：

```
init_printing()
t,M0,lamda=symbols('t M0 lamda',positive=True)
M=Function('M')
eq=M(t).diff(t)+lamda*M(t)
ics={M(0):M0}
dsolve(eq,M(t),ics=ics)
```

執行結果為：$M(t) = M_0 e^{-\lambda t}$

【例 7.7】設降落傘從跳傘塔下落後，所受空氣阻力與速度成正比（比例
係數為 k），並設降落傘離開跳傘塔時（t=0）速度為零，求降落傘下落
速度與時間的函數關係 v(t)。

解 用 m，g 表示跳傘者的品質與重力加速度。由題意可得微分方程：

$$m\frac{dv}{dt} = mg - kv$$
$$v\,|_{t=0} = 0$$

程式如下：

```
init_printing()
t,m,g,k=symbols('t m g k',positive=True)
```

```
v=Function('v',real=True)
eq=m*v(t).diff(t)-m*g+k*v(t)
ics={v(0):0}
result=dsolve(eq,v(t),ics=ics,simplify=True) #注意這裡 simplify 參數沒
造成預期效果
simplify(result)
```

執行結果為：$v(t) = gm(1 - e^{-kt/m}) / k$

【**例 7.8**】有高為 1m 的半球形容器，水從它的底部小孔流出，小孔橫截面面積為 1cm^2。開始時容器內盛滿了水，求水從小孔流出過程中容器裡水面的高度 h（水面與孔口中心間的距離）隨時間 t 變化的規律。

解 取 k，S，g 表示流量係數，孔口橫截面面積，重力加速度。依題意可得微分方程：

$$kS\sqrt{2gh}dt = -\pi(2h - h^2)dh$$

初值條件為：

$$h\mid_{t=0} = 1$$

程式如下：

```
init_printing()
h,k,S,g=symbols('h k S g',positive=True)
t=Function('t',positive=True)
eq=pi*(2*h-h**2)+k*S*sqrt(2*g*h)*t(h).diff(h)
ics={t(1):0}
result=dsolve(eq,t(h),ics=ics)
simplify(result)
```

執行結果為：$t(h) = \dfrac{\sqrt{2}\pi(3h^{\frac{5}{2}} - 10h^{\frac{3}{2}} + 7)}{155\sqrt{g}k}$

以 k=0.62，S=10^{-4}m^2，g=9.8m/s^2 代入上式，即可得最終結果。

▶ 7.3 齊次方程式

【例 7.9】解方程式 $y^2 + x^2 \dfrac{dy}{dx} = xy \dfrac{dy}{dx}$ 。

解 程式及執行結果如下：

```
from sympy import *
init_printing()
x=Symbol('x')
y=Function('y')
eq=y(x)**2+(x**2-x*y(x))*(y(x).diff(x))
dsolve(eq,y(x))
```

執行結果為： $y(x) = -xW(C_1 / x)$

註釋：當微分方程的解為一個隱函數時，解的表達方式超出了高等數學的範圍，此題僅供參考。

【例 7.10】探照燈的聚光鏡的鏡面是一張旋轉曲面，它的形狀由 xOy 座標面上的一條曲線 L 繞 x 軸旋轉而成。按聚光鏡性能的要求，在其旋轉軸 (x 軸)上一點 O 處發出的一切光線，經它反射後都與旋轉軸平行。求曲線 L 的方程式。

解 將光源所在之 O 點取作座標原點，且曲線 L 位於 x 軸上方。依題意可得微分方程式：

$$\frac{dx}{dy} = \frac{x}{y} + \sqrt{\left(\frac{x}{y}\right)^2 + 1}$$

程式如下：

```
y=symbols('y',positive=True)
x=Function('x')
eq=x(y).diff(y)-x(y)/y+sqrt(1+(x(y)/y)**2)
result=dsolve(eq,x(y))
result
```

執行結果為： $x(y) = y\sinh(C_1 - \log(y))$

註釋：sinh()是雙曲正弦函數，該結果可以手工驗證，該解正確。

【例 7.11】解方程式 $(2x+y-4)dx+(x+y-1)dy=0$。

解 該題結果為隱函數，其解析解為： $2x^2 + 2xy + y^2 - 8x - 2y = C$ ；這裡使用微分方程的數值解，觀察 y 與 x 的曲線關係，程式如下：

```
from scipy.integrate import odeint
import numpy as np
import matplotlib.pyplot as plt
def dydx(y,x):
    return -(2*x+y-4)/(x+y-1)
x=np.linspace(0,15,100)
y=odeint(dydx,10,x)    #x=0 時令 y=10，即本題結果中的 C=80
plt.plot(x,y)
plt.xlabel('X')
plt.ylabel('Y')
plt.show()
```

執行結果如圖 7.1 所示。

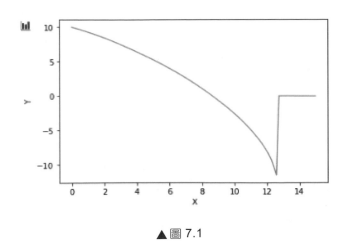

▲ 圖 7.1

註釋：

（1）odeint()用於求解微分方程（組）的數值解。odeint（func，y0，x）中參數 func 指函數 y 關於 x 的一階導數的運算式，y_0 是 y 的初值，參數 x 表示引數 x 的設定值序列，序列的第一個元素必須是 y 的初值所對應的 x 值，此序列必須是單調遞增或單調遞減的，允許出現重複值。odeint()傳回參數 x 所對應的一系列函數值 $y(x)$。更多關於 odeint()函數的用法可在 Jupyter 中輸入「odeint?」查看；

（2）注意大概在座標(12.5,-11.5)處，$x+y-1=0$，右邊的圖形發生錯誤，微分方程的數值解在導數為無窮的點會導致錯誤。

▶ 7.4 一階線性微分方程

【例 7.12】求方程式 $\dfrac{dy}{dx} - \dfrac{2y}{x+1} = (x+1)^{\frac{5}{2}}$ 的通解。

解 程式如下：

```
from sympy import *
init_printing()
x=symbols('x')
y=Function('y')
result=dsolve(y(x).diff(x)-2*y(x)/(1+x)-(x+1)**(S(5)/2),y(x))
factor(result)
```

執行結果為：$y(x) = (x+1)^2 (3C_1 + 2x\sqrt{x+1} + 2\sqrt{x+1})/3$

【例 7.13】有一個電路（見圖 7.2），其中電源電動勢為 $E = E_0 \sin \omega t$（E_0, ω 都是常數），電阻 R 和電感 L 都是常數。求電流 $i(t)$。

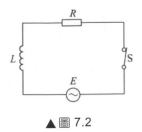

▲ 圖 7.2

解 依題意可得微分方程：

$$\frac{di}{dt} + \frac{R}{L}i = \frac{E_0}{L}\sin \omega t$$

程式如下：

```
init_printing()
E0,L,t,R,w=symbols('E0 L t R omega',positive=True)
i=Function('i')
eq=i(t).diff(t)+R/L*i(t)-E0/L*sin(w*t)
ics={i(0):0}
dsolve(eq,i(t),ics=ics)
```

執行結果為：$i(t) = (\dfrac{E_0 L\omega}{L^2\omega^2 + R^2} + \dfrac{E_0(-L\omega\cos(\omega t) + R\sin(\omega t))e^{Rt/L}}{L^2\omega^2 + R^2})e^{-Rt/L}$

【例 7.14】求方程式 $\dfrac{dy}{dx} + \dfrac{y}{x} = a(\ln x)y^2$ 的通解。

解 程式如下：

```
init_printing()
x=symbols('x')
a=symbols('a',real=True)
y=Function('y')
eq=y(x).diff(x)+y(x)/x-a*log(x)*(y(x)**2)
dsolve(eq,y(x))
```

執行結果為：$y(x) = \dfrac{1}{x(C_1 - a\log(x)^2/2)}$

▶ 7.5 可降階的高階微分方程

【例 7.15】求微分方程 $y''' = e^{2x} - \cos x$ 的通解。

解 程式如下：

```
from sympy import *
init_printing()
x=symbols('x')
y=Function('y')
eq=y(x).diff(x,3)+cos(x)-E**(2*x)
dsolve(eq,y(x))
```

執行結果為：$y(x) = C_1 + C_2 x + C_3 x^2 + e^{2x}/8 + \sin(x)$

【例 7.16】品質為 m 的質點受力 F 的作用沿 Ox 軸做直線運動。設力 F=F(t)在開始時刻 t=0 時 F(0)=F₀，隨著時間 t 的增大，力 F 均勻地減小，直到 t=T 時，F(T)=0。如果開始時質點位於原點，且初速度為零，求這質點的運動規律。

解 依題意可得微分方程：

$$\frac{d^2 x}{dt^2} = \frac{F_0}{m}\left(1 - \frac{t}{T}\right)$$

初始條件為：

$$x|_{t=0} = 0, \frac{dx}{dt}|_{t=0} = 0$$

程式如下：

```
init_printing()
F0,m,T,t=symbols('F0 m T t',positive=True)
x=Function('x')
eq=x(t).diff(t,2)-F0/m*(1-t/T)
ics={x(0):0,x(t).diff(t).subs(t,0):0}
result=dsolve(eq,x(t),ics=ics)
factor(result)
```

執行結果為：$x(t) = -\dfrac{F_0 t^2(-3T+t)}{6Tm}$

【例 7.17】求微分方程 $(1+x^2)y'' = 2xy'$ 滿足初始條件 $y|_{x=0}=1, y'|_{x=0}=3$ 的特解。

解 程式如下：

```
init_printing()
x=symbols('x')
y=Function('y')
eq=(1+x**2)*diff(y(x),x,2)-2*x*y(x).diff(x)
ics={y(0):1,y(x).diff(x).subs(x,0):3}
result=dsolve(eq,y(x),ics=ics)
expand(result)
```

執行結果為：$y(x) = x^3 + 3x + 1$

【例 7.18】設有一均勻、柔軟的繩索，兩端固定，繩索僅受重力的作用而卜垂。試問該繩索在半衡狀態時是怎樣的曲線？

解 設繩索的最低點為 A，取 y 軸通過點 A 鉛直向上，並取 x 軸水平向右，建立座標系，可得微分方程：

$$y'' = \frac{1}{a}\sqrt{1+y'^2}$$

初始條件為：

$$y|_{x=0}=a, y'|_{x=0}=0$$

程式如下：

```
init_printing()
x=symbols('x')
a=symbols('a',positive=True)
y=Function('y')
eq=y(x).diff(x,2)-sqrt(1+(y(x).diff(x))**2)/a
ics={y(0):a,y(x).diff(x).subs(x,0):0}
```

```
dsolve(eq,y(x),ics=ics)
```

執行結果為：$y(x) = a\cosh(x/a)$

註釋：cosh()為雙曲餘弦函數，該曲線為懸鏈線。懸鏈線的繪製程式如下：

```
import numpy as np
import matplotlib.pyplot as plt
#懸鏈線形狀
a=10
x=np.linspace(-a,a)
y=np.cosh(x/a)*a
plt.axis('equal')
plt.plot(x,y)
plt.show()
```

執行結果如圖 7.3 所示。

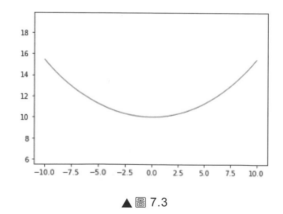

▲圖 7.3

【例 7.19】求微分方程 $yy'' - y'^2 = 0$ 的通解。

解 程式如下：

```
init_printing()
x=symbols('x')
y=Function('y')
```

```
#了解*、**與函數運算的優先順序
eq=y(x)*y(x).diff(x,2)-y(x).diff(x)**2
dsolve(eq,y(x))
```

執行結果為： $y(x) = C_1 e^{C_2 x}$

【例 7.20】一個離地面很高的物體，受地心引力的作用由靜止開始落向地面。求它落到地面時的速度和所需要的時間（不計空氣阻力）。

解 取聯結地球中心與該物體的直線為 y 軸，其方向鉛直向上，地球中心為原點。設地球半徑為 R，物體的品質為 m，物體開始下落時與地球中心的距離為 l（l>R），時刻 t 物體所在位置為 y=y(t)。可得微分方程：

$$\frac{d^2 y}{dt^2} = -\frac{gR^2}{y^2}$$

初始條件為：

$$y\,|_{t=0} = l, \, y'\,|_{t=0} = 0$$

程式如下：

```
init_printing()
g,R,l=symbols('g R l',positive=True)
t=Symbol('t')
y=Function('y')
eq=y(t).diff(t,2)+g*R**2/(y(t)**2)
ics={y(0):l,y(t).diff(t).subs(t,0):0}
try:
    dsolve(eq,y(t),ics=ics)
except Exception as e:
    print(str(e))
```

執行結果為：solve: Cannot solve R**2*g/y(t)**2 + Derivative(y(t), (t, 2))

註釋：dsolve()不是萬能的。

▶7.6　常係數齊次線性微分方程

【例 7.21】求微分方程 $y'' - 2y' - 3y = 0$ 的通解。

解　程式如下：

```
from sympy import *
init_printing()
x=symbols('x')
y=Function('y')
eq=y(x).diff(x,2)-2*y(x).diff(x)-3*y(x)
dsolve(eq,y(x))
```

執行結果為：$y(x) = C_1 e^{-x} + C_2 e^{3x}$

【例 7.22】求方程式 $\dfrac{d^2 s}{dt^2} + 2\dfrac{ds}{dt} + s = 0$ 滿足初值條件 $s\,|_{t=0} = 4, s'\,|_{t=0} = -2$ 的特解。

解　程式如下：

```
init_printing()
t=symbols('t')
s=Function('s')
eq=s(t).diff(t,2)+2*s(t).diff(t)+s(t)
ics={s(0):4,s(t).diff(t).subs(t,0):-2}
dsolve(eq,s(t),ics=ics)
```

執行結果為：$s(t) = (2t + 4)e^{-t}$

【例 7.23】求微分方程 $y'' - 2y' + 5y = 0$ 的通解。

解　程式如下：

```
init_printing()
x=symbols('x')
y=Function('y')
eq=y(x).diff(x,2)-2*y(x).diff(x)+5*y(x)
dsolve(eq,y(x))
```

執行結果為： $y(x) = (C_1 \sin(2x) + C_2 \cos(2x))e^x$

【例 7.24】求方程式 $y^{(4)} - 2y''' + 5y'' = 0$ 的通解。

解 程式如下：

```
init_printing()
x=symbols('x')
y=Function('y')
eq=y(x).diff(x,4)-2*y(x).diff(x,3)+5*y(x).diff(x,2)
dsolve(eq,y(x))
```

執行結果為： $y(x) = C_1 + C_2 x + (C_3 \sin(2x) + C_4 \cos(2x))e^x$

【例 7.25】求方程式 $\dfrac{d^4\omega}{dx^4} + \beta^4\omega = 0$ 的通解，其中 $\beta > 0$。

解 程式如下：

```
init_printing()
x=symbols('x')
beta=Symbol('beta',positive=True)
w=Function('omega')
eq=w(x).diff(x,4)+w(x)*beta**4
dsolve(eq,w(x))
```

執行結果為：

$$\omega(x) = \frac{C_1 \sin(\sqrt{2}\beta x/2) + C_2 \cos(\sqrt{2}\beta x/2)}{\sqrt{e^{\sqrt{2}\beta x}}} + (C_3 \sin(\sqrt{2}\beta x/2) + C_4 \cos(\sqrt{2}\beta x/2))\sqrt{e^{\sqrt{2}\beta x}}$$

▶ 7.7　常係數非齊次線性微分方程式

【例 7.26】求微分方程式 $y'' - 2y' - 3y = 3x + 1$ 的特解。

解　程式如下：

```
from sympy import *
init_printing()
x=symbols('x')
y=Function('y')
eq=y(x).diff(x,2)-2*y(x).diff(x)-3*y(x)-3*x-1
dsolve(eq,y(x))
```

執行結果為：$y(x) = C_1 e^{-x} + C_2 e^{3x} - x + 1/3$

註釋：取 $C_1 = C_2 = 0$，得特解 $y(x) = -x + \dfrac{1}{3}$ 。

【例 7.27】求微分方程 $y'' - 5y' + 6y = xe^{2x}$ 的通解。

解　程式如下：

```
init_printing()
x=symbols('x')
y=Function('y')
eq=y(x).diff(x,2)-5*y(x).diff(x)+6*y(x)-x*E**(2*x)
dsolve(eq,y(x))
```

執行結果為：$y(x) = (C_1 + C_2 e^x - x^2 / 2 - x)e^{2x}$

【例 7.28】求微分方程 $y'' + y = x\cos 2x$ 的特解。

解　程式如下：

```
init_printing()
x=symbols('x')
y=Function('y')
eq=y(x).diff(x,2)+y(x)-x*cos(2*x)
dsolve(eq,y(x))
```

執行結果為： $y(x) = C_1 \sin(x) + C_2 \cos(x) - x\cos 2x / 3 + 4\sin 2x / 9$

註釋：取 $C_1=C_2=0$，得特解 $y(x) = -\dfrac{1}{3}x\cos 2x + \dfrac{4}{9}\sin 2x$。

【例 7.29】求微分方程 $y'' - y = e^x \cos 2x$ 的特解。

解 程式如下：

```
init_printing()
x=symbols('x')
y=Function('y')
eq=y(x).diff(x,2)-y(x)-E**x*cos(2*x)
dsolve(eq,y(x))
```

執行結果為： $y(x) = C_2 e^{-x} + (C_1 + \sin(2x)/8 - \cos(2x)/8)e^x$

註釋：取 $C_1=C_2=0$，得特解 $y = \dfrac{1}{8}e^x(\sin 2x - \cos 2x)$。

▶ 7.8 歐拉方程式

【例 7.30】求歐拉方程式 $x^3 y''' + x^2 y'' - 4xy' = 3x^2$ 的通解。

解 程式如下：

```
from sympy import *
init_printing()
x=symbols('x')
y=Function('y')
eq=x**3*y(x).diff(x,3)+x**2*y(x).diff(x,2)-4*x*y(x).diff(x)-3*x**2
dsolve(eq,y(x))
```

執行結果為： $y(x) = C_1 + C_2/x + C_3 x^3 - x^2/2$

▶7.9 常係數線性微分方程組解法舉例

【例 7.31】解微分方程組 $\begin{cases} \dfrac{dy}{dx} = 3y - 2z \\ \dfrac{dz}{dx} = 2y - z \end{cases}$。

解 程式如下:

```
from sympy import *
init_printing()
x=symbols('x')
y, z = symbols('y, z', cls=Function) #y,z 是函數
dsolve([y(x).diff(x)-3*y(x)+2*z(x),z(x).diff(x)-
2*y(x)+z(x)],[y(x),z(x)])
```

執行結果為:$[y(x) = (-2C_1 + C_2(-2x-1))e^x, z(x) = (-2C_1 - 2C_2x)e^x]$

註釋:求解微分方程組時,只需將方程式以及待解函數以串列的形式傳遞給 dsolve()函數即可。

最後,我們來比較一下方程組的解析解與數值解,程式如下:

```
from scipy.integrate import odeint
import numpy as np
import matplotlib.pyplot as plt
def ex_1(f,x):
    y,z=f   #f 是向量[y,z]
    return [3*y-2*z,2*y-z]
f0=[1,0] #y(0)=1 z(0)=0
x=np.linspace(0,3,500)
sol=odeint(ex_1,f0,x)
plt.plot(x,sol[:,0],'r',label='Numerical Solution:y(x)')
plt.plot(x,(1+2*x)*np.e**x+5,'r--',label='Formula Solution:y(x)+5')
plt.plot(x,sol[:,1],'g',label='Numerical Solution:z(x)')
plt.plot(x,2*x*np.e**x+5,'g--',label='Formula Solution:z(x)+5')
```

```
plt.legend()
plt.show()
```

執行結果如圖 7.4 所示。

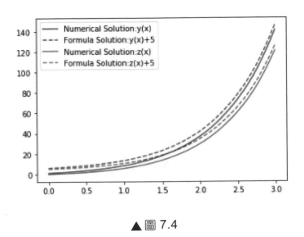

▲圖 7.4

註釋：sol=odeint(ex_1,f0,x)傳回一個兩列的陣列，第 1 列是 y 值，第 2 列是 z 值；為了不讓實線和虛線重合，將解析解（公式解）的函數值增大了 5。

線性代數基礎

▶ 8.1 行列式

首先導入庫函數，程式如下：

```
import sympy as sy
import numpy as np
sy.init_printing()
```

【例 8.1】計算 $D = \begin{vmatrix} 3 & 1 & -1 & 2 \\ -5 & 1 & 3 & -4 \\ 2 & 0 & 1 & -1 \\ 1 & -5 & 3 & -3 \end{vmatrix}$。

解 方法（1）np.linalg.det 方法，程式如下：

```
#np.linalg 求行列式
A=np.array([
        [3,1,-1,2],
        [-5,1,3,-4],
        [2,0,1,-1],
```

```
        [1,-5,3,-3]
        ])
#將陣列轉為矩陣
matrixA=np.matrix(A)
#求方陣對應的行列式
detA=np.linalg.det(matrixA)
np.round(detA,0)
```

執行結果為：40.0

方法（2）sympy.det()方法，程式如下：

```
#sympy 求行列式
A=sy.Matrix([
        [3,1,-1,2],
        [-5,1,3,-4],
        [2,0,1,-1],
        [1,-5,3,-3]
        ])
sy.det(A)
```

執行結果為：40

【例 8.2】計算 $D = \begin{vmatrix} a & b & c & d \\ a & a+b & a+b+c & a+b+c+d \\ a & 2a+b & 3a+2b+c & 4a+3b+2c+d \\ a & 3a+b & 6a+3b+c & 10a+6b+3c+d \end{vmatrix}$。

解 由於行列式的元素由符號組成，所以只能用 sympy.det()方法。程式
如下：

```
#sympy 求有號的行列式
a,b,c,d=sy.symbols('a b c d')
A=sy.Matrix([
    [a,b,c,d],
    [a,a+b,a+b+c,a+b+c+d],
    [a,2*a+b,3*a+2*b+c,4*a+3*b+2*c+d],
```

```
    [a,3*a+b,6*a+3*b+c,10*a+6*b+3*c+d]
])
sy.det(A)
```

執行結果為：a^4

▶ 8.2 矩陣的運算

本節我們只討論 numpy.linalg 函數庫中的相關函數。首先匯入函數程式庫，程式如下：

```
import numpy as np
from numpy.linalg import *
```

【例 8.3】求矩陣 $\begin{pmatrix} 1 & 2 & 3 \\ 4 & 5 & 6 \end{pmatrix}$ 的行數及列數。

解 程式如下：

```
A=np.array([[1,2,3],[4,5,6]])
#獲得 A 的行列數
A.shape
```

執行結果為：(2, 3)

【例 8.4】求矩陣 $A = \begin{pmatrix} -2 & 4 \\ 1 & -2 \end{pmatrix}$ 與 $B = \begin{pmatrix} 2 & 4 \\ -3 & -6 \end{pmatrix}$ 的乘積 AB、BA 及 A^3。

解 程式如下：

```
A=np.array([[-2,4],[1,-2]])
B=np.array([[2,4],[-3,-6]])
#矩陣乘法的兩種方法
print('{}\n\n{}\n\n{}\n\n{}'.format(A@B,B@A,np.dot(A,B),np.dot(B,A)))
```

執行結果如圖 8.1 所示。

```
[[-16 -32]
 [  8  16]]

[[0 0]
 [0 0]]

[[-16 -32]
 [  8  16]]

[[0 0]
 [0 0]]
```

▲ 圖 8.1

註釋：

（1）兩個矩陣的乘積可以使用符號 '@' 或函數 np.dot(A,B);

（2）A*B 不能得到兩個矩陣的乘積，程式如下：

```
#A*B 僅是對應元素相乘，沒有線性代數方面的意義
A*B
```

執行結果如圖 8.2 所示。

```
array([[-4, 16],
       [-3, 12]])
```

▲ 圖 8.2

這種對應元素相乘在線性代數中沒有實際意義，但可以將陣列 A、B 轉換成矩陣然後使用符號 '*'，程式如下：

```
#轉為矩陣後可以使用*
np.matrix(A)*np.matrix(B)
```

執行結果如圖 8.3 所示。

```
matrix([[-16, -32],
        [  8,  16]])
```

▲ 圖 8.3

計算方陣的冪可以使用 np.linalg.matrix_power()函數，程式如下：

```
print(A@A@A)
#計算方陣的冪
print(matrix_power(A,3))
```

執行結果如圖 8.4 所示。

```
[[-32  64]
 [ 16 -32]]
[[-32  64]
 [ 16 -32]]
```

▲ 圖 8.4

【例 8.5】已知 $A = \begin{pmatrix} 2 & 0 & -1 \\ 1 & 3 & 2 \end{pmatrix}$，$B = \begin{pmatrix} 1 & 7 & -1 \\ 4 & 2 & 3 \\ 2 & 0 & 1 \end{pmatrix}$ 求 $(AB)^T$。

解 程式如下：

```
A=[[2,0,-1],[1,3,2]]
B=[[1,7,-1],[4,2,3],[2,0,1]]
#注意，直接對串列 A、B 進行 A@B 運算不合法
C=np.array(A)@np.array(B)
#C 的轉置
C.T
```

執行結果如圖 8.5 所示。

```
array([[ 0, 17],
       [14, 13],
       [-3, 10]])
```

▲ 圖 8.5

【例 8.6】求方陣 $A = \begin{pmatrix} 1 & 2 & 3 \\ 2 & 2 & 1 \\ 3 & 4 & 3 \end{pmatrix}$ 的反矩陣 A^{-1} 其伴隨矩陣 A^*。

解 np.eye(n)生成一個 n 階單位矩陣對應的 2 維陣列，程式如下：

```
#4 階單位矩陣
np.eye(4)
```

執行結果如圖 8.6 所示。

```
array([[1., 0., 0., 0.],
       [0., 1., 0., 0.],
       [0., 0., 1., 0.],
       [0., 0., 0., 1.]])
```

▲圖 8.6

注意其類型為 np.array。理解一個物件的類型非常重要，程式如下：

```
#type(A)獲得一個物件 A 的類型
type(np.matrix(np.eye(4)))
```

執行結果為：numpy.matrix

求矩陣的反矩陣使用 inv 函數，程式如下：

```
A=[[1,2,3],[2,2,1],[3,4,3]]
A=np.array(A)
#求一個矩陣的逆
inv(A)
```

執行結果如圖 8.7 所示。

```
array([[ 1. ,  3. , -2. ],
       [-1.5, -3. ,  2.5],
       [ 1. ,  1. , -1. ]])
```

▲圖 8.7

求其伴隨 A^*，程式如下：

```
#求矩陣的伴隨
print('A* is:\n{}'.format(det(A)*inv(A)))
```

執行結果如圖 8.8 所示。

```
A* is:
[[ 2.  6. -4.]
 [-3. -6.  5.]
 [ 2.  2. -2.]]
```

▲ 圖 8.8

【例 8.7】求線性方程組 $\begin{cases} x_1 - x_2 - x_3 = 2 \\ 2x_1 - x_2 - 3x_3 = 1 \\ 3x_1 + 2x_2 - 5x_3 = 0 \end{cases}$ 。

解 程式如下：

```
A=np.array([[1,-1,-1],
            [2,-1,-3],
            [3,2,-5]])
b=np.array([2,1,0])
#求非齊次線性方程組
s=solve(A,b)
np.round(s,3)
```

執行結果為：array([5. , -0. , 3.])

◉ 8.3 矩陣的秩與線性方程組的解

首先匯入函數程式庫，程式如下：

```
import numpy as np
from numpy.linalg import matrix_rank,solve
```

【例 8.8】求矩陣 $A = \begin{pmatrix} 1 & 2 & 3 \\ 2 & 3 & -5 \\ 4 & 7 & 1 \end{pmatrix}$ 的秩。

解 程式如下：

```
A=np.array([[1,2,3],[2,3,-5],[4,7,1]])
#matrix_rank(A)函數求矩陣 A 的秩
matrix_rank(A)
```

執行結果為：2

【例 8.9】 求解齊次線性方程組 $\begin{cases} x_1 + 2x_2 + 2x_3 + x_4 = 0 \\ 2x_1 + x_2 - 2x_3 - 2x_4 = 0 \\ x_1 - x_2 - 4x_3 - 3x_4 = 0 \end{cases}$ 。

解 用 np.linalg.solve()求解，程式如下：

```
#當 A 非滿秩時，numpy.linalg.solve 函數無法求齊次或非齊次方程式的解
A=np.array([
            [1,2,2,1],
            [2,1,-2,-2],
            [1,-1,-4,-3]
          ])
b=np.array([0,0,0])
try:
    solve(A,b)
except Exception as e:
    print(str(e))
```

執行結果為：Last 2 dimensions of the array must be square

註釋：np.linalg.solve()只在係數矩陣是方陣且滿秩時才有效！下面使用 sympy.solve()來解決，程式如下：

```
#當 A 非滿秩時，可以使用 sympy.solve 求解
import sympy as sy
sy.init_printing()
A=sy.Matrix([
            [1,2,2,1],
            [2,1,-2,-2],
```

```
              [1,-1,-4,-3]
          ])
x=sy.symarray('x',(4,1))
sy.solve(A*x)
```

執行結果為：$\{x_{00} : 2x_{20} + 5x_{30} / 3, \quad x_{10} : -2x_{20} - 4x_{30} / 3\}$

註釋：x=sy.symarray('x',(4,1))將 x 定義為 4×1 的陣列，即 $x = \begin{pmatrix} x_{00} \\ x_{10} \\ x_{20} \\ x_{30} \end{pmatrix}$。

【例 8.10】求解非齊次線性方程組 $\begin{cases} x_1 + x_2 - x_3 = 1 \\ 2x_1 + x_3 = 5 \\ x_1 - x_2 + 2x_3 = 3 \end{cases}$。

解 本題無解，程式如下：

```
#非齊次方程式無解時的演示
A=sy.Matrix([[1,1,-1],[2,0,1],[1,-1,2]])
b=sy.Matrix([[1],[5],[3]])
x=sy.symarray('x',(3,1))
sy.solve(A*x-b)
```

執行結果為：[]

註釋：sympy.solve()傳回的類型有些隨意，例 8.9 傳回的是字典，本例傳回的是空串列。

▶8.4 方陣的特徵值及特徵向量

numpy.linalg.eig 用來求矩陣（np.array）的特徵值及特徵向量。首先導入
庫函數，程式如下：

```
import numpy as np
from numpy.linalg import eig
```

【例 8.11】求矩陣 $A = \begin{pmatrix} -1 & 1 & 0 \\ -4 & 3 & 0 \\ 1 & 0 & 2 \end{pmatrix}$ 的特徵值及特徵向量。

解 程式如下：

```
A=np.array([[-1,1,0],[-4,3,0],[1,0,2]])
#eig(A)函數傳回一個方陣A的特徵值及對應的特徵向量
v,f=eig(A)
print(v)
print(f)
```

執行結果如圖 8.9 所示。

```
[2. 1. 1.]
[[ 0.          0.40824829   0.40824829]
 [ 0.          0.81649658   0.81649658]
 [ 1.         -0.40824829  -0.40824829]]
```

▲圖 8.9

註釋：eig(A)傳回多值函數，第一個值(v)為特徵值，第二個值(f)為特徵向
量（列向量）。

numpy.trace(A)計算矩陣主對角線元素的和，程式如下：

```
#方陣的跡：特徵值的和，同時也是主對角線的和
np.trace(A)
```

執行結果為：4

註釋：trace()函數不是 np.linalg 模組下的函數。

【例 8.12】 $A = \begin{pmatrix} 2 & -1 \\ -1 & 2 \end{pmatrix}$ ，求 A^{10} 。

解 匯入庫函數，程式如下：

```
from numpy.linalg import matrix_power,inv
```

方法（1）直接使用 matrix_power()函數，程式如下：

```
A=np.array([[2,-1],[-1,2]])
matrix_power(A,10)
```

執行結果如圖 8.10 所示。

```
array([[ 29525, -29524],
       [-29524,  29525]])
```

▲圖 8.10

方法（2）程式如下：

```
v,f=eig(A)
diagA=np.diag(v)
f@matrix_power(diagA,10)@inv(f)
```

執行結果如圖 8.11 所示。

```
array([[ 29525., -29524.],
       [-29524.,  29525.]])
```

▲圖 8.11

註釋：np.diag(v)將一個一維陣列轉換成對角矩陣。

向量代數與空間解析幾何

▶9.1 向量及其運算

【例 9.1】求解以向量為元的線性方程組 $\begin{cases} 5x-3y=a \\ 3x-2y=b \end{cases}$ ，其中 $a=(2,1,2), b=(-1,1,-2)$ 。

解 程式如下：

```
#使用 np.linalg.solve 求解向量方程組
import numpy as np
A,b=np.array([[5,-3],[3,-2]]),np.array([[2,1,2],[-1,1,-2]])
np.linalg.solve(A,b)
```

執行結果如圖 9.1 所示。

```
array([[ 7., -1., 10.],
       [11., -2., 16.]])
```

▲圖 9.1

註釋：np.linalg 是 numpy 的線性運算模組，solve()函數一般用來求解線性方程組，也可以求以向量為元的線性方程組，注意程式中的 **A**，**b** 是遵照大多數人解決這類問題的命名傳統，和例題中的向量 **b** 是不一樣的。

【例 9.2】已知兩點 $A(x_1, y_1, z_1)$ 和 $B(x_2, y_2, z_2)$ 以及實數 $\lambda \neq -1$，在直線 AB 上求點 M，使 $\overrightarrow{AM} = \lambda \overrightarrow{MB}$。

解 程式如下：

```
#使用 sympy.linsolve()函數求解線性方程組
from sympy import symbols,linsolve,Matrix,init_printing
init_printing()
x1,x2,y1,y2,z1,z2,lamda=symbols('x1 x2 y1 y2 z1 z2 lamda')
A=Matrix([[1+lamda,0,0],[0,1+lamda,0],[0,0,1+lamda]])
b=Matrix([x1,y1,z1])+lamda*Matrix([x2,y2,z2])
linsolve((A,b))
```

執行結果為：$\left\{ \left(\dfrac{\lambda x_2 + x_1}{\lambda + 1}, \dfrac{\lambda y_2 + y_1}{\lambda + 1}, \dfrac{\lambda z_2 + z_1}{\lambda + 1} \right) \right\}$

註釋：sympy 的 linsolve()函數需要將 **A**，**b** 用小括號括起來作為參數，和 np.linalg.solve()的呼叫方法有所不同。

【例 9.3】在 z 軸上求與兩點 $A(-4, 1, 7)$ 和 $B(3, 5, -2)$ 等距離的點。

解 程式如下：

```
from sympy import solve,solveset,sqrt,Symbol,roots
z=Symbol('z')
eq=sqrt((0+4)**2+(0-1)**2+(z-7)**2)-sqrt((3-0)**2+(5-0)**2+(-2-
z)**2)
#solveset 傳回解的集合，solve()函數傳回解的串列，一般推薦使用 solve()函數
solveset(eq,z),solve(eq,z)
```

執行結果為：$\left(\{14/9\}, [14/9] \right)$

註釋：solveset()傳回的是解的集合，對於可能有重根的一元高次方程，一般使用 solveset()函數；推薦使用已經經過最佳化的 solve()函數，solve()函數大多數情況傳回解的串列。

【例 **9.4**】已知兩點 $A(4,0,5)$ 和 $B(7,1,3)$，求與 $\overrightarrow{AB}$ 方向相同的單位向量 $e_{\overrightarrow{AB}}$。

解 程式如下：

```
import numpy as np
A=np.array([4,0,5])
B=np.array([7,1,3])
C=B-A
#norm()函數傳回一個向量的範數(長度)
C/np.linalg.norm(C)
```

執行結果為：array([0.80178373, 0.26726124, -0.53452248])

註釋：np.linalg.norm(C)函數傳回向量 C 的模。

▶9.2 數量積、向量積、混合積

【例 **9.5**】已知三點 $M(1,1,1), A(2,2,1), B(2,1,2)$，求 $\angle AMB$。

解 程式如下：

```
from numpy import dot,arccos,pi,array,inner
from numpy.linalg import norm
MA=array([1,1,0])
MB=array([1,0,1])
#求兩個向量的夾角
alpha=arccos(dot(MA,MB)/(norm(MA)*norm(MB)))
alpha,alpha/pi
```

執行結果為：(1.0471975511965979, 0.33333333333333337)

註釋：本題展示了函數庫函數的精準匯入方法，np.dot(a,b)或 np.inner(a,b) 計算兩個向量的數量積（點積），也可以透過 a.dot(b)的方式計算點積，結果一樣。

【例 9.6】設 $a=(2,1,-1), b=(1,-1,2)$,計算 $a \times b$。

解　程式如下：

```
import numpy as np
from numpy.linalg import det
#自訂函數求兩個三維向量的向量積
def v_dot(a,b):
    if len(a)!=3 or len(b)!=3:
        return [None,None,None]
    return np.array([det([[a[1],a[2]],[b[1],b[2]]]),
            -det([[a[0],a[2]],[b[0],b[2]]]),
            det([[a[0],a[1]],[b[0],b[1]]])])
a,b=[2,1,-1],[1,-1,2]
v_dot(a,b)
```

執行結果為：array([1. , -5. , -3.])

註釋：由於 numpy 沒有（發現）計算向量積的函數，這裡按照向量積的定義自訂了函數 v_dot 來實現兩個向量的向量積運算，函數傳回類型為 np.array 而非 list，這是由於我們希望這個函數更多的運用在 numpy 環境中，如果其他環境需要使用這個向量，可以對其進行類型轉換，如：c=list(v_dot(a,b))。

【例 9.7】已知三角形 ABC 的頂點分別是 $A(1,2,3), B(3,4,5), B(2,4,7)$，求三角形 ABC 的面積。

解　程式如下：

```
#利用向量積求三角形面積
AB=[2,2,2]
AC=[1,2,4]
```

```
0.5*norm(v_dot(AB,AC))
```

執行結果為：3.7416573867739413

【例 **9.8**】已知 $a = (-1, -2, 0), b = (1, 1, 1), c = (3, 0, 2)$，求向量 a, b, c 的混合積 $[a, b, c]$ 即 $(a \times b) \cdot c$。

解 程式如下：

```
#自訂函數求三個向量的混合積
def mix_dot(a,b,c):
    if len(a)!=3 or len(b)!=3 or len(c)!=3:return None
    return v_dot(a,b).dot(c)
mix_dot([-1,-2,0],[1,1,1],[3,0,2])
```

執行結果為：-4.0

註釋：首先自訂混合積的函數 mix_dot()，因為我們只關心三維空間下的向量運算，所以不符合這個條件的參數傳回 None; v_dot()是例 9.6 中的自訂函數，它傳回的是一個 np.array 型的向量，所以可以直接呼叫.dot()函數，而 list 不行，但 list 可以作為 dot()函數的參數。

◉ 9.3 平面及其方程式

【例 **9.9**】在三維座標系中做出平面 $x - 2y + 3z + 8 = 0$ 的圖形。

解 程式如下：

```
import numpy as np
import matplotlib.pyplot as plt
#匯入三維座標系
from mpl_toolkits.mplot3d import Axes3D
x=np.linspace(-3,3,300)
y=np.linspace(-2,2,200)
xx,yy=np.meshgrid(x,y)
```

```
zz=(8-xx+2*yy)/3
fig=plt.figure()
ax=Axes3D(fig)
ax.set_xlabel('X')
ax.set_ylabel('Y')
ax.set_zlabel('Z')
#繪製 zz=f(xx,yy)確定的曲面(這裡為平面)
ax.plot_surface(xx,yy,zz,color='g',alpha=0.9)
plt.show()
```

運行結果如圖 9.2 所示。

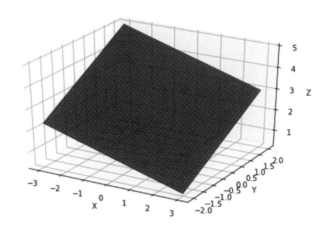

▲圖 9.2

註釋：畫三維圖形需匯入 Axes3D 函數，使用函數 plot_surface()畫空間曲面；用以下程式説明 np.meshgrid()函數的作用，現在想生成 xoy 平面上第一象限內滿足$1 \le x \le 3, 4 \le y \le 7$的所有的整數座標，程式如下：

```
#深入理解 np.meshgrid(x,y)函數
x=np.linspace(1,3,3)
y=np.linspace(4,7,4)
xx,yy=np.meshgrid(x,y)
print('{}\n*************\n{}'.format(xx,yy))
```

執行結果如圖 9.3 所示。

```
[[1. 2. 3.]
 [1. 2. 3.]
 [1. 2. 3.]
 [1. 2. 3.]]
*************
[[4. 4. 4.]
 [5. 5. 5.]
 [6. 6. 6.]
 [7. 7. 7.]]
```

▲圖 9.3

xx 與 *yy* 對應元素的組合便是滿足要求的所有的整數座標，通常使用這種方法生成 *xoy* 平面上某個矩形區域的若干網格點集，如例題中生成 200×300=60000 個點，計算出每個點對應的 *z* 值，從而做出空間平面圖形。生成的點集越多，繪製的圖形越接近真實圖形，同時消耗的運算資源也多，應根據實際需要掌握這個度，例如將例題中的 300 和 200 分別改為 30 和 20，輸出的圖形一樣滿足觀察需要---當然這是因為平面的特殊性。

▶9.4 空間直線及其方程式

【例 9.10】畫出由參數方程組所決定的空間直線 $\begin{cases} x = 1 + 4t \\ y = -t \\ z = -2 - 3t \end{cases}$ 。

解 程式如下：

```
import numpy as np
import matplotlib.pyplot as plt
from mpl_toolkits.mplot3d import Axes3D
t=np.linspace(0,5)
x=1+4*t
y=-t
```

```
z=-2-3*t
fig=plt.figure()
#建立三維座標系
ax=Axes3D(fig)
#在三維座標下繪製折線(這裡是直線)
ax.plot(x,y,z,'r',linewidth=3.0)
ax.set_xlabel('X')
ax.set_ylabel('Y')
ax.set_zlabel('Z')
ax.set_title('Line of (x-1)/4=y/(-1)=z/(-3)')
plt.show()
```

執行結果如圖 9.4 所示。

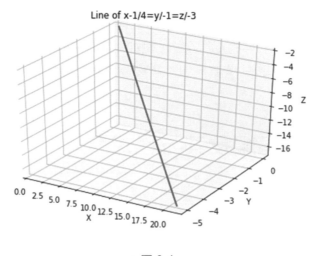

▲ 圖 9.4

註釋：空間曲線（直線）使用 plot(x,y,z)函數；一般情況，在一個 Jupyter 檔案的第一個單元格（最上邊的）匯入庫及函數庫函數的程式，如果在組織程式時發現需要匯入新的函數庫或庫函數，把程式增加至第一個單元格，並重新執行這個單元格。

▶ 9.5 曲面及其方程式

【例 **9.11**】求 yOz 平面上 $z = y(y \geq 0)$ 繞 z 軸旋轉一周所得的曲面。

解 程式如下：

```
import numpy as np
import matplotlib.pyplot as plt
from mpl_toolkits.mplot3d import Axes3D
#圓錐面
#np.mgrid[[],[]]和 np.meshgrid()函數相似，使用方法有所區別，前者不是函數
#-2:2:50j 是指將閉區間[-2,2]等距為 50 份
xx,yy=np.mgrid[-2:2:50j,-2:2:50j]
a=3
zz=a*np.sqrt(xx**2+yy**2)
fig=plt.figure()
ax=Axes3D(fig)
#繪製曲面
ax.plot_surface(xx,yy,zz,cmap='rainbow')
#繪製等值線
ax.contour(xx,yy,zz,zdir='x',offset=-2.5)
ax.contour(xx,yy,zz,zdir='y',offset=2.5)
ax.contour(xx,yy,zz,zdir='z',offset=0,colors='red')
ax.set_xlim(-2.5,2.5)
ax.set_ylim(-2.5,2.5)
ax.set_zlim(0,4)
ax.set_xlabel('X')
ax.set_ylabel('Y')
ax.set_zlabel('Z')
plt.show()
```

執行結果如圖 9.5 所示。

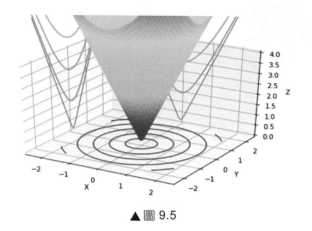

▲圖 9.5

註釋：

（1） np.mgrid[-2:2:50j,-2:2:50j]和 meshgrid()函數的功能類似，使用更加方便。

（2） plot_surface()函數的可選參數 cmap='rainbow'，將曲面上每一片小平面映射為不同的顏色，使其視覺效果更好。

（3） contour()函數是畫等值線函數，參數 offset 決定將等值線投影到哪個平面上，例如第一組等值線投影到平面$x = -2.5$上。

【例 9.12】畫出圓柱面$x^2 + y^2$=4,$0 \leq z \leq 4$的圖形。

解 程式如下：

```
#圓柱面
R=2.0
H=4.0
xx,zz=np.mgrid[-R:R:100j,0:H:100j]
yy_ahead=-np.sqrt(R**2-xx**2)
yy_back=np.sqrt(R**2-xx**2)
fig=plt.figure()
ax=Axes3D(fig)
ax.plot_surface(xx,yy_ahead,zz,cmap='rainbow',alpha=0.8)
ax.plot_surface(xx,yy_back,zz,cmap='rainbow')
plt.show()
```

執行結果如圖 9.6 所示。

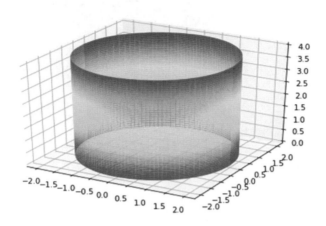

▲ 圖 9.6

註 釋 ： 對 於 多 值 函 數 作 圖 時 ， 需 要 用 兩 個 曲 面 拼 接 ， 使 用 cmap='rainbow'，可以掩蓋拼接處的色差；對於前端的曲面，可以用較小的 alpha 值來設定其透明度，alpha=1 時完全不透明。

【**例 9.13**】 作出拋物磁柱 $x = \dfrac{y^2}{2}$ 的圖形。

解 程式如下：

```
#拋物磁柱
yy,zz=np.mgrid[-2:2:80j,0:6:120j]
xx=yy**2/2
fig=plt.figure()
ax=Axes3D(fig)
ax.plot_surface(xx,yy,zz,cmap='rainbow')
plt.show()
```

執行結果如圖 9.7 所示。

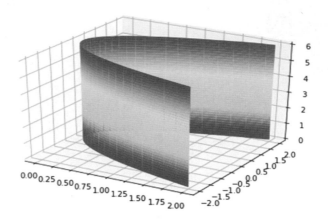

▲圖 9.7

【例 9.14】作出橢球面 $\dfrac{x^2}{4}+\dfrac{y^2}{9}+z^2=1$ 的圖形。

解 程式如下：

```
#橢球面
a,b,c=2,3,1
u=np.linspace(0,2*np.pi,100)
v=np.linspace(0,2*np.pi,100)
xx=a*np.outer(np.cos(u),np.sin(v))
yy=b*np.outer(np.sin(u),np.sin(v))
zz=c*np.outer(np.ones(np.size(u)),np.cos(v))
fig=plt.figure()
ax=Axes3D(fig)
ax.plot_surface(xx,yy,zz,cmap='rainbow')
plt.show()
```

執行結果如圖 9.8 所示。

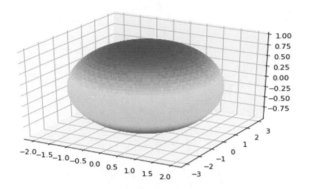

▲ 圖 9.8

註釋：

（1）本題使用參數方程式繪圖 $\begin{cases} x = a \cdot \cos u \cdot \sin v \\ y = b \cdot \sin u \cdot \sin v \\ z = c \cdot \cos v \end{cases}$ ；

（2）如果 A=[1,2,3],B=[4,5]，則 np.outer(A,B)=[[4,5],[8,10],[12,15]]。

【例 9.15】作出單葉雙曲面 $\dfrac{x^2}{4} + \dfrac{y^2}{9} - z^2 = 1 (-3 \le z \le 3)$ 的影像。

解 程式如下：

```
#單葉雙曲面
a,b,c,h=2,3,1,3
u=np.linspace(0,2*np.pi,100)
v=np.linspace(-h,h,100)
#使用參數方程式
xx=a*np.outer(np.cos(u),np.sqrt(v**2+1))
yy=b*np.outer(np.sin(u),np.sqrt(v**2+1))
zz=c*np.outer(np.ones(np.size(u)),v)
fig=plt.figure()
ax=Axes3D(fig)
ax.plot_surface(xx,yy,zz,cmap='rainbow')
plt.show()
```

執行結果如圖 9.9 所示。

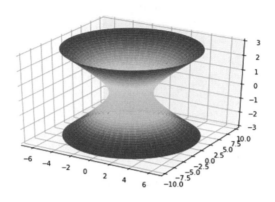

▲圖 9.9

【例 9.16】作雙葉雙曲面 $\dfrac{x^2}{4} + \dfrac{y^2}{9} - z^2 = -1$ 的圖形。

解 程式如下：

```
#雙葉雙曲面
a,b,c=2,3,1
k=3.0
xx,yy=np.meshgrid(np.linspace(-k*a-0.5,k*a+0.5,100),\
    np.linspace(-k*b-0.5,k*b+0.5,100))
zz_up=np.sqrt(1+xx**2/a**2+yy**2/b**2)*c
zz_down=-zz_up
fig=plt.figure()
ax=Axes3D(fig)
ax.plot_surface(xx,yy,zz_up,cmap='rainbow')
ax.plot_surface(xx,yy,zz_down,cmap='rainbow')
plt.show()
```

執行結果如圖 9.10 所示。

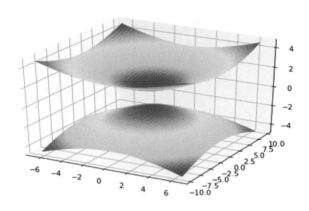

▲圖 9.10

【例 9.17】作出橢圓拋物面 $\dfrac{x^2}{4}+\dfrac{y^2}{9}=z(0\le z\le 3)$ 的圖形。

解 程式如下：

```
#橢圓拋物面
a,b,h=2,3,3
u=np.linspace(0,2*np.pi,100)
v=np.linspace(0,h,100)
xx=a*np.outer(np.cos(u),np.sqrt(v))
yy=b*np.outer(np.sin(u),np.sqrt(v))
zz=np.outer(np.ones(np.size(u)),v)
fig=plt.figure()
ax=Axes3D(fig)
ax.plot_surface(xx,yy,zz,cmap='rainbow',alpha=0.85)
ax.contour(xx,yy,zz,zdir='x',offset=-4)
ax.contour(xx,yy,zz,zdir='y',offset=5)
ax.contour(xx,yy,zz,zdir='z',offset=0)
plt.show()
```

執行結果如圖 9.11 所示。

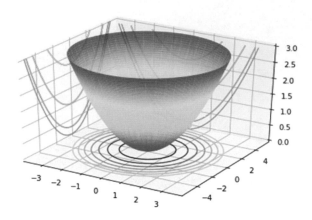

▲圖 9.11

【例 9.18】 作出雙曲拋物面 $\dfrac{x^2}{4} - \dfrac{y^2}{9} = z$ 的圖形。

解 程式如下：

```
#馬鞍面
a,b=2,3
xx,yy=np.mgrid[-a:a:100j,-b:b:100j]
zz=xx**2/a**2-yy**2/b**2
fig=plt.figure()
ax=Axes3D(fig)
ax.plot_surface(xx,yy,zz,cmap='rainbow',alpha=0.85)
ax.contour(xx,yy,zz,zdir='x',offset=-2.5)
ax.contour(xx,yy,zz,zdir='y',offset=3.5)
ax.contour(xx,yy,zz,zdir='z',offset=-1)
plt.show()
```

執行結果如圖 9.12 所示。

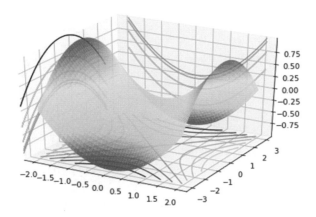

▲圖 9.12

▶9.6 空間曲線及其方程式

例【9.19】作出由方程組 $\begin{cases} z = \sqrt{a^2 - x^2 - y^2} \\ (x - \dfrac{a}{2})^2 + y^2 = (\dfrac{a}{2})^2 \end{cases}$ 所確定的曲線。

解 程式如下：

```
import numpy as np
import matplotlib.pyplot as plt
from mpl_toolkits.mplot3d import Axes3D
a=3.0
u=np.linspace(0,2*np.pi+0.1,100)
x=a/2*(1+np.cos(u))
y=a/2*np.sin(u)
z=np.sqrt(a**2-x**2-y**2)
fig=plt.figure()
```

```
ax=Axes3D(fig)
ax.plot(x,y,z,'r',linewidth=2.0)
plt.show()
```

執行結果如圖 9.13 所示。

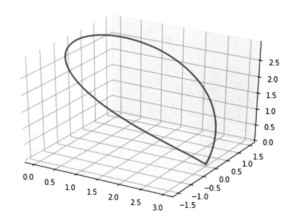

▲圖 9.13

【例 9.20】求由方程組 $\begin{cases} x = a\cos\theta \\ y = b\sin\theta \\ z = c\theta \end{cases}$ 所確定的空間曲線。

解 方法（1）plt.plot()方法，程式如下：

```
a,b=3.0,1.0
theta=np.linspace(0,6*np.pi,300)
x=a*np.cos(theta)
y=a*np.sin(theta)
z=b*theta
fig=plt.figure()
ax=Axes3D(fig)
ax.plot(x,y,z)
plt.show()
```

執行結果如圖 9.14 所示。

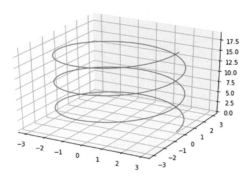

▲ 圖 9.14

方法（2）sympy.plotting.plot3d_parametric_line()函數，程式如下：

```
from sympy.plotting import plot3d_parametric_line
from sympy import Symbol,sin,cos,pi
theta=Symbol('theta')
a,b=3,1
plot3d_parametric_line(a*sin(theta),a*cos(theta),b*theta,(theta,0,6*
pi))
```

執行結果如圖 9.15 所示。

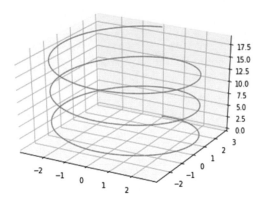

▲ 圖 9.15

註釋：plt 的 x,y 軸和 plotting 的 x,y 軸放置正好相反。

多元函數微分法及其應用

▶ 10.1 偏導數

【例 10.1】 求 $z = x^2 + 3xy + y^2$ 在點 $(1,2)$ 處的偏導數。

解 程式如下：

```
from sympy import *
init_printing()
x,y=symbols('x y')
z=x**2+3*x*y+y**2
#sympy 不區分導數和偏導數，呼叫的函數均為 diff()
z.diff(x).subs([(x,1),(y,2)]),diff(z,y).subs({x:1,y:2})
```

執行結果為：$(8,7)$

註釋：多元函數求偏導和一元函數求導均是呼叫 diff 函數，最後一行程式展示了代入(替換)函數 subs() 的兩種使用方法。

【例 10.2】 設 $z = x^y (x > 0, x \neq 1)$，求證：$\dfrac{x}{y}\dfrac{\partial z}{\partial x} + \dfrac{1}{\ln x}\dfrac{\partial z}{\partial y} = 2z$。

解 程式如下：

```
from sympy import *
init_printing()
x,y=symbols('x y')
z=x**y
zx,zy=z.diff(x),z.diff(y)
left,right=x*zx/y+zy/log(x),2*z
left,right,left==right
```

執行結果為：(2*x**y, 2*x**y, True)

【例 10.3】設 $z = x^2 y^2 - 3xy^2 - xy + 1$，求 $\dfrac{\partial^2 z}{\partial x^2}, \dfrac{\partial^2 z}{\partial y \partial x}, \dfrac{\partial^2 z}{\partial x \partial y}, \dfrac{\partial^2 z}{\partial y^2}, \dfrac{\partial^3 z}{\partial x^3}$。

解 程式如下：

```
from sympy import *
init_printing()
x,y=symbols('x y')
z=x**3*y**2-3*x*y**3-x*y+1
z.diff(x,x),z.diff(x,y),z.diff(y,x),z.diff(y,2),z.diff(x,3)
```

執行結果為：$(6xy^2, 6x^2y - 9y^2 - 1, 6x^2y - 9y^2 - 1, 2x(x^2 - 9y), 6y^2)$

註釋：z.diff(x,x)與 z.diff(x,2)等效。

▶ 10.2 多元複合函數的求導法則

【例 10.4】設 $z = e^u \sin v$，而 $u = xy, v = x + y$，求 $\dfrac{\partial z}{\partial x}$ 和 $\dfrac{\partial z}{\partial y}$。

解 程式如下：

```
from sympy import *
init_printing()
```

```
x,y=symbols('x y')
#先定義u,v，再定義z
u=x*y
v=x+y
z=E**u*sin(v)
z.diff(x),z.diff(y)
```

執行結果為：$(ye^{xy}\sin(x+y)+e^{xy}\cos(x+y), xe^{xy}\sin(x+y)+e^{xy}\cos(x+y))$

註釋：

（1）僅需定義葉子節點 (x,y) 的變數符號，無需為中間變數 (u,v) 定義符號；

（2）由葉子節點向根部節點的方向定義函數，例如這裡將 z=E**u*sin(v) 放到 x,y=symbols('x y')下面一行，這時程式還不知道 u 和 v 是什麼，將出現錯誤。

【例 10.5】設 $u = f(x,y,z) = e^{x^2+y^2+z^2}$ ，而 $z = x^2\sin y$ ，求 $\dfrac{\partial u}{\partial x}$ 和 $\dfrac{\partial u}{\partial y}$ 。

解 程式如下：

```
init_printing()
x,y=symbols('x y')
z=x**2*sin(y)
u=E**(x**2+y**2+z**2)
u.diff(x),u.diff(y)
```

執行結果為：$((4x^3\sin^2(y)+2x)e^{x^4\sin^2(y)+x^2+y^2}, (2x^4\sin(y)\cos(y)+2y)e^{x^4\sin^2(y)+x^2+y^2})$

【例 10.6】設 $z = f(u,v,t) = uv + \sin t$ ，而 $u = e^t, v = \cos t$ ，求全導數 $\dfrac{\mathrm{d}z}{\mathrm{d}t}$ 。

解 程式如下：

```
init_printing()
t=Symbol('t')
u=E**t
```

```
v=cos(t)
z=u*v+sin(t)
z.diff(t)
```

執行結果為：$-e^t \sin(t) + e^t \cos(t) + \cos(t)$

▶ 10.3 隱函數的求導公式

【例 10.7】求由 $x^2 + y^2 - 1 = 0$ 所確定的一階與二階導數。

解 程式如下：

```
from sympy import *
init_printing()
x,y=symbols('x y')
F=x**2+y**2-1
#隱函數求導及求偏導均呼叫函數 idiff(eq,y,x)，其中 eq 為預設等於 0 的等式
idiff(F,y,x),simplify(idiff(F,y,x,2))
```

執行結果為：$(-x/y, -\dfrac{x^2 + y^2}{y^3})$

【例 10.8】設 $x^2 + y^2 + z^2 - 4z = 0$，求 $\dfrac{\partial^2 z}{\partial x^2}$。

解 程式如下：

```
init_printing()
x,y,z=symbols('x y z')
F=x**2+y**2+z**2-4*z
simplify(idiff(F,z,x,2))
```

執行結果為：$-\dfrac{x^2 + (z-2)^2}{(z-2)^3}$

【例 10.9】設 $\begin{cases} xu - yv = 0 \\ yu + xv = 1 \end{cases}$，求 $\dfrac{\partial u}{\partial x}, \dfrac{\partial u}{\partial y}, \dfrac{\partial v}{\partial x}, \dfrac{\partial v}{\partial y}$。

解 第一步求出 u,v 和 x,y 之間的函數關係，程式如下：

```
init_printing()
x,y,u,v=symbols('x y u v')
solve([x*u-y*v,y*u+x*v-1],[u,v])
```

執行結果為：$\{u : \dfrac{y}{x^2 + y^2}, v : \dfrac{x}{x^2 + y^2}\}$

第二步，重新定義 u,v 和 x,y 的函數關係，程式如下：

```
u=y/(x**2+y**2)
v=x/(x**2+y**2)
u.diff(x),v.diff(x),u.diff(y),v.diff(y)
```

執行結果為：

$$(-\frac{2xy}{(x^2+y^2)^2}, \ \frac{2x^2}{(x^2+y^2)^2} + \frac{1}{x^2+y^2}, \ -\frac{2y^2}{(x^2+y^2)^2} + \frac{1}{x^2+y^2}, \ -\frac{2xy}{(x^2+y^2)^2})$$

註釋：第一步中的 u,v 是符號變數，而第二步中的 u,v 為關於 x,y 的運算式，二者意義不一樣。

▶ 10.4　多元函數微分學的幾何應用

本節僅使用 sympy 的相關函數，首先匯入 sympy 函數庫的所有函數，程式如下：

```
from sympy import *
```

並執行這行程式。

【例 10.10】求曲線 $x=t, y=t^2, z=t^2$ 在點（1，1，1）處的切線及法平面方程式。

解 首先為這類問題寫一個函數，以 x, y, z, t, t_0 為參數，傳回切線及法平面方程式，程式如下：

```
#求空間曲線的切線及法平面，其中空間曲線以參數方程式舉出
def tangent_normalplane_1(x,y,z,t,t0=0):
    #x'(t),y'(t),z'(t)在 t0 的設定值
    dxdt,dydt,dzdt=x.diff(t).subs(t,t0),y.diff(t).subs(t,t0),z.diff(t).subs(t,t0)
    #t0 對應點的座標
    x0,y0,z0=x.subs(t,t0),y.subs(t,t0),z.subs(t,t0)
    #切線方程式
    tangent='Tangent:\t(x-({}))/{}=(y-({}))/{}=(z-({}))/{}'.format(x0,dxdt,y0,dydt,z0,dzdt)
    #法平面方程式
    normalplane='Normal plane:\t(x-({}))*({})+(y-({}))*({})+(z-({}))*({})=0'.format(x0,dxdt,y0,dydt,z0,dzdt)
    print(tangent)
    print(normalplane)
```

一般將自訂函數單獨放置在一個單元格中，執行這個單元格。

求解程式如下：

```
t=Symbol('t')
x,y,z=t,t**2,t**3
tangent_normalplane_1(x,y,z,t,t0=1)
```

執行結果為：

Tangent: (x-(1))/1=(y-(1))/2=(z-(1))/3
Normal plane: (x-(1))*(1)+(y-(1))*(2)+(z-(1))*(3)=0

【例 10.11】求曲線 $x^2+y^2+z^2=6$，$x+y+z=0$,在點(1,-2,1)處的切線及法平面方程式。

解 首先對這類問題專門寫一個求解函數，參數 eq1,eq2 分別為兩個等式，預設為 0，所以第一個等式為 $x^2 + y^2 + z^2 - 6 = 0$，第三個參數為目標點座標，預設為原點，當確實是求原點處的切線及法平面方程式時，可以省略這個參數；儘管這個可能性很小，在這裡提供這個預設參數的目的是提示函數呼叫者，點的座標應該以 list 的形式寫出來，程式如下：

```
#兩條空間曲線的交線的切線及法平面
def tangent_normalplane_2(eq1,eq2,point=[0,0,0]):
    x,y,z=symbols('x y z')
    a11=diff(eq1,y).subs([(x,point[0]),(y,point[1]),(z,point[2])])
    a12=diff(eq1,z).subs([(x,point[0]),(y,point[1]),(z,point[2])])
    b1=diff(eq1,x).subs([(x,point[0]),(y,point[1]),(z,point[2])])
    a21=diff(eq2,y).subs([(x,point[0]),(y,point[1]),(z,point[2])])
    a22=diff(eq2,z).subs([(x,point[0]),(y,point[1]),(z,point[2])])
    b2=diff(eq2,x).subs([(x,point[0]),(y,point[1]),(z,point[2])])
    dydx,dzdx=symbols('dydx dzdx')
    solves=solve([a11*dydx+a12*dzdx+b1,a21*dydx+a22*dzdx+b2],[dydx,d
zdx])
    tangent='Tangent:\t(x-({}))/1=(y-({}))/({})=(z-({}))/({})'\
        .format(point[0],point[1],solves[dydx],point[2],solves[dzdx]
)
    normalplane='Normal plane:\t(x-({}))+(y-({}))*({})+(z-
({}))*({})=0'\
        .format(point[0],point[1],solves[dydx],point[2],solves[dzdx]
)
    print(tangent)
    print(normalplane)
```

執行這個函數所在的單元格並呼叫這個函數，程式如下：

```
x,y,z=symbols('x y z')
eq1=x**2+y**2+z**2-6
eq2=x+y+z
point=[1,-2,1]
tangent_normalplane_2(eq1,eq2,point=point)
```

執行結果為：

Tangent: (x-(1))/1=(y-(-2))/(0)=(z-(1))/(-1)

Normal plane: (x-(1))+(y-(-2))*(0)+(z-(1))*(-1)=0

【例 10.12】 求球面 $x^2 + y^2 + z^2 = 14$ 在點(1,2,3)處的切平面及法線方程式。

解 首先對這類問題專門寫一個求解函數，程式如下：

```
#求空間曲面在一點的法線及切平面方程式，其中 eq(預設等於 0)為空間曲面的方程式
def norm_tangent_plane(eq,point=[0,0,0]):
    x,y,z=symbols('x y z')
    fx=eq.diff(x).subs([(x,point[0]),(y,point[1]),(z,point[2])])
    fy=eq.diff(y).subs([(x,point[0]),(y,point[1]),(z,point[2])])
    fz=eq.diff(z).subs([(x,point[0]),(y,point[1]),(z,point[2])])
    norm='Norm:\t\t(x-({}))/({})=(y-({}))/({})=(z-
({}))/({})'.format(point[0],fx,point[1],fy,point[2],fz)
    tangent_plane='Tangent plane:\t(x-({}))*({})+(y-({}))*({})+(z-
({}))*({})=0'.format(point[0],fx,point[1],fy,point[2],fz)
    print(norm)
    print(tangent_plane)
```

呼叫函數求解，程式如下：

```
x,y,z=symbols('x y z')
eq=x**2+y**2+z**2-14
point=[1,2,3]
norm_tangent_plane(eq,point=point)
```

執行結果為：

Norm: (x-(1))/(2)=(y-(2))/(4)=(z-(3))/(6)

Tangent plane: (x-(1))*(2)+(y-(2))*(4)+(z-(3))*(6)=0

【例 10.13】 求旋轉拋物面 $z = x^2 + y^2 - 1$ 在點(2,1,4)處的切平面及法線方程式。

解 程式如下：

```
x,y,z=symbols('x y z')
eq=z-x**2-y**2+1
point=[2,1,4]
norm_tangent_plane(eq,point=point)
```

執行結果為：

Norm: (x-(2))/(-4)=(y-(1))/(-2)=(z-(4))/(1)

Tangent plane: (x-(2))*(-4)+(y-(1))*(-2)+(z-(4))*(1)=0

◉ 10.5 方向導數與梯度

首先匯入 sympy 函數庫的所有函數庫函數，並最佳化電腦上的列印資源，程式如下：

```
from sympy import *
init_printing()
```

函數 directional_derivative_xy 實現了二元函數 f 在定點(x_0,y_0)，方向$(\cos a,\cos b)$上的方向導數，程式如下：

```
#求二元函數在(x0,y0)處，方向為(cosa,cosb)的方向導數
def directional_derivative_xy(f,x,y,cosa,cosb,x0,y0):
return f.diff(x).subs([(x,x0),(y,y0)])*cosa+f.diff(y).subs([(x,x0),(
y,y0)])*cosb
```

【例 10.14】求函數 $z = xe^{2y}$ 在點 P(1,0)處沿從點 P(1,0)到點 Q(2,-1)方向的方向導數。

解 程式如下：

```
x,y=symbols('x y')
directional_derivative_xy(x*E**(2*y),x,y,2**(-0.5),-2**(-0.5),1,0)
```

執行結果為：-0.707106781186548

函數 directional_derivative_xyz 實現了三元函數 f 在定點(x_0,y_0,z_0)，方向（$\cos a, \cos b, \cos r$）上的方向導數，和上個函數類似，程式如下：

```
#求三元函數在(x0,y0,z0)處，方向為(cosa,cosb,cosr)的方向導數
def directional_derivative_xyz(f,x,y,z,cosa,cosb,cosr,x0,y0,z0):
    return f.diff(x).subs([(x,x0),(y,y0),(z,z0)])*cosa+\
           f.diff(y).subs([(x,x0),(y,y0),(z,z0)])*cosb+\
           f.diff(z).subs([(x,x0),(y,y0),(z,z0)])*cosr
```

【例 10.15】 求 $f(x,y,z)=xy+yz+zx$ 在點$(1,1,2)$沿方向 L 的方向導數，其中 L 的方向角分別為 $\pi/3, \pi/4, \pi/3$。

解 程式如下：

```
x,y,z=symbols('x y z')
directional_derivative_xyz(x*y+y*z+z*x,x,y,z, 1/2,1/2**0.5,1/2,1,1,2
)
```

執行結果為：4.62132034355964

函數 grad 實現了多元函數的梯度的計算，程式如下：

```
#計算二元函數(預設)的梯度運算式
#如果 X='xyz'則計算三元函數的梯度運算式
#如果 point(預設為 None)為指定點，則計算這個點的梯度
def grad(f,X='xy',point=None):
    try:
        if X=='xy':
            x,y=symbols('x y')
            fx=f.diff(x)
            fy=f.diff(y)
            if point is None:return (fx,fy)
            else:
                return (fx.subs([(x,point[0]),(y,point[1])]),\
                    fy.subs([(x,point[0]),(y,point[1])]))
        if X=='xyz':
```

```
            x,y,z=symbols('x y z')
            fx=f.diff(x)
            fy=f.diff(y)
            fz=f.diff(z)
            if point is None:return (fx,fy,fz)
            else:
                return (fx.subs([(x,point[0]),(y,point[1]),(z,point[
2])]),\
                        fy.subs([(x,point[0]),(y,point[1]),(z,point[
2])]),\
                        fz.subs([(x,point[0]),(y,point[1]),(z,point[
2])]))
    except:
        print('參數設定錯誤，請認真理解 grad 的用法！')
```

註釋：

（1）參數 X 是可選的，預設情況下求二元函數的梯度，如果是三元函
數，參數 X 設定為 X='xyz'。

（2）參數 point 也是可選的，預設計算函數的梯度函數。

【例 10.16】 求 $\text{grad}\dfrac{1}{x^2+y^2}$。

解 程式如下：

```
x,y=symbols('x y')
#計算梯度運算式
grad(1/(x**2+y**2))
```

執行結果為：$(-\dfrac{2x}{(x^2+y^2)^2}, -\dfrac{2y}{(x^2+y^2)^2})$

【例 10.17】 求 $f(x,y,z)=x^3-xy^2-z$ 在 $P(1,1,2)$ 處的梯度。

解 程式如下：

```
x,y,z=symbols('x y z')
```

```
#計算梯度
grad((x**3-x*y**2-z),X='xyz',point=[1,1,0])
```

執行結果為：(2, -2, -1)

下面觀察 try…except…的工作，程式如下：

```
#錯誤的呼叫
grad((x**3-x*y**2-z),X='xyz',point=[1,1])
```

執行結果為：參數設定錯誤，請認真理解 grad()的用法！

▶ 10.6　多元函數的極值及其求法

首 先 要 充 分 理 解 多 元 函 數 的 極 值 及 條 件 極 值 的 理 論 知 識，函 數
min_max_xy()實現了二元函數的極值及條件極值的計算，程式如下：

```
from sympy import *
#求偏導數連續的二元函數的極值,其中 condition 為限制條件,預設為 None
def min_max_xy(f,x,y,condition=None):
    #無約束的情況
    if condition is None:
        fx=f.diff(x)
        fy=f.diff(y)
        fxx=fx.diff(x)
        fxy=fx.diff(y)
        fyy=fy.diff(y)
        #求出一階偏導數為 0 的點集
        points=solve([fx,fy],[x,y],dict=False)
        try:
            #儘管已經將 solve 的 dict 參數設定為 False,但有時它還會傳回一個字
典結構的解
            #這行程式觸發異常,在 except 程式碼部分,將字典強制轉化為 list
            points[0][0]
        except:
```

```
                 x_=points[x]
                 y_=points[y]
                 #強制轉為 list
                 points=[[x_,y_]]
        #分別存放極小值點、極大值點和不確定點
        minPoints=[]
        maxPoints=[]
        notSurePoints=[]
        for i in range(len(points)):
                #二元函數存在極值的充分條件
                x0=points[i][0]
                y0=points[i][1]
                A=fxx.subs([(x,x0),(y,y0)])
                B=fxy.subs([(x,x0),(y,y0)])
                C=fyy.subs([(x,x0),(y,y0)])
                D=A*C-B*B
                if D>0:
                        if A<0:maxPoints.append(((x0,y0),f.subs([(x,x0),(y,y
0)])))
                        if A>0:minPoints.append(((x0,y0),f.subs([(x,x0),(y,y
0)])))
                if D==0:
                        notSurePoints.append(((x0,y0),f.subs([(x,x0),(y,y0)]
)))
        print('MaxPoints:\t{}'.format(maxPoints))
        print('MinPoints:\t{}'.format(minPoints))
        print('NotSurePoints:\t{}'.format(notSurePoints))
    #有約束的情況
    else:
        lamda=Symbol('lamda')
        #建構拉格朗日函數
        L=f+lamda*condition
        Lx=L.diff(x)
        Ly=L.diff(y)
        #潛在的極值點
        maybe_points=solve([Lx,Ly,condition],[x,y,lamda],dict=False)
```

```
        try:
            maybe_points[0][0]
        except:
            x_=maybe_points[x]
            y_=maybe_points[y]
            maybe_points=[[x_,y_]]
        #讓函數使用者從潛在極值點中比較
        print('Select from ((x,y),f(x,y)):\t{}'.format([(((maybe_poin
t[0],maybe_point[1])),\
                f.subs([(x,maybe_point[0]),(y,maybe_point[1])])) for may
be_point in maybe_points]))
```

註釋：程式比較長，是對多元函數極值存在的充分條件及條件極值理論的複述。

【例 10.18】求函數 $f(x,y) = x^3 - y^3 + 3x^2 + 3y^2 - 9x$ 的極值。

解 程式如下：

```
#將 x,y 限制為實數(real=True)非常必要
x,y=symbols('x y',real=True)
f=x**3-y**3+3*x**2+3*y**2-9*x
min_max_xy(f,x,y)
```

執行結果為：

MaxPoints: [((-3, 2), 31)]

MinPoints: [((1, 0), -5)]

NotSurePoints: []

【例 10.19】求函數 $f(x,y) = xy$ 的極值。

解 程式如下：

```
x,y=symbols('x y',real=True)
f=x*y
min_max_xy(f,x,y)
```

執行結果為:

MaxPoints: []

MinPoints: []

NotSurePoints: []

【例 **10.20**】有一寬為 24cm 的長方形鐵板,把它兩邊折起來做成一斷面為等腰梯形的水槽。問怎樣折才能使斷面的面積最大?

解 假設腰的長度為 x,而腰與底所成的銳角 α,則面積 A 為 x,α 的二元函數:

$$A = 24x\sin\alpha - 2x^2\sin\alpha + x^2\sin\alpha\cos\alpha$$

程式如下:

```
x,a=symbols('x a',positive=True)          #限定為正數
A=24*x*sin(a)-2*x**2*sin(a)+x**2*sin(a)*cos(a)
min_max_xy(A,x,a)
```

執行結果為:

```
MaxPoints: [((8, pi/3), 48*sqrt(3))]
MinPoints: []
NotSurePoints: []
```

【例 **10.21**】求函數 $z = xy$ 在適合附加條件 $x + y = 1$ 下的極值。

解 程式如下:

```
x,y=symbols('x y',real=True)
f=x*y
condition=x+y-1
min_max_xy(f,x,y,condition=condition)
```

執行結果為:Select from ((x,y),f(x,y)): [((1/2, 1/2), 1/4)]

【例 10.22】設 $f(x,y)=5x^2+5y^2-8xy$ 在滿足條件 $x^2+y^2-xy-75=0$ 下的最大值。

解 程式如下：

```
x,y=symbols('x y',real=True)
g=5*x**2+5*y**2-8*x*y
condition=x**2+y**2-x*y-75
min_max_xy(g,x,y,condition=condition)
```

執行結果為：

Select from ((x,y),f(x,y)): [((-5, 5), 450), ((5, -5), 450), ((-5*sqrt(3), -5*sqrt(3)), 150), ((5*sqrt(3), 5*sqrt(3)), 150)]

更複雜的多元函數的極值問題推薦使用 scipy.optimize.minimize()函數。

【例 10.23】求 $u=xyz$ 在附加條件 $\dfrac{1}{x}+\dfrac{1}{y}+\dfrac{1}{z}=\dfrac{1}{a}(x,y,z,a>0)$ 下的極值。

解 程式如下：

```
#使用 scipy 最佳化模組中的 minimize 函數求目標函數的數值解
from scipy.optimize import minimize
u=lambda x:x[0]*x[1]*x[2]
a=1
bnds=((0,None),(0,None),(0,None))
cons=({'type':'eq','fun':lambda x:1/x[0]+1/x[1]+1/x[2]-1/a})
#給函數提供合適的搜尋起始點很重要，這裡選擇(0.1,0.2,0.3)
result=minimize(u,(0.1,0.2,0.3),bounds=bnds,constraints=cons)
result
```

執行結果如圖 10.1 所示。

```
    fun: 26.999999995431228
    jac: array([8.99995399, 9.0000937 , 8.99995112])
message: 'Optimization terminated successfully.'
   nfev: 80
    nit: 15
   njev: 15
 status: 0
success: True
      x: array([2.99999953, 3.00000048, 2.99999999])
```

▲ 圖 10.1

註釋：

（1）特別注意結果中的三個資訊：

fun：函數的極（最）小值。

success：計算是否成功，如果為 False 則輸出的結果沒有意義。

x：極值點，如果將結果保留為小數點後 3 位，則說明當 x=3.0, y=3.0, z=3.0 時，函數取得最小值 27。

（2）如果是求極（最）大值，將目標函數乘以-1，此時能得到正確的極值點，然後 fun 後的函數值再乘以-1 就是目標函數的極（最）大值。

【例 **10.24**】求 $T = 8x^2 + 4yz - 16z + 600$ 在條件 $4x^2 + y^2 + 4z^2 = 16$ 下的極大值。

解 程式如下：

```
T=lambda x:-8*x[0]**2-4*x[1]*x[2]+16*x[2]-600
cons=({'type':'eq','fun':lambda x:4*x[0]**2+x[1]**2+4*x[2]**2-16})
result=minimize(T,(0.1,0,0),constraints=cons)
result
```

執行結果如圖 10.2 所示。

```
fun: -642.6666669275957
    jac: array([-21.33332825,   5.33333588,  21.33333588])
message: 'Optimization terminated successfully.'
   nfev: 48
    nit: 9
   njev: 9
 status: 0
success: True
      x: array([ 1.33333296, -1.33333385, -1.33333359])
```

▲圖 10.2

註釋：

（1）極值點 x 僅搜出了一個，實際上（-4/3, -4/3, -4/3）也是極值點。

（2）極大值為 624.66。

（3）如果將搜尋起始點定為(0,0,0)，則搜尋失敗，success 為 False。

▶ 10.7 最小平方法

最小平方法是統計學中線性及非線性回歸的理論基礎。

【例 10.25】為了測定刀具的磨損速度，我們做了這樣的試驗，經過一定時間（如每隔一小時），測量一次刀具的厚度，得到一組試驗資料如下：
時間 t：[0,1,2,3,4,5,6,7]
刀具厚度：[27,26.8,26.5,26.3,26.1,25.7,25.3,24.8]

根據實驗資料得出刀具厚度 y 和時間 t 的經驗公式。

解　（1）匯入本節需要的函數庫，程式如下：

```
import numpy as np
import matplotlib.pyplot as plt
import sympy as sy
```

執行這個單元格。

（2）觀察 y-t 的大致關係，程式如下：

```
t=np.array([0,1,2,3,4,5,6,7])
y=np.array([27,26.8,26.5,26.3,26.1,25.7,25.3,24.8])
#顯示網格
plt.grid()
plt.scatter(t,y,c='r',s=40)
plt.show()
```

執行結果如圖 10.3 所示。

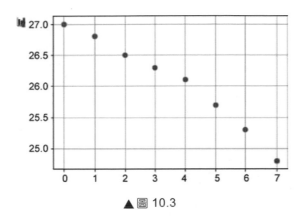

▲圖 10.3

（3）求斜率 a 與截距 b 的值，程式如下：

```
a,b=sy.symbols('a b',real=True)
M=np.sum((y-(a*t+b))**2)
#求斜率及截距的值
solves=sy.solve([M.diff(a),M.diff(b)],[a,b])
solves
```

執行結果為：{a: -0.303571428571429, b: 27.1250000000000}

（4）擬合，程式如下：

```
k,d=np.round(float(solves[a]),3),np.round(float(solves[b]),3)
plt.grid()
plt.scatter(t,y,c='r',s=40)
plt.plot(t,k*t+d)
plt.show()
```

執行結果如圖 10.4 所示。

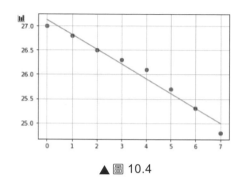

▲ 圖 10.4

【例 10.26】在研究某單分子化學反應速度時，得到以下資料：

時間 t: [3,6,9,12,15,18,21,24]

反應物剩餘量 y:[57.6,41.9,31,22.7,16.6,12.2,8.9,6.5]

根據上述資料得出 $y=f(t)$ 的經驗公式。

解　（1）首先觀察是否是線性關係，程式如下：

```
#繪製資料草圖
t=np.array([3,6,9,12,15,18,21,24])
y=np.array([57.6,41.9,31,22.7,16.6,12.2,8.9,6.5])
plt.plot(t,y)
plt.show()
```

執行結果如圖 10.5 所示。

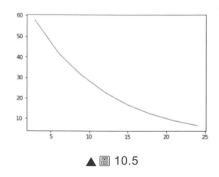

▲ 圖 10.5

（2）明顯不是線性關係，一般這類問題不把它看成二次函數關係，而是負指數函數 $y = ke^{mt}(m < 0)$，對觀測值取以 10 為底的對數，觀察散點圖，程式如下：

```
plt.grid()
plt.scatter(t,np.log10(y),c='r',s=40)
plt.show()
```

執行結果如圖 10.6 所示。

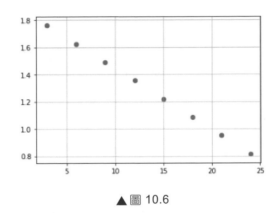

▲圖 10.6

（3）此時線性關係比較好，求出 a,b，程式如下：

```
a,b=sy.symbols('a b',real=True)
M=np.sum((np.log10(y)-(a*t+b))**2)
solves=sy.solve([M.diff(a),M.diff(b)],[a,b])
solves
```

執行結果為：{a: -0.0450301878083362, b: 1.89525695283997}

（4）求出 m,k，程式如下：

```
k=10**(float(solves[b]))
m=np.log(10)*(float(solves[a]))
m,k
```

執行結果為：(-0.1036858391821971, 78.57003612766523)

（5）擬合，程式如下：

```
plt.grid()
plt.scatter(t,y,c='r',s=40)
x=np.linspace(2,25,100)
plt.plot(x,k*np.power(np.e,m*x))
plt.show()
```

執行結果如圖 10.7 所示。

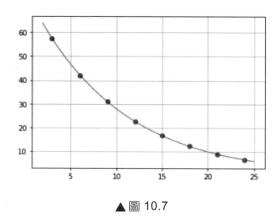

▲圖 10.7

Chapter

11 重積分

11.1 二重積分的概念和性質

我們利用本節簡要回顧一下一元函數的定積分的求法。

【例 11.1】 求 $\int_0^{\frac{\pi}{2}} \sin x \mathrm{d}x$ 。

解 （1）用符號積分，sympy.integrate()，程式如下：

```
from sympy import Symbol,sin,pi,integrate
x=Symbol('x')
result=integrate(sin(x),(x,0,pi/2))
print('The result is{}.'format (result))
```

執行結果如圖 11.1 所示。

```
The result is 1.
```

▲圖 11.1

（2）用數值積分，scipy.integrate.quad()，程式如下：

```
from scipy.integrate import quad
import numpy as np
#quad 為多值函數，傳回定積分的值及誤差
var,err=quad(lambda x:np.sin(x),0,np.pi/2)
np.round(var,3)
```

執行結果為：1.0

這兩種方法都得出了正確的結果，但實質是不一樣的，sympy.integrate()
是符號積分，先求出被積函數的原函數，然後將上下限（也是符號）代
入，跟高等數學教材中的方法是一樣的。

scipy.integrate.quad()是數值積分，類似於面積的近似求法，它並不去求原
函數，而是舉出一個近似結果，這個結果的誤差是一般科學計算人員可以
接受的。

這兩種不同的機制同樣表現在求多重積分上。

【例 11.2】 求 $\int_{1}^{2}\dfrac{\sin x}{x}\,\mathrm{d}x$。

解 程式如下：

```
var,err=quad(lambda x:np.sin(x)/x,1,2)
var,err
```

執行結果如圖 11.2 所示。

$$(0.6593299064355118,\ 7.320032429486554e-15)$$

▲圖 11.2

第一個值 0.65933 為積分的近似值，第二個值 7.32×10^{-15} 為誤差。

▶ 11.2 二重積分的計算方法

為了學習方便，以下例子均顯示出積分變數的上下限。

首先匯入本節要用到的函數庫及庫函數，程式如下：

```
from sympy import integrate,init_printing,symbols
from scipy.integrate import dblquad
init_printing()
```

【例 11.3】求 $\int_{1}^{2} dx \int_{1}^{x} xy\,dy$ 。

解 方法（1）使用 sympy.integrate()函數，程式如下：

```
x,y=symbols('x y')
f=x*y
integrate(f,(y,1,x),(x,1,2)) #注意先 y 後 x
```

執行結果為：9／8

註釋：手工計算本題時，我們從式子的後面開始，此時將 x 視為常數，integrate()也一樣，不過，我們得首先傳入 y 的設定值範圍（此時 sympy 僅將 x 視為一個符號），然後再傳入 x 的設定值範圍。

方法（2）使用 scipy.integrate.dblquad()函數（dbl 為 double 的縮寫），程式如下：

```
f=lambda x,y:x*y
g=lambda x:1
h=lambda x:x
#dblquad()求二重積分
val,err=dblquad(f,1,2,g,h)
#也可以直接將 f,g,h 寫入參數，如下：
#val,err=dblquad(lambda x,y:x*y,1,2,lambda x:1,lambda x:x)
Val
```

執行結果為：1.125

註釋：程式的可讀性與簡潔性是一對矛盾，對於初學者程式的可讀性更重要一些，隨著對程式駕馭能力的提高，要適當考慮程式的簡潔性問題，好處是程式行的減少及工作效率的提高。

【例 11.4】計算 $\int_{-1}^{1} \mathrm{d}x \int_{x}^{1} y\sqrt{1+x^2+y^2}\,\mathrm{d}y$。

解 （1）sympy.integrate()方法，實際上這個方法不可行，程式如下：

```
from sympy import sqrt
x,y=symbols('x y')
#下行程式又遇到了絕對值問題，沒有產生結果
#integrate(x*sqrt(1+x**2-y**2),(y,x,1),(x,-1,1))
```

註釋：左上角的星號一直在轉，如果一個簡單的問題遇到這種情況，說明我們的程式出現了意外情況，大多數情況是程式陷入了一個無限迴圈的困境。需要關閉這個檔案並重新打開。分析原因，如果是我們自身的邏輯錯誤，就修改程式使其符合邏輯，如果是不可抗因素，如本例，則需繞過這個方法。

（2）使用 dblquad()方法，程式如下：

```
#嘗試使用 dblquad
val,err=dblquad(lambda x,y:y*(1+x**2-y**2)**(1/2),\
    -1,1,lambda x:x,lambda x:1)
Val
```

執行結果為：-0.5000000000000175

註釋：雖然結果出來了，但是錯的，和正確答案相差一個負號。不要沮喪，認真分析原因，發現它和我們一樣，容易犯這樣的錯誤：$\sqrt{x^2} = x$。了解到原因之後，我們對科學計算要理性看待：它就像一個好學生一樣，但並不意味每次都能考 100 分。

【例 11.5】計算 $\int_{-1}^{2} \mathrm{d}y \int_{y^2}^{y+2} xy\,\mathrm{d}x$。

解 將兩種方法合併到一個單元格，程式如下：

```
x,y=symbols('x y')
print(integrate(x*y,(x,y**2,y+2),(y,-1,2)))
var,_=dblquad(lambda x,y:x*y,-1,2,lambda y:y**2,lambda y:y+2)
print(var)
```

執行結果如圖 11.3 所示。

45/8
5.624999999999999

▲圖 11.3

註釋：如果我們不關心一個變數，可以將這個變數名稱命名為符號 '_'，如這裡不關心 dblquad()所產生的誤差，可以將誤差這個變數命名為'_'，實際上，如果需要顯示誤差，可以列印這個符號，程式如下：

```
print(_)
```

執行結果為：7.080025729198077e-14

【例 11.6】計算 $\iint\limits_{D} e^{-x^2-y^2} \mathrm{d}x\mathrm{d}y$，其中 D 是由圓心在原點、半徑為 a 的圓周所圍成的閉區域。

解 分兩個單元格來演示本題的解法，解法 1，程式如下：

```
from sympy import E,pi,simplify
rho,theta,a=symbols('rho,theta,a')
#累積獲得這些數學符號的方法
rho,theta
```

執行結果為：(ρ,θ)

解法 2，程式如下：

```
result=integrate(rho*E**(-rho**2),(rho,0,a),(theta,0,2*pi))
simplify(result)
```

執行結果為：$\pi - \pi e^{-a^2}$

註釋：當結果形式較複雜時，可以試一試化簡函數 simplify()。

【**例 11.7**】計算 $\displaystyle\iint_D e^{\frac{y-x}{y+x}} \mathrm{d}x\mathrm{d}y$，其中 D 是由 x 軸、y 軸和直線 $x+y=2$ 所圍成的閉區域。

解 本題需要使用換元法，並重新建立新元座標系的二重積分題，但我們可以使用 dblquad() 輕鬆得到結果，程式如下：

```
import numpy as np
val,err=dblquad(lambda x,y:np.e**((y-x)/(y+x)),\
    0,2,lambda x:0,lambda x:2-x)
#比較數值解和解析解
val,np.e-1/np.e
```

運行結果如圖 11.4 所示。

(2.3504023872876028, 2.3504023872876028)

▲圖 11.4

註釋：雖然我們獲得了 2.3504 這個結果，但我們並不知道它就是 $(e - \dfrac{1}{e})$。

◉ 11.3 三重積分

首先匯入本節需要的函數庫函數並執行此單元格，程式如下：

```
from sympy import init_printing,symbols,integrate,pi,sin,cos,simplify
#tplquad()計算三重積分
from scipy.integrate import tplquad
init_printing()
```

註釋：使用 scipy 計算三重積分需要函數 tplquad()，其中 tpl 是 triple 的縮寫。

【例 11.8】計算 $\int_0^1 \mathrm{d}x \int_0^{\frac{1-x}{2}} \mathrm{d}y \int_0^{1-x-2y} x \mathrm{d}z$ 。

解 解法（1），使用 sympy.integrate() 函數，程式如下：

```
x,y,z=symbols('x y z')
integrate(x,(z,0,1-x-2*y),(y,0,(1-x)/2),(x,0,1))
```

執行結果為：1/48

註釋：注意三個積分變數的次序！

解法（2），使用 tplquad() 函數，程式如下：

```
val,err=tplquad(lambda x,y,z:x,0,1,lambda x:0,lambda x:(1-
x)/2,lambda x,y:0,lambda x,y:1-x-2*y)
#數值解和解析解比較
val,1/48
```

運行結果如圖 11.5 所示。

(0.020833333333333332, 0.020833333333333332)

▲圖 11.5

【例 11.9】求 $\int_0^{2\pi} \mathrm{d}\theta \int_0^2 \rho \mathrm{d}\rho \int_0^{\rho^2} z \mathrm{d}z$ 。

解 程式如下：

```
from sympy import pi
theta,rho,z=symbols('theta rho z')
#使用 sympy.integrate 求三重積分的解析解
integrate(rho*z,(z,rho**2,4),(rho,0,2),(theta,0,2*pi))
```

執行結果為：$64\pi/3$

【例 11.10】計算 $\displaystyle\int_0^{2\pi}\mathrm{d}\theta\int_0^a\mathrm{d}\varphi\int_0^{2a\cos\varphi}r^2\sin\varphi\mathrm{d}r$ 。

解 程式如下：

```
r,phi,theta=symbols('r,phi,theta')
alpha,a=symbols('alpha a',positive=True)
result=integrate(r**2*sin(phi),(r,0,2*a*cos(phi)),\
    (phi,0,alpha),(theta,0,2*pi))
simplify(result)
```

執行結果為：$4\pi a^3(1-\cos^4(\alpha))/3$

▶ 11.4 重積分的應用

僅以求曲面面積來進一步學習科學計算的積分問題，首先匯入函數程式庫。程式如下：

```
from sympy import *
```

接下來定義求曲面面積的函數，程式如下：

```
#自訂函數，求曲面的面積
def Area_Surface(z,x_left,x_right,y_low,y_high):
    return integrate((1+z.diff(x)**2+z.diff(y)**2)**(1/2),\
        (y,y_low,y_high),(x,x_left,x_right))
```

【例 11.11】求半徑為 a 的球的表面積。

解 我們試圖呼叫函數 Area_Surface()，但沒有成功，程式如下：

```
#x,y=symbols('x y')
#z=(1-x**2-y**2)**(1/2)
#Area_Surface(z,-1,1,-(1-x**2)**(1/2),(1-x**2)**(1/2))
```

如果牽涉到含根式的三角換元法，sympy 大機率會故障(如果程式一直執行而得不到結果，就關掉當前檔案，然後重新打開)。

【例 **11.12**】求平面 $x+y+z=1$ 在第一象限的面積。

解 程式如下：

```
x,y=symbols('x y')
z=1-x-y
Area_Surface(z,0,1,0,1-x),3**.5/2
```

執行結果如圖 11.6 所示。

$$(0.866025403784439, 0.8660254037844386)$$

▲圖 11.6

註釋：三角形面積為 $\dfrac{\sqrt{3}}{2}$，本題結果正確。

說明：過於整合化的函數，就像這裡我們定義的 Area_Surface()函數，如果因為某個小的、未知的原因導致計算失敗，表示整個整合化函數的失敗---這裡就像串聯的電器一樣，一個故障導致整個電路故障。所以，不要過分追求整合化，建議一步一步來。我們不再寫專門的函數來計算質心、轉動慣量及引力問題，因為失敗的機率很大！

曲線及曲面的積分問題都是二重或三重積分問題的延伸，不再用 python 討論這種問題。如果確實需要，可以手動將這些問題轉化為積分問題，並標注好上下限，像本章介紹的方法一樣，嘗試求出結果。如果解析解求不出來，退而求其次，數值解也可以考慮。

無窮級數

◉ 12.1 常數項級數的概念和性質

調和級數 $\sum_{n=1}^{\infty}\dfrac{1}{n}=1+\dfrac{1}{2}+\dfrac{1}{3}+...+\dfrac{1}{n}+...$ 是常數項級數收斂與發散的分水嶺，意義非常大。我們首先計算出這個級數的 1001 項至 2000 項的和與前 1000 項的和的比值，程式如下：

```
import numpy as np
x_1=np.linspace(1,1000,1000)
x_2=np.linspace(1001,2000,1000)
np.sum(1/x_2)/np.sum(1/x_1)
```

執行結果為：0.0925656189127152

將此常數記為 0.0925656，自訂函數 bConvergent()根據此常數判定一個級數是否收斂，如果 $\dfrac{\sum\limits_{n=1001}^{2000} f(n)}{\sum\limits_{n=1}^{1000} f(n)} < 0.0925656$ 則判定為收斂，並傳回 $\sum\limits_{n=1}^{10000} f(n)$

作為 s 的近似值；否則傳回 False，程式如下：

```
#判定一個級數是否收斂
#如果收斂計算其前 10000 項的和，作為收斂值的近似值傳回；否則傳回 False
def bConvergent(f,C=0.0925656):
    try:
        n_1=np.linspace(1,1000,1000)
        n_2=np.linspace(1001,2000,1000)
        rate=np.sum(f(n_2))/np.sum(f(n_1))
        bCon=rate<C
        val=0.0
        if bCon:
            n_3=np.linspace(1,10000,10000)
            val=np.sum(f(n_3))
            return val
        else:return False
    except:
        return False
```

【例 12.1】判定級數 $\sum\limits_{n=1}^{\infty} q^{n-1}$ 的斂散性，其中 $q = 0.9976$。

解 程式如下：

```
q=0.9976
def f(n):return q**(n-1)
bConvergent(f)
```

執行結果為：416.6666666513915

註釋：將 q 修改為 0.9977 時，將輸出 False,從幾何級數的角度看的話，函數 bConvergent()判定級數斂散性的正確率為 99.76%。

【例 12.2】判定級數 $\sum\limits_{n=1}^{\infty}(-1)^{n-1}=1-1+1-1+\cdots$ 的斂散性。

解 程式如下：

```
def f(n):return 1 if n%2==1 else -1
bConvergent(f)
```

執行結果為：False

註釋：本題解釋了為什麼要在 bConvergent()函數中使用異常機制。

【例 12.3】判定級數 $\sum\limits_{n=1}^{\infty}\dfrac{1}{n(n+1)}$ 的斂散性。

解 程式如下：

```
def f(n):return 1/n/(n+1)
bConvergent(f)
```

執行結果為：0.9999000099989999

【例 12.4】判定級數 $\sum\limits_{n=1}^{\infty}\dfrac{1}{2n-1}$ 的斂散性。

解 程式如下：

```
def f(n):return 1/(2*n-1)
bConvergent(f)
```

執行結果為：5.586925199207137

註釋：這個級數是發散的，但輸出的結果是收斂的，我們計算一下常數 C，程式如下：

```
x2=np.arange(2001,4000,2)
x1=np.arange(1,2000,2)
np.sum(1/x2)/np.sum(1/x1)
```

執行結果為：0.07813396648879643

bConvergent()預設的只要這個比值小於 0.0925656 就判定為收斂；bConvergent()函數不保證總能判斷正確。

【例 12.5】判定級數 $\sum\limits_{n=1}^{\infty}\dfrac{1}{n^2}$ 的斂散性。

解 程式如下：

```
def f(n):return n**(-2)
bConvergent(f)
```

執行結果為：1.6448340718480603

● 12.2　常數項級數的審斂法

首先匯入 numpy 函數庫，然後把上一節的 bConvergent 函數複製過來，程式如下：

```
import numpy as np
def bConvergent(f,C=0.0925656):
    try:
        n_1=np.linspace(1,1000,1000)
        n_2=np.linspace(1001,2000,1000)
        rate=np.sum(f(n_2))/np.sum(f(n_1))
        bCon=rate<C
        val=0.0
        if bCon:
            n_3=np.linspace(1,10000,10000)
            val=np.sum(f(n_3))
            return val
        else:return False
    except Exception as e:
        #顯示異常資訊
```

```
        print(str(e))
        return False
```

註釋：在 except 程式碼部分做了小的變化，如果出現異常的話，我們想知道異常的基本情況，如判定 $\sum\limits_{n=1}^{\infty}(-1)^{n-1}$ 的斂散性，程式如下：

```
def f(n):return 1 if n%2==1 else -1
bConvergent(f)
```

程式執行的結果為：

```
The truth value of an array with more than one element is
ambiguous. Use a.any() or a.all()
    False
```

註釋：實際上，前 1000 項的和為 0，而在 **try** 程式碼部分，計算比值時將其作為了分母。

【例 12.6】判定級數 $\sum\limits_{n=1}^{\infty}\dfrac{1}{n^p}$ 是否收斂，其中 p=0.99。

解 程式如下：

```
p=0.99
def f(n):return n**(-p)
bConvergent(f)
```

執行結果為：False

【例 12.7】判定級數 $\sum\limits_{n=1}^{\infty}\dfrac{1}{n^p}$ 是否收斂，其中 p=1.01。

解 程式如下：

```
p=1.01
def f(n):return n**(-p)
bConvergent(f)
```

執行結果為：9.376905002680255

【例 12.8】判定級數 $\displaystyle\sum_{n=1}^{\infty}\frac{1}{\sqrt{n(n+1)}}$ 的斂散性。

解　程式如下：

```
def f(n):return (n*(n+1))**(-0.5)
bConvergent(f)
```

執行結果為：False

【例 12.9】判定級數 $\displaystyle\sum_{n=1}^{\infty}\sin\frac{1}{n}$ 的斂散性。

解　程式如下：

```
def f(n):return np.sin(1/n)
bConvergent(f)
```

執行結果為：False

【例 12.10】判定級數 $\displaystyle\sum_{n=1}^{\infty}\frac{1}{(n-1)!}$ 的斂散性。

解　程式如下：

```
from math import factorial
def f(n):return 1.0/factorial(n-1)
bConvergent(f)
```

執行結果為：

```
only size-1 arrays can be converted to python scalars
False
```

註釋：math.factorial()是計算階乘的函數，本題判定錯誤，而且出現了異常，如果一個數非常大，超出了電腦表示的範圍，這種現象稱為「溢位」。針對此問題，我們進一步整合程式，程式如下：

```
from math import factorial
C=0.0925656
factorials=[]
for i in range(50):
    factorials.append(float(factorial(i)))
factorials=np.array(factorials)
sum_right_25=np.sum(1.0/factorials[25:])
sum_left_25=np.sum(1.0/factorials[:25])
sum_right_25/sum_left_25<C,np.sum(1.0/factorials),np.e
```

運行結果如圖 12.1 所示。

(True, 2.718281828459045, 2.718281828459045)

▲ 圖 12.1

註釋：factorials 串列儲存 0 至 49 的階乘，sum_right_25 計算 26 至 50 項的和，sum_left_25 計算 1 至 25 項的和，與 bConvergent() 函數相比，我們縮小了計算的範圍，避免程式在儲存大的整數時出現「溢位」現象。

【例 12.11】判定級數 $\sum_{n=1}^{\infty} \dfrac{2+(-1)^n}{2^n}$ 的收斂性。

解 程式如下：

```
def f(n):return (2+np.power(-1,n))/(2**n)
bConvergent(f)
```

執行結果為：1.6666666666666667

【例 12.12】判定級數 $\sum_{n=1}^{\infty} \ln(1+\dfrac{1}{n^2})$ 的收斂性。

解 程式如下：

```
def f(n):return np.log(1+n**(-2))
bConvergent(f)
```

執行結果為：1.3017464036037176

【例 12.13】判定級數 $\sum\limits_{n=1}^{\infty} \dfrac{\sin n}{n^2}$ 的收斂性。

解 程式如下：

```
def f(n):return np.sin(n)*n**(-2)
bConvergent(f)
```

執行結果為：1.0139591395479044

【例 12.14】判定級數 $\sum\limits_{n=1}^{\infty} (-1)^n \dfrac{1}{2^n} \left(1+\dfrac{1}{n}\right)^{n^2}$ 的收斂性。

解 程式如下：

```
def f(n):return np.power(-1,n)*2**(-n)*(1+1/n)**(n**2)
bConvergent(f)
```

執行結果為：False

▶ 12.3 函數展開成冪級數

首先導入庫函數，並初始化列印資源，程式如下：

```
from sympy import *
init_printing()
```

【例 12.15】將函數 $f(x) = \dfrac{1}{1+x}$ 展開成冪級數。

解 程式如下：

```
x=Symbol('x',real=True)
series(1/(1+x))
```

執行結果為：$1 - x + x^2 - x^3 + x^4 - x^5 + O(x^6)$

註釋：sympy.series()函數將一個函數展開成多項式函數（冪級數）。

【例 **12.16**】將函數 $f(x) = \arctan x$ 展開成冪級數。

解 程式如下：

```
series(atan(x),n=10)
```

執行結果為：$x - x^3/3 + x^5/5 - x^7/7 + x^9/9 + O(x^{10})$

註釋：可選參數 n 指明展開式保留的項數，本例偶數次項（包括常數項）均為零。

【例 **12.17**】將函數 $f(x) = (1-x)\ln(1+x)$ 展開成 x 的冪級數。

解 程式如下：

```
f=(1-x)*log(1+x)
series(f,n=12)
```

請讀者執行並觀察其結果。

【例 **12.18**】將函數 $f(x) = \sin x$ 展開成 $(x - \dfrac{\pi}{4})$ 的冪級數。

解 程式如下：

```
f=sin(x)
series(f,x0=pi/4)
```

請讀者執行並觀察其結果。

【例 **12.19**】將函數 $f(x) = \dfrac{1}{x^2 + 4x + 3}$ 展開成 $(x\text{-}1)$ 的冪級數。

解 程式如下：

```
f=1/(x**2+4*x+3)
```

```
series(f,x0=1)
```

請讀者執行並觀察其結果。

▶ 12.4 傅立葉級數

由於現有的幾個科學計算套件沒有發現連續函數的傅立葉展開式的相關函數，我們自訂一個函數來實現這一需求。首先導入庫函數：from sympy import *，然後根據本節的求傅立葉展開式的方法，定義函數 series_fourier()，程式如下：

```
from sympy import *
#自訂函數，獲得一個函數的傅立葉展開式
#參數 funs 為待展開的函數，x 為引數,x_sections 為引數的區間，週期 T 的預設值為
2*pi,展開項數預設為 6
def series_fourier(funs,x,x_sections,T=2*pi,n=6):
    result='result:  '
    a=0
    for i in range(len(funs)):
        a+=2/T*integrate(funs[i],(x,x_sections[i],x_sections[i+1]))
    if a!=0:result+='['+str(a/2)+']+'
    for i in range(1,n+1):
        a=0
        b=0
        for j in range(len(funs)):
            a+=2/T*integrate(funs[j]*cos(2*pi/T*i*x),(x,x_sections[j
],x_sections[j+1]))
            b+=2/T*integrate(funs[j]*sin(2*pi/T*i*x),(x,x_sections[j
],x_sections[j+1]))
        if a!=0:result+='['+str(a)+'*cos({}{})'.format(2*pi/T*i,str(
x) if T==2*pi else '*'+str(x))+']+'
        if b!=0:result+='['+str(b)+'*sin({}{})'.format(2*pi/T*i,str(
x) if T==2*pi else '*'+str(x))+']+'
```

```
    result+='...'
    return result
```

註釋：

（1）參數 funs 為週期函數 $f(x)$，一般為分段函數；參數 x 為引數的符號，第三個參數 x_sections 為引數的分段串列；T 為 $f(x)$的週期，預設為 2π；n 為顯示展開式的項數，預設為 6。

（2）其中參數 funs 及 x_sections 的使用方法我們結合下面的例子來理解。

【例 12.20】設 $f(x)$ 是週期為 2π 的週期函數，它在 $[-\pi,\pi)$ 上的運算式為：

$$f(x)=\begin{cases}-1,-\pi\le x<0\\1,0\le x<\pi\end{cases}$$

將 $f(x)$ 展開成傅立葉級數，並討論和函數的圖形。

解 這 是 一 個 分 段 函 數 ， funs=[-1,1],x_sections= $[-\pi,0,\pi]$ ， 串 列 x_sections 的三個元素決定了兩個區間$[-\pi,0]$與$[0,\pi]$，在這兩個區間上的函數的運算式分別為 funs[0],funs[1]，在求積分時，分界點處（本例是 x=0）的運算式不影響整個積分的結果，程式如下：

```
x=Symbol('x')
funs=[-1,1]
x_sections=[-pi,0,pi]
series_fourier(funs,x,x_sections)
```

運行結果如圖 12.2 所示。

```
'result:  [4/pi*sin(1x)]+[4/(3*pi)*sin(3x)]+[4/(5*pi)*sin(5x)]+...'
```

▲ 圖 12.2

下面展示和函數 $S(x)$ 當 n 取不同的值時的影像，程式如下：

```
import numpy as np
import matplotlib.pyplot as plt
#和函數
def S(x,n):return sum([4/np.pi*np.sin((2*k-1)*x)/(2*k-
1) for k in range(1,n+1)])
x=np.linspace(-1.5*np.pi,1.5*np.pi,600)
#n=1,3,5,7
for n in range(1,8,2):
    plt.scatter(x,S(x,n),s=2,label='n={}'.format(n))
plt.legend()
plt.show()
```

執行結果如圖 12.3 所示。

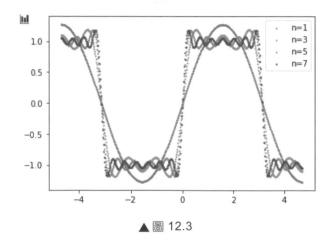

▲圖 12.3

註釋：認真觀察影像，當 n 越大，影像與 $f(x)$ 越接近，現取 n=30，程式如下：

```
#n=30
plt.scatter(x,S(x,30),s=1)
plt.show()
```

執行結果如圖 12.4 所示。

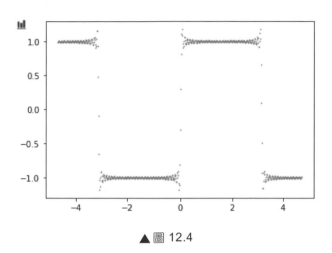

▲ 圖 12.4

【例 **12.21**】設 $f(x)$ 是週期為 2π 的週期函數，它在 $[-\pi, \pi)$ 上的運算式為：

$$f(x) = \begin{cases} x, -\pi \le x < 0 \\ 0, 0 \le x < \pi \end{cases}$$

將 $f(x)$ 展開成傅立葉級數。

解 程式如下：

```
x=Symbol('x')
funs=[x,0]
x_sections=[-pi,0,pi]
series_fourier(funs,x,x_sections)
```

執行結果為：

```
'result:[-pi/4]+[2/pi*cos(1x)]+[1*sin(1x)]+[-1/2*sin(2x)]+
[2/(9*pi)*cos(3x)]+[1/3*sin(3x)]+[-1/4*sin(4x)]+[2/(25*pi)*
cos(5x)]+[1/5*sin(5x)]+[-1/6*sin(6x)]+...'
```

【例 12.22】將函數 $u(t) = E\left|\sin\dfrac{t}{2}\right|, -\pi \le t \le \pi$ 展開成傅立葉級數。

解 程式如下：

```
t,E=symbols('t E')
funs=[-E*sin(t/2),E*sin(t/2)]
t_sections=[-pi,0,pi]
series_fourier(funs,t,t_sections)
```

執行結果為：

```
'result:[2*E/pi]+[-4*E/(3*pi)*cos(1t)]+[4*E/(15*pi)*cos(2t)]+
[-4*E/(35*pi)*cos(3t)]+[-4*E/(63*pi)*cos(4t)]+[-4*E/(99*pi)*
cos(5t)]+[-4*E/(143*pi)*cos(6t)]+...'
```

【例 12.23】設 $f(x)$ 是週期為 2π 的週期函數，它在 $[-\pi, \pi)$ 上的運算式為 $f(x) = x$，將 $f(x)$ 展開成傅立葉級數。

解 程式如下：

```
x=Symbol('x')
funs=[x]
x_sections=[-pi,pi]
series_fourier(funs,x,x_sections)
```

執行結果為：

```
'result:[2*sin(1x)]+[-1*sin(2x)]+[2/3*sin(3x)]+[-1/2*sin(4x)]+
[2/5*sin(5x)]+[-1/3*sin(6x)]+...'
```

【例 12.24】設 $f(x)$ 是週期為 2π 的週期函數，它在 $[-\pi, \pi)$ 上的運算式為 $f(x) = |x|$，將 $f(x)$ 展開成傅立葉級數。

解 程式如下：

```
x=Symbol('x')
funs=[-x,x]
```

```
x_sections=[-pi,0,pi]
series_fourier(funs,x,x_sections,n=8)
```

執行結果為：

```
'result:[pi/2]+[-4/pi*cos(1x)]+[-4/(9*pi)*cos(3x)]+[-4/(25*pi)*
cos(5x)]+[-4/(49*pi)*cos(7x)]+...'
```

【例 12.25】將函數 $f(x)=\begin{cases}\cos x, 0\le x<\dfrac{\pi}{2}\\ 0, \dfrac{\pi}{2}\le x\le\pi\end{cases}$ 分別展開成正弦級數及餘弦

級數。

解 （1）展開成正弦級數，程式如下：

```
x=Symbol('x')
funs=[0,-cos(x),cos(x),0]
x_sections=[-pi,-pi/2,0,pi/2,pi]
series_fourier(funs,x,x_sections)
```

執行結果為：

```
'result:[1/pi*sin(1x)]+[4/(3*pi)*sin(2x)]+[1/pi*sin(3x)]+
[8/(15*pi)*sin(4x)]+[1/(3*pi)*sin(5x)]+[12/(35*pi)*sin(6x)]+...'
```

（2）展開成餘弦級數，程式如下：

```
x=Symbol('x')
funs=[0,cos(x),0]
x_sections=[-pi,-pi/2,pi/2,pi]
series_fourier(funs,x,x_sections)
```

執行結果為：

```
'result:[1/pi]+[1/2*cos(1x)]+[2/(3*pi)*cos(2x)]+[-2/(15*pi)*
cos(4x)]+[2/(35*pi)*cos(6x)]+...'
```

下面討論一個一般週期函數的傅立葉展開問題：

【例 12.26】設 $f(x)$ 是週期為 4 的週期函數，它在 $[-2,2)$ 上的運算式為：

$$f(x) = \begin{cases} 0, -2 \leq x < 0 \\ h, 0 \leq x < 2 \end{cases} \text{（常數} h \neq 0)$$

將 $f(x)$ 展開成傅立葉級數。

解 程式如下：

```
x=Symbol('x')
h=Symbol('h',positive=True)
funs=[0,h]
x_sections=[-2,0,2]
series_fourier(funs,x,x_sections,T=4)
```

執行結果為：

```
'result:[0.5*h]+[2.0*h/pi*sin(pi/2*x)]+[0.666666666666667*h/pi*
sin(3*pi/2*x)]+[0.4*h/pi*sin(5*pi/2*x)]+...'
```

第三部分
機率論與數理統計

本部分結合「機率論與數理統計」中的隨機變數及其分佈、隨機變數的數字特徵、樣本的參數估計、假設檢驗及方差分析和回歸分析等內容，詳細介紹 scipy 函數庫的 stats 模組，並對表資料進行處理的 pandas 函數庫及資料分析函數庫 sklearn 進行初步的介紹。

機率論的基本概念

▶ 13.1 隨機試驗

自然界與社會活動中會發生各種各樣的現象，人們總是想深入研究這些現象產生的原理與規律。有些現象可以引入一些相關變數，就問題的實際情況對這些變數之間的關係進行推導，最後得到變數與我們關注的目標變數（因變數）之間的某個函數關係（就像高等數學中微分方程的解）；有些現象相關因素（變數）之間的這種函數關係並不明顯，人們往往要借助經驗或過往資料對當前的情勢舉出指導，而這些經驗及資料必須要透過試驗獲得。

例如拋擲一枚硬幣，觀察出現正面 H，反面 T 的情況。

在沒有電腦輔助的情況下，這樣的試驗儘管簡單，但非常煩瑣。儘管如此，人們也曾在真實的環境下做過這個試驗，並記錄了試驗結果。可以想像得到，如果拋擲 10 次硬幣為一次試驗，那麼這個結果隨機性可能會較強，我們期望的正反面各 5 次出現的可能性不會太大；如果我們以拋擲

10000 次為一次試驗，並將這樣的試驗做 10000 次會得到什麼結果呢？這正是人們透過試驗獲得經驗的基本方法，使用電腦輔助的手段會使此類試驗變為現實。

我們嘗試模擬該試驗。

首先從拋擲 10 次開始。程式如下：

```
#匯入 numpy 函數庫，並依慣例將其重新命名為 np
import numpy as np

#多次呼叫 np.random 時的一種簡化方法
r1=np.random

#新建一個串列儲存試驗結果
a=[]

 # 一般情況是 for i in range(10):由於迴圈本體中沒有用到變數 i，所以以符號'_'
代替 i .
for _ in range(10):
   #np.random.randint(m)隨機產生一個 0 至 m-1 的整數
#a.append(x)將 x 附加至串列 a 的尾端
a.append(r1.randint(2))
a
```

運行結果如圖 13.1 所示。

[1, 0, 1, 0, 0, 1, 0, 1, 0, 1]

▲圖 13.1

由於試驗的隨機性，你電腦上產生的結果可能與圖 13.1 不一樣。

現在我們詳細學習函數 randint()的用法：

randint(low, high=None, size=None, dtype='l') 可生成半開半閉區間 [low,high)內的隨機整數，若 high 值缺失，則取預設值 None，此時函數傳

回[0,low)內的隨機整數。參數 size 用來傳入傳回值的個數（一維）或形狀
（多維），預設值為 None，此時僅生成一個隨機整數，dtype 用於限定值
的類型，可以是'int64', 'int'等。

如果參數中有等號，如 high=None，呼叫這個函數時此參數可以舉出，也
可以不舉出，如果不舉出，則使用其預設值。在下面的例子中，注意觀察
此函數的不同用法。

如果希望生成的隨機數結果可以重現，需要設定隨機數種子，程式如下：

```
#當指定相同的種子時，每次都生成一樣的結果
r2=np.random
#為 r1 指定隨機種子 1
r1.seed(1)
#生成長度為 10 的隨機數
b=r1.randint(2,size=10)
print('b is {}'.format(b))
r2.seed(1)
c=r2.randint(2,size=10)
print('c is {}'.format(c))
```

執行結果如圖 13.2 所示。

b is [1 1 0 0 1 1 1 1 1 0]
c is [1 1 0 0 1 1 1 1 1 0]

▲圖 13.2

模擬 10000 次拋硬幣的試驗，並記錄試驗結果，程式如下：

```
#defaultdict 在科學計算中比 python 內建的字典 dict 更為常用
from collections import defaultdict
r=np.random
myDict=defaultdict(int)
info='TH'
for _ in range(10000):
    myDict[info[r.randint(2)]]+=1
myDict['T'],myDict['H']
```

運行結果如圖 13.3 所示。

$$(5018, 4982)$$

▲圖 13.3

關於 defaultdict：

（1）collections 是 python 的內建模組，提供了 list，dict，set，tuple 等容器的替代選擇。

（2）使用 dict 時，如果引用的「鍵」不存在，就會拋出 KeyError，如果希望「鍵」不存在時傳回一個預設值，就可以使用 defaultdict。defaultdict 是內建 dict 類別的子類別，它包含一個名為 default_factory 的屬性 defaultdict(default_factory[,…])，建構時，第一個參數為該屬性提供初值，預設為 None，其他參數及使用方法與 dict 相同。default_factory 常設定為 python 的內建類型 str、int、list 或 dict，這些內建類型在沒有參數呼叫時傳回空類型：''、0、[]、{}，程式如下：

```
dict1=defaultdict(int)
dict1['abc']   #為'abc'提供預設值 0
dict1
```

運行結果如圖 13.4 所示。

$$\text{defaultdict(int, \{'abc': 0\})}$$

▲圖 13.4

上述程式中的 randint() 函數也可換成 choice() 函數，如下所示：

```
myDict_another=defaultdict(int)
info='TH'
for _ in range(10000):
   #np.random.choice([m,n],p=[p1,p2])表示以機率 p1 選取數 m,以機率 p2 選取
n,其中 p1+p2=1
     myDict_another[info[np.random.choice([0,1],p=[0.5,0.5])]]+=1
myDict_another['T'],myDict_another['H']
```

運行結果如圖 13.5 所示。

$$(5007, 4993)$$

▲圖 13.5

◉ 13.2 樣本空間、隨機事件

我們把隨機試驗所有可能結果組成的集合稱為樣本空間,如投擲硬幣的樣本空間為{'T','H'};樣本空間的子集稱為隨機事件。由於隨機事件的本質是集合,所以隨機事件之間的關係和運算就可以轉化為集合之間的關係和運算,本節使用 python 探究集合之間的運算。

把 26 個大寫英文字母組成的集合作為全集 *S_ALL*,程式如下:

```
#新建一個空集
S_ALL=set()
#將整數 65~90 轉換成 Unicode 字元,增加到集合 S_ALL 中
for i in range(65,91):
    #為集合增加元素時使用 add()函數
    S_ALL.add(chr(i))
print(S_ALL)
```

執行結果如圖 13.6 所示。

{'G', 'Z', 'N', 'M', 'T', 'S', 'D', 'O', 'U', 'Y', 'E', 'C', 'V',

'W', 'X', 'R', 'I', 'F', 'P', 'L', 'B', 'H', 'J', 'Q', 'A', 'K'}

▲圖 13.6

取全集的兩個子集 *S_1* 和 *S_2*,程式如下:

```
import numpy as np
r=np.random
r.seed(0)
```

```
S_1=set()
S_2=set()
for i in range(18):
    S_1.add(chr(r.randint(65,91)))
    S_2.add(chr(r.randint(65,91)))
print(S_1)
print(S_2)
```

運行結果如圖 13.7 所示。

```
{'M', 'T', 'G', 'S', 'X', 'D', 'H', 'Y', 'F', 'P', 'V', 'J', 'N'}
{'G', 'B', 'R', 'D', 'H', 'O', 'Z', 'I', 'Y', 'U', 'P', 'E', 'V', 'J', 'A', 'Q', 'F'}
```

▲圖 13.7

注意集合中的元素互不相同。

求集合 *S_1* 與 *S_2* 的交集有兩種方法，程式如下：

```
print(S_1.intersection(S_2))
print(S_1&S_2)
```

運行結果如圖 13.8 所示。

```
{'G', 'D', 'H', 'Y', 'F', 'P', 'V', 'J'}
{'G', 'D', 'H', 'Y', 'F', 'P', 'V', 'J'}
```

▲圖 13.8

同理，求兩個集合的聯集，程式如下：

```
print(S_1.union(S_2))
print(S_1|S_2)
```

運行結果如圖 13.9 所示。

```
{'G', 'X', 'R', 'Z', 'I', 'F', 'Q', 'P', 'N', 'M', 'T', 'S', 'B', 'D', 'H', 'O', 'Y', 'U', 'E', 'V', 'J', 'A'}
{'G', 'X', 'R', 'Z', 'I', 'F', 'Q', 'P', 'N', 'M', 'T', 'S', 'B', 'D', 'H', 'O', 'Y', 'U', 'E', 'V', 'J', 'A'}
```

▲圖 13.9

兩個集合差集的求法，程式如下：

```
print(S_1.difference(S_2))
print(S_1-S_2)
```

運行結果如圖 13.10 所示。

$$\{'M', 'T', 'S', 'X', 'N'\}$$
$$\{'M', 'T', 'S', 'X', 'N'\}$$

▲圖 13.10

兩個集合對稱差（兩個集合的聯集減去這兩個集合的交集）的求法，程式如下：

```
print((S_1|S_2)-(S_1&S_2))
print(S_1.symmetric_difference(S_2))
```

運行結果如圖 13.11 所示。

```
{'E', 'X', 'B', 'N', 'I', 'M', 'T', 'Z', 'R', 'O', 'Q', 'A', 'U', 'S'}
{'S', 'B', 'N', 'T', 'Z', 'E', 'X', 'M', 'R', 'U', 'I', 'O', 'Q', 'A'}
```

▲圖 13.11

最後，驗證德摩根定律，程式如下：

```
S_ALL-(S_1|S_2)==(S_ALL-S_1)&(S_ALL-S_2),\
S_ALL-(S_1&S_2)==(S_ALL-S_1)|(S_ALL-S_2)
```

運行結果如圖 13.12 所示。

```
(True, True)
```

▲圖 13.12

註釋：程式過長需換行時，可使用'\'換行。

▶ 13.3 頻率與機率

頻率描述事件發生的頻繁程度。當重複試驗的次數逐漸增大時，事件發生的頻率逐漸穩定於某個常數，這種現象稱為「頻率的穩定性」，即通常所說的統計規律性。來看兩個例子：

【例 13.1】模擬拋硬幣的試驗。將硬幣拋擲 10 次，100 次，1000 次，10000 次，100000 次，1000000 次，觀察正面向上(H)的頻率。

程式如下：

```
import numpy as np
from collections import defaultdict
test_times=[10,100,1000,10000,100000,1000000]
r=np.random
r.seed(0)
for i in range(len(test_times)):
    occur_H_times=0
    for _ in range(test_times[i]):
        is_H=r.randint(0,2)
        if is_H:   #is_H 為 1 時表示正面向上
            occur_H_times+=1    #正面向上的次數加 1
    print('總試驗次數為{},H 發生的頻數為{},頻率為{}'\
    .format(test_times[i],occur_H_times,\
np.round(occur_H_times/test_times[i],5)))
```

運行結果如圖 13.13 所示。

總試驗次數為10,H發生的頻數為8,頻率為0.8
總試驗次數為100,H發生的頻數為52,頻率為0.52
總試驗次數為1000,H發生的頻數為494,頻率為0.494
總試驗次數為10000,H發生的頻數為5091,頻率為0.5091
總試驗次數為100000,H發生的頻數為49908,頻率為0.49908
總試驗次數為1000000,H發生的頻數為499489,頻率為0.49949

▲ 圖 13.13

np.round(x，decimals=0)傳回浮點數 x 指定小數位數的四捨五入值，參數 decimals 缺失時，傳回四捨五入後的整數。

【例 13.2】讀取英文原著《Les Miserables》(悲慘世界)，統計每個字母(A~Z)出現的頻率。

原著的 txt 檔案和本章的資源檔在同一目錄，如圖 13.14 所示。

▲ 圖 13.14

解 首先統計每個字母出現的頻率，程式如下：

```python
from collections import defaultdict
chars_num=0.
myDict=defaultdict(int)
with open("Les Miserables.txt") as f:    #打開檔案並將其命名為 f
    ftext = f.read()    #讀取檔案全部內容，以 str 類型存入 ftext 中
for i in range(len(ftext)):
    char=ftext[i].upper()    #將字元改寫為大寫形式,便於統計
    if char>='A' and char<='Z':    #判斷是否為大寫英文字母
        myDict[char]+=1    #統計每個字母出現的次數
        chars_num+=1.0    #統計字母的總個數
print("The total chars_num is {}".format(chars_num))
print(myDict)
```

運行結果如圖 13.15 所示。

```
The total chars_num is 2668506.0
defaultdict(<class 'int'>, {'P': 45025, 'R': 155953, 'E': 350204,
 'F': 59287, 'A': 218220, 'C': 70324, 'S': 171145, 'O': 194394,
 'L': 104824, 'N': 178921, 'G': 51034, 'T': 247905, 'H': 186855,
 'X': 4144, 'I': 184082, 'B': 39687, 'Y': 41146, 'V': 27421, 'U': 7
1744, 'W': 59832, 'D': 114858, 'M': 65472, 'Z': 2018, 'K': 15324,
 'J': 6031, 'Q': 2656})
```

▲ 圖 13.15

上述輸出結果雜亂無章，不便於分析，我們把結果按字母出現的頻數由高
到低進行排序，程式如下：

```
#對字典排序
from operator import itemgetter
#參數 key=itemgetter(1)，1 表示按值排序；0 為按鍵排序
sorted_dict=sorted(myDict.items(),key=itemgetter(1),reverse=True)
for i in range(len(sorted_dict)):
    print('字母 \'{}\' 發生的頻數為：{}，頻率為：{}'\
        .format(sorted_dict[i][0],sorted_dict[i][1],\
            np.round(sorted_dict[i][1]/chars_num,5)))
```

運行結果如圖 13.16 所示。

```
字母 'E' 發生的頻數為： 350204, 頻率為： 0.13124
字母 'T' 發生的頻數為： 247905, 頻率為： 0.0929
字母 'A' 發生的頻數為： 218220, 頻率為： 0.08178
字母 'O' 發生的頻數為： 194394, 頻率為： 0.07285
字母 'H' 發生的頻數為： 186855, 頻率為： 0.07002
字母 'I' 發生的頻數為： 184082, 頻率為： 0.06898
字母 'N' 發生的頻數為： 178921, 頻率為： 0.06705
字母 'S' 發生的頻數為： 171145, 頻率為： 0.06414
字母 'R' 發生的頻數為： 155953, 頻率為： 0.05844
字母 'D' 發生的頻數為： 114858, 頻率為： 0.04304
字母 'L' 發生的頻數為： 104824, 頻率為： 0.03928
字母 'U' 發生的頻數為： 71744, 頻率為： 0.02689
字母 'C' 發生的頻數為： 70324, 頻率為： 0.02635
字母 'M' 發生的頻數為： 65472, 頻率為： 0.02454
字母 'W' 發生的頻數為： 59832, 頻率為： 0.02242
字母 'F' 發生的頻數為： 59287, 頻率為： 0.02222
字母 'G' 發生的頻數為： 51034, 頻率為： 0.01912
字母 'P' 發生的頻數為： 45025, 頻率為： 0.01687
字母 'Y' 發生的頻數為： 41146, 頻率為： 0.01542
字母 'B' 發生的頻數為： 39687, 頻率為： 0.01487

字母 'V' 發生的頻數為： 27421, 頻率為： 0.01028
字母 'K' 發生的頻數為： 15324, 頻率為： 0.00574
字母 'J' 發生的頻數為： 6031, 頻率為： 0.00226
字母 'X' 發生的頻數為： 4144, 頻率為： 0.00155
字母 'Q' 發生的頻數為： 2656, 頻率為： 0.001
字母 'Z' 發生的頻數為： 2018, 頻率為： 0.00076
```

▲圖 13.16

註釋：

（1）operator 模組提供的 itemgetter()函數傳回一個可呼叫物件，用來獲取運算物件的某些項，其用法程式如下：

```
r=[2,3,4]
f=itemgetter(1)    #定義用於獲取第 1 項的可呼叫物件 f
f(r)    #取出串列 r 中第 1 項的值 r[1]
```

運行如圖 13.17 所示。

3

▲圖 13.17

（2）items()方法以串列形式傳回可遍歷的「（鍵，值）」元組陣列。

（3）sorted()函數用來排序，sorted(iterable, key=None, reverse=False)傳回一個新的串列，其中包含可迭代物件資料 iterable 中的所有項目，並按昇冪排列。參數 key 可傳入一個函數或 lambda 函數，也可以取 itemgetter，指定按待排序元素的哪一項進行排序，reverse 預設為 False，當設定為 Ture 時，傳回結果按降冪排列。

本例的統計是有意義的，我們可以觀察字母出現的頻率與其在鍵盤上的位置的大致關係，頻率較高的字母應該出現在手指最容易碰觸的位置。

基於頻率的穩定性，我們讓試驗重複大量次數，計算事件的頻率，用它來表示事件發生的可能性大小是合適的，這便是機率的近似計算方法。

▶ 13.4 古典機率

滿足以下兩個特點的試驗稱為古典機率：

（1）試驗的樣本空間中只包含有限個元素；
（2）試驗中每個基本事件發生的可能性相同。

古典機率中事件機率的計算有其特有的公式：

$$P(A) = \frac{A包含的基本事件個數 n_A}{樣本空間中基本事件總數 n}$$

本節我們比較大量重複試驗的情況下事件發生的頻率與事件發生的機率之間的差異，以檢驗頻率作為機率近似的合理性。

【例 13.3】將一枚硬幣拋擲三次。事件 A_1 為「恰有一次出現正面」，事件 A_2 為「至少有一次出現正面」，求兩事件發生的機率。

解 由古典機率機率計算公式可得：

$$P(A_1) = \frac{3}{8}, P(A_2) = \frac{7}{8}$$

現將「一枚硬幣拋擲三次」的試驗重複進行 100000 次，計算兩事件發生的頻率，程式如下：

```
from collections import defaultdict
import numpy as np
test_times=100000
ex_1_dict=defaultdict(int)
r=np.random
r.seed(1)
for _ in range(test_times):
    test=r.randint(2,size=3)    #1 表示出現正面，0 為反面
    if sum(test)==1:ex_1_dict['==1']+=1
    if sum(test)>0:ex_1_dict['>=1']+=1
ex_1_dict['==1']/test_times,ex_1_dict['>=1']/test_times
```

運行結果如圖 13.18 所示。

(0.37531, 0.87387)

▲ 圖 13.18

從輸出結果可以看到，100000 次試驗下，兩事件發生的頻率與兩事件發生的機率是非常接近的。我們也可以嘗試建構試驗的樣本空間並統計兩事

件中包含的基本事件個數，程式如下：

```
import numpy as np
S=set()
one_coin_result=['T','H']
r=np.random
r.seed(1)
for _ in range(1000):
    outcome=''
    for i in range(3):
        outcome+=one_coin_result[r.randint(2)]
    S.add(outcome)
S
```

運行結果如圖 13.19 所示。

{'HHH', 'HHT', 'HTH', 'HTT', 'THH', 'THT', 'TTH', 'TTT'}

▲圖 13.19

上述程式將「一枚硬幣拋擲三次」的試驗重複進行了 1000 次，並把所有可能發生的結果放入集合 S 中，S 就組成了該試驗的樣本空間，共包含 8 個基本事件。接下來統計兩事件 A_1 及 A_2 中包含的基本事件個數，程式如下：

```
only_1_H=0
at_least_1_H=0
for s in S:
    count_H=list(s).count('H')    #統計 H 的個數
    if count_H==1:only_1_H+=1
    if count_H>0:at_least_1_H+=1
only_1_H,at_least_1_H
```

運行結果如圖 13.20 所示。

(3, 7)

▲圖 13.20

事件 A_1 中包含 3 個基本事件，A_2 中包含 7 個。

【例 13.4】一個口袋裝有 6 顆球，其中 4 顆白球，2 顆紅球。從袋中取球兩次，每次隨機地取一顆。試分別就放回抽樣與不放回抽樣兩種情況求：（1）取到的兩顆球都是白球的機率；（2）取到的兩顆球顏色相同的機率；（3）取到的兩顆球中至少有一顆是白球的機率。

解 將「從袋中取球兩次，每次隨機地取一顆」的試驗重複進行 100000 次，計算放回抽樣與不放回抽樣兩種情況下上述三個事件發生的頻率，程式如下：

```
from collections import defaultdict
import numpy as np
test_times=100000
r=np.random
r.seed(1)
ex_2_dict=defaultdict(int)
for _ in range(test_times):
    Balls=['W']*4+['R']*2   #4 個 W 與 2 個 R 組成的串列
    first_replacement,second_replacement=\
    Balls[r.randint(len(Balls))],Balls[r.randint(len(Balls))]
    if first_replacement=='W' and second_replacement=='W':
        ex_2_dict['ww_r']+=1   #有放回時，抽到兩顆球都是白球的次數
    if first_replacement==second_replacement:
        ex_2_dict['wr_r']+=1   #有放回時，抽到兩顆球顏色相同的次數
    if first_replacement=='W' or second_replacement=='W':
        ex_2_dict['wx_r']+=1   #有放回時，兩顆至少一顆是白球的次數
    first_not_replacement=Balls[r.randint(len(Balls))]
    Balls.remove(first_not_replacement)   #將第一次抽到的球剔除
    second_not_replacement=Balls[r.randint(len(Balls))]
    if first_not_replacement=='W' and second_not_replacement=='W':
        ex_2_dict['ww_nr']+=1   #無放回時，抽到兩顆球都是白球的次數
    if first_not_replacement==second_not_replacement:
        ex_2_dict['wr_nr']+=1   #無放回時，抽到兩顆球顏色相同的次數
    if first_not_replacement=='W' or second_not_replacement=='W':
        ex_2_dict['wx_nr']+=1    #無放回時，兩顆至少一顆是白球的次數
```

```
#將 list 轉為 np.array 以行顯示資料，更規範
np.array([ex_2_dict['ww_r'],ex_2_dict['wr_r'],ex_2_dict['wx_r']
,ex_2_dict['ww_nr'],ex_2_dict['wr_nr'],ex_2_dict['wx_nr']])/test_tim
es
```

運行結果如圖 13.21 所示。

```
array([0.4432 , 0.55434, 0.88886, 0.39806, 0.46574, 0.93232])
```

▲圖 13.21

事件發生的機率的理論值計算，程式如下：

```
np.round(np.array([4/6*4/6,4/6*4/6+2/6*2/6,1-
1/9,4/6*3/5,4/6*3/5+2/6*1/5,1-2/6*1/5]),5)
```

運行結果如圖 13.22 所示。

```
array([0.44444, 0.55556, 0.88889, 0.4    , 0.46667, 0.93333])
```

▲圖 13.22

差異都控制在小數點的第三位以後。

【例 13.5】計算一個班同學，至少有兩人生日在同一天的機率。

解 分別計算班級人數從 20 至 100 時對應的機率近似值，並繪製機率隨人數變化的折線圖，程式如下：

```
from collections import defaultdict
import numpy as np
import matplotlib.pyplot as plt
r=np.random
r.seed(1)
probabilities=[]
number_classmates=list(range(20,101))
test_times=10000
ex_3_dict=defaultdict(int)
for n in range(20,101):
```

```
    for _ in range(test_times):
        birthdays=r.randint(365,size=n)
        if len(set(birthdays))<n:    #將串列強制轉為集合可消除重複元素
            ex_3_dict[n]+=1
    probabilities.append(ex_3_dict[n]/test_times)
plt.plot(number_classmates,probabilities)
plt.xlabel('number of classmates')
plt.ylabel('probability of having the same birthday')
plt.show()
```

圖形輸出如圖 13.23 所示。

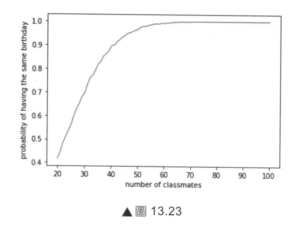

▲ 圖 13.23

從輸出結果可以看到，班級人數在 60 人以上時，至少兩人生日相同的機率便與 1 相差無幾。

【例 13.6】在 1~2000 的整數中隨機地取一個數，問取到的整數即不能被 6 整除，又不能被 8 整除的機率是多少圖

解 該題可直接使用古典機率的機率計算公式，程式如下：

```
nums=list(range(1,2001))
original_length=len(nums)
#剔除可以被 6 或 8 整除的整數
for element in nums:
if element%6==0 or element%8==0:
```

```
#remove(a)將 a 從串列中刪除
        nums.remove(element)
len(nums)/original_length
```

執行結果如圖 13.24 所示。

0.75

▲ 圖 13.24

使用機率計算公式求事件機率時，免不了會遇到組合、排列以及階乘的計算，本節最後簡單介紹幾個對應的函數，程式如下：

```
from scipy.special import comb,perm
from math import factorial
#C(5,2),P(5,3),6!
comb(5,2),perm(5,3),factorial(6)
```

執行結果如圖 13.25 所示。

(10.0, 60.0, 720)

▲ 圖 13.25

scipy 是基於 python 的 numpy 擴充建構的數學演算法和函數的工具套件，它可用於統計、最佳化、線性代數、傅立葉轉換、訊號和影像處理及常微分方程求數值解等方面，我們會在後面用到時對它的某些功能做詳細介紹。

組合數和排列數在科學計算中並不是整數類型，程式如下：

```
comb(100,50)
```

運行結果如圖 13.26 所示。

1.0089134454556415e+29

▲ 圖 13.26

◉ 13.5 條件機率

條件機率考慮的是事件 A 已經發生的情況下事件 B 的機率，記為
P(B|A)，它是機率論中一個重要而實用的概念。條件機率的計算可使用縮
減樣本空間法或直接套用條件機率計算公式：

$$P(B \mid A) = \frac{P(AB)}{P(A)}$$

【例 13.7】拋擲硬幣，觀察其出現正反面的情況：

試驗 1：一枚硬幣拋擲兩次。設事件 A_1 為「至少有一次為 H」，事件 B_1
為「兩次擲出同一面」，求事件 A_1 已經發生的條件下事件 B_1 發生的機
率。

試驗 2：一枚硬幣拋擲三次。設事件 A_2 為「至少兩次為 H」，事件 B_2 為
「三次為 H」，求事件 A_2 已經發生的條件下事件 B_2 發生的機率。

解 使用隨機試驗法，將試驗 1 與 2 各重複進行 10000 次，統計上述四個
事件發生的次數，程式如下：

```
from collections import defaultdict
import numpy as np
test_times=10000
ex_1_dict=defaultdict(lambda:[0]*2) #見註釋
r=np.random
r.seed(0)
for _ in range(test_times):
    two_0_1=r.randint(2,size=2)
    three_0_1=r.randint(2,size=3)
    if sum(two_0_1)>0:
        ex_1_dict['1x'][0]+=1
        if two_0_1[0]==two_0_1[1]:
            ex_1_dict['1x'][1]+=1
    if sum(three_0_1)>1:
        ex_1_dict['11x'][0]+=1
```

```
    if sum(three_0_1)==3:
        ex_1_dict['11x'][1]+=1
ex_1_dict['1x'],ex_1_dict['11x']
```

運行結果如圖 13.27 所示。

$$([7491, 2458], [5029, 1273])$$

▲ 圖 13.27

註釋：defaultdict(lambda:[0]*2)給字典的「鍵」預設給予值為一個串列 [0,0]，因為要傳入索引，所以這裡需使用關鍵字 lambda，這是字典的值 為串列時的特定用法，請讀者務必掌握。

上述兩個條件機率的近似值計算，程式如下：

```
ex_1_dict['1x'][1]/ex_1_dict['1x'][0],\
ex_1_dict['11x'][1]/ex_1_dict['11x'][0]
```

運行結果如圖 13.28 所示。

$$(0.32812708583633693, 0.2531318353549413)$$

▲ 圖 13.28

【例 13.8】一盒子內裝有 4 顆乒乓球，其中有 3 顆一等品，1 顆二等品。 從中取球兩次，每次任取一顆，做不放回抽樣。設事件 A 為「第一次取 到的是一等品」，事件 B 為「第二次取到的是一等品」。試求條件機率 P(B|A)。

解 試驗重複進行 200 次，統計樣本空間 S 以及事件 A，AB 中包含的基 本事件個數，程式如下：

```
import numpy as np
samples=set()
r=np.random
r.seed(0)
```

```
test_times=200
for _ in range(test_times):
    #1,2,3 為正品,0 為次品
    describes=list('1230') #註釋 (1)
    first=describes[r.randint(4)]
    #不放回抽樣
    describes.remove(first)
    second=describes[r.randint(3)]
    samples.add(first+second) #註釋 (2)
#S,A,AB 中包含的事件個數
len(samples),sum([1 if s[0]!='0' else 0 for s in samples]),\
sum([1 if int(s[0])*int(s[1]) else 0 for s in samples]) #註釋 (3)
```

運行結果如圖 13.29 所示。

$$(12, 9, 6)$$

▲圖 13.29

註釋:

(1) list('1230')將字串'1230'轉化為串列['1', '2', '3', '0'],串列中的每個元素都是字元。

(2) first+second 實現字串的拼接。

(3) 輸出事件 A 與 AB 包含的基本事件個數時使用了串列解析式。串列解析式是 python 迭代機制的一種應用,它使用已有串列,高效建立新串列。串列解析式分無條件子句與有條件子句兩種形式,對應的語法結構為[expression for iter_val in iterable],[expression for iter_val in iterable if cond_expr]或[expression if cond_expr else expression for iter_val in iterable]。需要注意的是,在有條件子句時,如果條件子句在 for 前面,必須帶上 else,條件子句在 for 後面時,不帶 else。上述程式中的串列解析式可作等值替換,程式如下:

```
sum([1 for s in samples if s[0]!='0']),\
sum([1 for s in samples if int(s[0])*int(s[1])])
```

運行結果如圖 13.30 所示。

(9，6)

▲ 圖 13.30

套用條件機率計算公式，可得：

$$P(B \mid A) = \frac{P(AB)}{P(A)} = \frac{6/12}{9/12} = \frac{2}{3}$$

【例 13.9】某工廠所用元件是由三家元件製造廠提供的。據以往的記錄有以下的資料，如表 13.1 所示。

表 13.1

元件製造廠	次品率	提供元件的百分比
1	0.02	0.15
2	0.01	0.80
3	0.03	0.05

設這三家工廠的產品在倉庫中是均勻混合的，且無區別的標識。（1）在倉庫中隨機地取一隻元件，求它是次品的機率；（2）在倉庫中隨機地取一隻元件，若已知取到的是次品，為分析此次品出自何廠，需求出此次品由三家工廠生產的機率分別是多少。試求這些機率。

解 按工廠的元件提供百分比模擬隨機取出 1000000 件元件，統計來自每廠的元件個數，合格品個數以及次品個數，程式如下：

```
from collections import defaultdict
import numpy as np
numbers_sampling=1000000
r=np.random
r.seed(0)
ex_3_dict=defaultdict(lambda:[0]*3)    #預設值為[0,0,0]
```

```
#每家工廠的合格率，次品率
qualityrate_dict={'1':[0.98,0.02],'2':[0.99,0.01],'3':[0.97,0.03]}
for _ in range(numbers_sampling):
    factory=r.choice(['1','2','3'],p=[.15,.8,.05]) #按元件提供百分比取
出
    ex_3_dict[factory][0]+=1   #統計來自每廠元件個數
    zero_one=r.choice([1,0],p=qualityrate_dict[factory]) #1 為合格品，
0 為次品
    ex_3_dict[factory][2-zero_one]+=1 #統計每廠合格品個數，次品個數
ex_3_dict
```

運行結果如圖 13.31 所示。

```
defaultdict(<function __main__.<lambda>()>,
            {'2': [799945, 791986, 7959],
             '3': [49923, 48346, 1577],
             '1': [150132, 147068, 3064]})
```

▲圖 13.31

註釋：輸出結果表明，1000000 件元件中有 150132 件來自製造廠 1，其中 147068 件合格品，3064 件次品，其餘資料可做類似解讀。

所求機率的近似值程式如下：

```
total=ex_3_dict['1'][2]+ex_3_dict['2'][2]+ex_3_dict['3'][2] #總次品數
np.round(np.array([total/numbers_sampling,ex_3_dict['1'][2]/total,\
        ex_3_dict['2'][2]/total,ex_3_dict['3'][2]/total]),5)
```

運行結果如圖 13.32 所示。

```
array([0.0126 , 0.24317, 0.63167, 0.12516])
```

▲圖 13.32

註釋：0.0126 是抽到次品的機率近似，0.24317，0.63167，0.12516 分別是次品來自三家工廠的機率近似，它們與使用全機率公式以及貝氏公式求出的實際機率值相差無幾。

▶ 13.6 獨立性

如果事件 A 的發生與否對事件 B 的發生沒有影響，我們有 $P(AB) = P(A)P(B)$，此時稱事件 A 與事件 B 相互獨立。

【例 13.10】甲、乙兩人進行乒乓球比賽，每局甲勝的機率為 $p, p \geq \dfrac{1}{2}$。問對甲而言，採用三戰二勝制有利，還是採用五戰三勝制有利。設各局勝負相互獨立。

解 採用三戰二勝制時，甲獲勝的情況有：「甲甲」、「乙甲甲」、「甲乙甲」，至少比賽兩局，且最後一局必須是甲勝，由獨立性得甲獲勝的機率為：

$$p_1 = p^2 + C_2^1 p^2 (1-p)$$

同理，可分析出五戰三勝制時，甲獲勝地機率為：

$$p_2 = p^3 + C_3^2 p^3 (1-p) + C_4^2 p^3 (1-p)^2$$

比較這兩個機率的大小，程式如下：

```
from scipy.special import comb
from sympy import symbols,solve,init_printing
init_printing()   #啟動環境中可用地最佳列印資源
p=symbols('p',positive=True) #變數 p 限定取正值
p1=p**2+comb(2,1)*p*p*(1-p)
p2=p**3+comb(3,2)*p*p*(1-p)*p+comb(4,2)*p*p*(1-p)*(1-p)*p
f=p1-p2
solve(f,p)    #預設 f=0，求 p 值
```

運行結果如圖 13.33 所示。

$$[0.5,\ 1.0]$$

▲ 圖 13.33

註釋：

（1）sympy 是 python 的符號計算函數庫，它支援以運算式的形式進行精確的數學運算而非近似計算，可進行符號計算，高精度計算，模式匹配，繪圖，解方程式，微積分，組合數學，離散數學，幾何學，機率與統計，物理學等方面的運算。

（2）sympy 中定義變數必須使用 symbols()或 Symbol()，其中僅定義一個變數時使用後者。symbols()函數可接收一系列由空格或逗點分隔的變數名稱串，並將其賦給對應的變數名稱，例如：x,y,z=symbols('x y z')，同時，對於所有新建變數，都可附上對應的限制條件。

（3）init_printing()功能在於啟動環境中可用最佳列印資源，每次輸出時不再需要 print()函數。

（4）求解 f=0 時的 p 值使用 solve()函數。solve(f,*symbols)中 f 可以是等於 0 的運算式、等式、關係式或它們的組合，symbols 是要求解的物件，可以是一個也可以是多個（用串列表示）。

從輸出結果來看 p 取 0.5 與 1 時，兩機率大小相同，對甲來說取哪種賽制都一樣，但 p=1 意味不論採取什麼賽制甲都必勝，我們不考慮這種情況。當 0.5<p<1 時，我們取個特殊值代入 f，判斷其符號，程式如下：

```
f.subs(p,0.6)
```

結果如圖 13.34 所示。

$$-0.03456$$

▲圖 13.34

註釋：求函數在某一點處的函數值，可以使用 subs()函數，它可將運算式中某個物件替換為其他物件，這裡將運算式 f 中的 p 替換為 0.6。

輸出值為負，這說明當 0.5<p<1 時，對甲來說五戰三勝制比三戰二勝制更有利。

進一步，我們可以探討高低水準隊員對三戰二勝賽制的渴望程度，程式如
下：

```
import numpy as np
import matplotlib.pyplot as plt
epsilon=1e-5
victory_rates=np.linspace(epsilon,1-epsilon,201)
eager_vals=[]
for rate in victory_rates:
    eager_vals.append(f.subs(p,rate))  #用 f 值表示對 3 局 2 勝賽制的渴望程
度
plt.plot(victory_rates,eager_vals)
plt.xlabel('Victory rate')
plt.ylabel('Eager to 3/2')
plt.show()
```

運行結果如圖 13.35 所示。

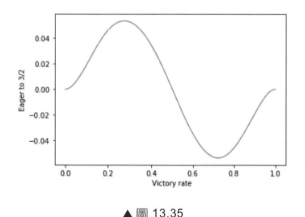

▲ 圖 13.35

由圖可知，勝率大致為 0.28 的選手對三戰二勝制的渴望程度達到最大(未
必就會贏得比賽)，而此時對方(勝率 0.72)最不渴望這種「殊死一搏」型
的賽制。

隨機變數及其分佈

▶ 14.1 隨機變數

有些隨機試驗的結果是用數表示的,有些不是。當試驗結果不是數值表示時,很難對其進行描述和研究,所以有必要將試驗結果數值化,這便是引入隨機變數的初衷。

【例 14.1】將一枚硬幣拋擲三次,觀察正面和反面出現的情況,樣本空間是 $S=\{HHH,HHT,HTH,THH,HTT,THT,TTH,TTT\}$。以 X 記三次投擲得到正面 H 的總數,那麼,對於樣本空間 S 中的每一個樣本點 e,X 都有一個數與之對應。X 是定義在樣本空間 S 上的實值單值函數,它的定義域是樣本空間 S,值域是實數集合 $\{0, 1, 2, 3\}$。這樣的 X 稱為隨機變數。

解 程式如下:

```
from collections import defaultdict
import numpy as np
result='TH'
#新建一個空集合,用於存放觀察結果
```

```
observations=set()
#numpy. random. RandomState()是一個虛擬亂數生成器，和設定 seed 的效果是一樣
的
np.random.RandomState(1)

#新建一個空字典，字典中不存在的"鍵"預設"值"為空集
X=defaultdict(set)
for _ in range(100):
    #生成長度為 3 的隨機數
    three_0_1=np.random.randint(2,size=3)
    #result[0]表示 T，result[1]表示 H，生成觀察結果
    observation=result[three_0_1[0]]+result[three_0_1[1]]+result[thr
ee_0_1[2]]
    #將觀察結果加入集合
    observations.add(observation)

    #以 H 出現個數作為"鍵"，將對應的觀察結果加入"值"集合中
    X[sum(three_0_1)].add(observation)

print('Samples space is {}.'.format(observations))
for i in (0,1,2,3):
    print('X({})={}'.format(i,X[i]))
```

運行結果如圖 14.1 所示。

```
Samples space is {'THH', 'THT', 'HTH', 'HHT', 'TTT', 'HTT', 'HHH', 'TTH'}.
X(0)={'TTT'}
X(1)={'THT', 'HTT', 'TTH'}
X(2)={'THH', 'HTH', 'HHT'}
X(3)={'HHH'}
```

▲圖 14.1

註釋：numpy.random.RandomState()是一個虛擬亂數生成器，和設定 seed
的效果是一樣的。

隨機變數按其設定值情況可分為離散型隨機變數與連續型隨機變數。離散
型隨機變數的設定值可以一一列舉，連續型隨機變數的設定值不能一一列
舉。

▶ 14.2 離散型隨機變數及其分佈律

要掌握一個離散型隨機變數 X 的統計規律，必須且只需知道 X 的所有可能設定值以及取每個可能值的機率。本節引入 scipy 的 stats 子模組介紹離散型隨機變數。

首先引入 stats，查看 stats 包含哪些離散型隨機變數的分佈,程式如下：

```
#引入stats，查看stats 包含哪些離散型隨機變數分佈
from scipy import stats
print([k for k,v in stats.__dict__.items() if isinstance(v,stats.rv_
discrete)])
```

運行結果如圖 14.2 所示。

```
['binom', 'bernoulli', 'betabinom', 'nbinom', 'geom', 'hypergeom', 'logser',
'poisson', 'planck', 'boltzmann', 'randint', 'zipf', 'dlaplace', 'skellam',
'yulesimon']
```

▲圖 14.2

這裡列出了 15 種離散型分佈，我們僅介紹其中的三種—bernoulli，binom，poisson。

14.2.1 （0-1）分佈

（0-1）分佈也叫伯努利（Bernoulli）分佈。設隨機變數 X 只可能取兩個值 0 和 1，它的分佈律是

$$P\{X=k\} = p^k (1-p)^{1-k}, k = 0,1 \quad (0 < p < 1),$$

則稱 X 服從參數為 p 的（0-1）分佈或伯努利分佈。scipy 中 bernoulli 對應（0-1）分佈，程式如下：

```
#引入bernoulli 分佈
from scipy.stats import bernoulli
p=0.3
```

```
#bernoulli(p)指參數為 p 的（0-1）分佈，如需多次呼叫可將其"凍結"起來，即賦給
rv，以簡化後方程式
rv=bernoulli(p)
#rv. rvs(size=10,random_state=0)從服從參數為 p 的（0-1）分佈中生成 10 個隨
機變數值，隨機種子為 0
rv.rvs(size=10,random_state=0)
```

運行結果如圖 14.3 所示。

```
array([0, 1, 0, 0, 0, 0, 0, 1, 1, 0])
```

▲圖 14.3

```
#100000 個隨機變數值中 1 所佔的比例
sum(rv.rvs(size=100000))/100000
```

執行結果如圖 14.4 所示。

```
0.30022
```

▲圖 14.4

14.2.2　二項分佈

設 X 為 n 重伯努利試驗中某事件 A 發生的次數，X 可取 k=0, 1, 2, …, n。
若 $P(A)$=p，則 X 的分佈律為：

$$P\{X = k\} = C_n^k p^k (1-p)^{n-k}, k = 0,1,2,\cdots,n$$

稱 X 服從參數為 n，p 的二項分佈。scipy 中 binom 對應二項分佈，使用方
法程式如下：

```
from scipy.stats import binom
n,p=5,0.3
x=[0,1,2,3,4,5]
# rv 服從參數為 n=5，p=0.3 的二項分佈
rv=binom(n,p)
#rv.pmf(x)傳回 rv 設定值為 0，1，2，3，4，5 時的機率值
rv.pmf(x)
```

執行結果如圖 14.5 所示。

```
array([0.16807, 0.36015, 0.3087 , 0.1323 , 0.02835, 0.00243])
```

註釋：pmf()是機率質量函數。rv 服從參數為 5，0.3 的二項分佈，rv.pmf(x)傳回隨機變數 rv 設定值為 0，1，2，3，4，5 時的機率值，與使用分佈律公式算得的值是一致的，程式如下：

```
#comb 用於計算組合數
from scipy.special import comb
n,p=5,0.3
for k in range(6):
    print('{:.5f}'.format(comb(n,k)*p**k*(1-p)**(n-k)),end=' ')
```

執行結果如圖 14.6 所示。

```
0.16807 0.36015 0.30870 0.13230 0.02835 0.00243
```

【例 14.2】某種型號電子元件的使用壽命如果超過 1500 小時，則為一級品。已知某一大批產品的一級品率為 0.2，現在從中隨機地抽查 20 只。問 20 只元件中恰有 k 只（k=0，1，…，10）為一級品的機率是多少？

解 由題意可得，20 只元件中一級品的只數服從參數為 20，0.2 的二項分佈，所求機率程式如下：

```
from scipy.stats import binom
n,p=20,0.2
rv=binom(n,p)
#用串列解析式生成串列
[(k,rv.pmf(k)) for k in range(11)]
```

運行結果如圖 14.7 所示。

```
[(0, 0.01152921504606847),
 (1, 0.057646075230342306),
 (2, 0.136909428672063),
 (3, 0.2053641430080944),
 (4, 0.21819940194610007),
 (5, 0.1745595215568796),
 (6, 0.109099700097304993),
 (7, 0.0545498504865252),
 (8, 0.022160876760150824),
 (9, 0.007386958920050272),
 (10, 0.002031413703013826)]
```

▲圖 14.7

進一步，我們可作上述結果的圖形，以對該結果有一個直觀的了解，程式如下：

```
import numpy as np
import matplotlib.pyplot as plt
x=np.arange(11)
#subplots 用於一個圖中需繪製多個子圖的情況
fig,ax=plt.subplots(1,1)
#繪製散點圖
ax.plot(x,rv.pmf(x),'ro',ms=8,label='binom pmf')
#繪製垂直線
ax.vlines(x,0,rv.pmf(x),colors='g',lw=5,alpha=0.5)
#增加圖例
ax.legend()
#顯示圖形
plt.show()
```

執行結果如圖 14.8 所示。

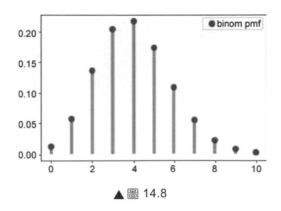

▲圖 14.8

註釋：

（1） subplots()函數傳回一個包含 figure 和 axes 物件的元組，因此，使用
fig,ax=plt.subplots()將元組分解為 fig 和 ax 兩個變數。fig 變數可用來
修改 figure 層級的屬性，ax 變數中儲存著子圖的可操作 axes 物件。

（2） ax.plot(x,rv.pmf(x),'ro',ms=8,label='binom pmf')使用紅色圓圈標記繪
製 x 與 rv.pmf(x)，標記大小為 8，標籤為 binom pmf。

（3） ax.vlines(x,0,rv.pmf(x),colors='g',lw=5,alpha=0.5)在 x 處繪製從 0 到
rv.pmf(x)的垂直線，線條顏色為綠色，線條寬度為 5，透明度為
0.5。

從圖形輸出結果可以看到，當 k 增加時，對應機率先是隨之增加，增大到
最大值（k=4 時）後單調減少。

【**例 14.3**】某人進行射擊，設每次射擊的命中率為 0.02，獨立射擊 400
次，試求至少擊中兩次的機率。

解 程式如下：

```
from scipy.stats import binom
#x 用於存放擊中次數
x=[0,1]
n,p=400,0.02
#sum([binom.pmf(k,n,p) for k in x])指"沒有擊中或只擊中一次"的機率
```

```
1-sum([binom.pmf(k,n,p) for k in x])
```

運行結果如圖 14.9 所示。

0.9971654733929229

▲圖 14.9

14.2.3 卜松分佈

設隨機變數 X 所有可能取的值為 $0，1，2，\cdots$，取各個值的機率為

$$P\{X=k\}=\frac{\lambda^k e^{-\lambda}}{k!}, k=0,1,2,\cdots,$$

其中 $\lambda > 0$ 是常數。則稱 X 服從參數為 λ 的卜松分佈。scipy 中 poisson 對應卜松分佈，程式如下：

```
from scipy.stats import poisson
lamda=0.3
#參數為 lamda 的卜松分佈
rv=poisson(lamda)
x=np.arange(5)
#rv 取 0 到 4 時所對應的機率
k_prbs=[[k,rv.pmf(k)] for k in x]
k_prbs,'Sum probability is {:.6f} from k=0 to k=4.' .format(np.sum(n
p.array(k_prbs)[:,1]))
```

運行結果如圖 14.10 所示。

```
([[0, 0.7408182206817179],
  [1, 0.22224546620451532],
  [2, 0.033336819930677296],
  [3, 0.0033336819930677277],
  [4, 0.00025002614948007934]],
 'Sum probability is 0.999984 from k=0 to k=4.')
```

▲圖 14.10

【例 14.4】某公司製造一種特殊型號的微晶片，次品率達 0.1%，各晶片成為次品相互獨立。求在 1000 只產品中至少有 2 只次品的機率。

解 由題可知，產品中的次品數服從參數為 n=1000，p=0.001 的二項分佈，這裡 *n* 很大，*p* 很小，該二項分佈可用參數為 *n*、*p* 的卜松分佈來逼近，我們嘗試驗證這一結論，程式如下：

```
from scipy.stats import binom
from scipy.stats import poisson
n,p=1000,0.001
rv_binom=binom(n,p)
lamda=1  # n*p=1
rv_poisson=poisson(lamda)
x=[0,1]
1-sum(rv_poisson.pmf(x)),1-sum(rv_binom.pmf(x))
```

運行結果如圖 14.11 所示。

(0.26424111765711533, 0.2642410869694465)

▲圖 14.11

從輸出結果可以看到，兩種分佈下所得機率相差無幾。

◉ 14.3 隨機變數的分佈函數

對於非離散型隨機變數 *X*，由於其可能的設定值不能一一列舉，因而就不能像離散型隨機變數那樣描述它。另外，非離散型隨機變數取某一指定值的機率往往為零，實際應用中我們更關心隨機變數落在某個區間的機率，所以引入隨機變數的分佈函數。

設 *X* 為一隨機變數，對任意實數 *x*，稱函數

$$F(x) = P\{X \le x\}$$

為 X 的分佈函數。scipy 中的 cdf()方法用來求累積分佈函數，即上述定義的分佈函數。來看三種離散型隨機變數的分佈函數。

14.3.1　（0-1）分佈的分佈函數

0-1 分佈的累積分佈函數，程式如下：

```
from scipy.stats import bernoulli
p=0.3
rv=bernoulli(p)
x=[0,1]
#機率質量函數 pmf，機率累積函數 cdf
rv.pmf(x),rv.cdf(x)
```

運行結果如圖 14.12 所示。

$$(array([0.7, 0.3]), array([0.7, 1.]))$$

▲ 圖 14.12

註釋：

$$F(0) = P\{X \leq 0\} = P\{X = 0\} = 0.7$$
$$F(1) = P\{X \leq 1\} = P\{X = 0\} + P\{X = 1\} = 1$$

14.3.2　二項分佈

二項式分佈的累積機率分佈,程式如下：

```
from scipy.stats import binom
n,p=5,0.3
x=range(6)
rv=binom(n,p)
print(rv.pmf(x))
print(rv.cdf(x))
```

運行結果如圖 14.13 所示。

```
[0.16807 0.36015 0.3087  0.1323  0.02835 0.00243]
[0.16807 0.52822 0.83692 0.96922 0.99757 1.      ]
```

▲ 圖 14.13

註釋：

$$F(0) = P\{X \le 0\} = P\{X = 0\} = 0.16807$$
$$F(1) = P\{X \le 1\} = P\{X = 0\} + P\{X = 1\} = 0.16807 + 0.36015 = 0.52822$$
......
$$F(5) = P\{X \le 5\} = P\{X = 0\} + \cdots + P\{X = 5\} = 0.16807 + \cdots + 0.00243 = 1$$

14.3.3 卜松分佈

卜松分佈的累積機率分佈函數使用方法，程式如下：

```
from scipy.stats import poisson
lamda=3.0
rv=poisson(lamda)
x=range(6)
print(rv.pmf(x))
print(rv.cdf(x))
```

運行結果如圖 14.14 所示。

```
[0.04978707 0.14936121 0.22404181 0.22404181 0.16803136 0.10081881]
[0.04978707 0.19914827 0.42319008 0.64723189 0.81526324 0.91608206]
```

▲ 圖 14.14

註釋：

$$F(0) = P\{X \le 0\} = P\{X = 0\} = 0.04978707$$
$$F(1) = P\{X \le 1\} = P\{X = 0\} + P\{X = 1\} = 0.04978707 + 0.14936121 = 0.19914827$$
......
$$F(5) = P\{X \le 5\} = P\{X = 0\} + \cdots + P\{X = 5\} = 0.04978707 + \cdots + 0.10081881 = 0.91608206$$

最後，簡單提一下，scipy 中的百分位點函數 ppf()是 cdf()的反函數，相當於已知 $f(x)$ 的值，求 x。在上述程式的基礎上使用 ppf()的結果，程式如下：

```
#百分位點函數 ppf()是 cdf()的反函數
rv.ppf(rv.cdf(x))
```

運行結果如圖 14.15 所示。

```
array([0., 1., 2., 3., 4., 5.])
```

▲圖 14.15

◎ 14.4 連續型隨機變數及其機率密度

設隨機變數 X 的分佈函數為 $F(x)$，如果存在一個非負函數 $f(x)$，使得對任意實數 x，有

$$F(x) = \int_{-\infty}^{x} f(t)dt$$

則稱 X 為連續型隨機變數，且稱 $f(x)$ 為 X 的機率密度函數。

下面介紹三種重要的連續型隨機變數。

14.4.1 均勻分佈

如果連續型隨機變數的機率密度函數為：

$$f(x) = \begin{cases} \dfrac{1}{b-a}, a < x < b, \\ 0, \quad 其他 \end{cases}$$

則稱 X 在區間 (a,b) 上服從均勻分佈。機率密度函數在邊界 a 和 b 處的設定值通常是不重要的，因為它們不改變任何 $f(x)\mathrm{d}x$ 的積分值。上述機率密

度函數也寫為

$$f(x) = \begin{cases} \dfrac{1}{b-a}, a \le x \le b, \\ 0, \qquad \text{其他} \end{cases}$$

稱 X 在區間 $[a,b]$ 上服從均勻分佈。scipy 中的 uniform()對應均勻分佈,其用法程式如下:

```python
from scipy.stats import uniform
import numpy as np
#生成從 0 到 1.2(包含 1.2)等間隔的 7 個數
x=np.linspace(0,1.2,7)
#rv 為[0,1]區間上的均勻分佈
rv=uniform()
print(x)
#機率密度函數 pdf,僅適用於連續型隨機變數
print(rv.pdf(x))
print(rv.cdf(x))
print(rv.ppf(rv.cdf(x)))
```

運行結果如圖 14.16 所示。

```
[0.  0.2 0.4 0.6 0.8 1.  1.2]
[1. 1. 1. 1. 1. 1. 0.]
[0.  0.2 0.4 0.6 0.8 1.  1. ]
[0.  0.2 0.4 0.6 0.8 1.  1. ]
```

▲ 圖 14.16

註釋:

(1) uniform()沒有參數時,預設為標準均勻分佈,即[0,1]區間上的均勻分佈;帶有參數 loc 與 scale 時,表示[loc,loc+scale]區間上的均勻分佈。

(2) pdf()是機率密度函數,僅適用於連續型隨機變數。

(3) 累積分佈函數 cdf()以及百分位點函數 ppf()對於連續型隨機變數依舊適用。但機率質量函數 pmf()不適用於連續型,僅適用於離散型隨機變數。

【例 14.5】設電阻值 R 是一個隨機變數，均勻分佈在 $900\,\Omega$-$1100\,\Omega$。求 R 落在 $950\,\Omega$-$1050\,\Omega$ 的機率。

解 程式如下：

```
from scipy.stats import uniform
#[loc,loc+scale]區間上的均勻分佈
rv=uniform(loc=900,scale=200)
#rv 設定值落在區間[950,1050]的機率
rv.cdf(1050)-rv.cdf(950)
```

運行結果如圖 14.17 所示。

0.5

▲圖 14.17

14.4.2 指數分佈

若連續型隨機變數 X 的機率密度為

$$f(x)=\begin{cases}\dfrac{1}{\theta}e^{-x/\theta}, & x>0\\ 0, & 其他\end{cases}$$

其中 $\theta>0$ 為常數，則稱 X 服從參數為 θ 的指數分佈。scipy 中的 expon 對應指數分佈，其用法程式如下：

```
from scipy.stats import expon
#expon()參數缺失時，預設為參數為 1 的指數分佈
rv=expon()
rv.pdf(1),rv.cdf(3),rv.ppf(0.5)
```

執行結果如圖 14.18 所示。

(0.36787944117144233, 0.950212931632136, 0.6931471805599453)

▲圖 14.18

註釋：expon()中參數 scale 可用來接收 θ 值，預設 scale=1，參數 loc 預設值為 0。

我們繪製 $\theta=\dfrac{1}{3}$，$\theta=1$，$\theta=2$ 時的機率密度函數 $f(x)$ 的影像，程式如下：

```
from scipy.stats import expon
import numpy as np
import matplotlib.pyplot as plt
x=np.linspace(0,5,200)
thetas=[1/3,1,2]
for i in range(len(thetas)):
    rv=expon(scale=thetas[i])    #scale 接收參數值
    #繪製機率密度曲線
    plt.plot(x,rv.pdf(x),label='theta={:.3f}'.format(thetas[i]))
plt.legend()
plt.show()
```

運行結果如圖 14.19 所示。

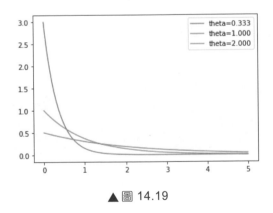

▲ 圖 14.19

14.4.3 正態分佈

若連續型隨機變數 X 的機率密度函數為

$$f(x) = \frac{1}{\sqrt{2\pi}\sigma} e^{-\frac{(x-\mu)^2}{2\sigma^2}}, -\infty < x < \infty$$

其中 $\mu, \sigma(\sigma > 0)$ 為常數，則稱 X 服從參數為 μ, σ 的正態分佈。特別，當 $\mu=0$，$\sigma=1$ 時，稱隨機變數 X 服從標準正態分佈。scipy 中的 norm 對應正態分佈，norm 中的參數 loc 用於接收 μ 值，scale 用於接收 σ 值，預設 loc=0，scale=1，即當參數缺失時，norm()表示標準正態分佈。

繪製標準正態分佈的機率密度函數以及分佈函數的影像，程式如下：

```
from scipy.stats import norm
import numpy as np
import matplotlib.pyplot as plt

#rv 為標準正態分佈
rv=norm()
x=np.linspace(-3.5,3.5,141)
pdf_x=rv.pdf(x)
cdf_x=rv.cdf(x)

#繪製一行兩列的子圖
fig,(ax1,ax2)=plt.subplots(1,2,figsize=(9,4))

#繪製標準正態分佈的機率密度影像
ax1.plot(x,pdf_x)
ax1.set_xlabel('x')
ax1.set_ylabel('f(x)')
ax1.set_title('pdf of Standard Norm')

#繪製標準正態分佈的累積分佈影像
ax2.plot(x,cdf_x)
ax2.set_xlabel('x')
ax2.set_ylabel('F(x)')
ax2.set_title('cdf of Standard Norm')

plt.show()
```

運行結果如圖 14.20 所示。

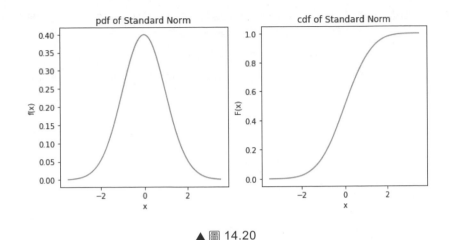

▲ 圖 14.20

註釋：

（1） fig,(ax1,ax2)=plt.subplots(1,2,figsize=(9,4))中的參數 1 表示子圖的行數，2 表示列數。ax1，ax2 用來接收兩個不同的 axes 物件，figsize 用來設定圖的大小。

（2） 標準正態分佈的機率密度函數影像關於 x=0 對稱，中間高兩端低。其分佈函數記為 $\Phi(x)$，滿足等式 $\Phi(-x)=1-\Phi(x)$，程式如下：

```
x=[-3,-2,-1,0,1,2,3]
cdf_x=rv.cdf(x)
cdf_x[0]+cdf_x[6],cdf_x[1]+cdf_x[5],cdf_x[2]+cdf_x[4]
```

運行結果如圖 14.21 所示。

(1.0, 1.0, 1.0)

▲ 圖 14.21

$\Phi(1)-\Phi(-1),\Phi(2)-\Phi(-2),\Phi(3)-\Phi(-3)$ 的值，程式如下：

```
cdf_x[6]-cdf_x[0],cdf_x[5]-cdf_x[1],cdf_x[4]-cdf_x[2]
```

運行結果如圖 14.22 所示。

```
(0.9973002039367398, 0.9544997361036416, 0.6826894921370859)
```

▲圖 14.22

可以看到 $\Phi(3)-\Phi(-3)=99.74\%$ ，標準正態分佈設定值落在該範圍幾乎是肯定的，這就是所謂的 "3σ" 準則。

正態分佈的參數 μ 是 $f(x)$ 的位置參數，即固定 σ ，改變 μ 的值，圖形沿 x 軸平移，而不改變其形狀，程式如下：

```
from scipy.stats import norm
import numpy as np
import matplotlib.pyplot as plt
locs=[-1,0,2]
x=np.linspace(-4,6,200)

#繪製不同位置參數的機率密度曲線
for i in range(len(locs)):
    rv=norm(loc=locs[i])   #loc 是位置參數，表示正態分佈的平均值
    plt.plot(x,rv.pdf(x),label=r'$\mu$={}'.format(locs[i]))
plt.legend()
plt.show()
```

運行結果如圖 14.23 所示。

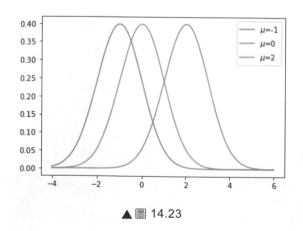

▲圖 14.23

σ 是 $f(x)$ 的形狀參數，即固定 μ，改變 σ 的值，當 σ 越小時，曲線越陡峭，當 σ 越大時，曲線越平緩。程式如下：

```
from scipy.stats import norm
import numpy as np
import matplotlib.pyplot as plt
loc,scales=1,[0.5,1.0,1.5]
x=np.linspace(-2,4,200)

#繪製不同形狀參數的機率密度曲線
for i in range(len(scales)):
    rv=norm(loc=loc,scale=scales[i])   #scale 是形狀參數，表示正態分佈的標
準差
    plt.plot(x,rv.pdf(x),label=r'$\sigma$={}'.format(scales[i]))
plt.legend()
plt.show()
```

運行結果如圖 14.24 所示。

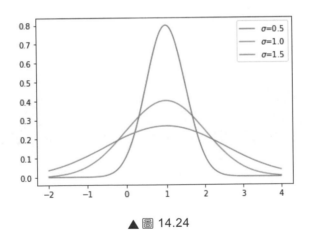

▲圖 14.24

【例 14.6】將一溫度調節器放置在貯存著某種液體的容器內。調節器整定在 d℃，液體的溫度 X（以℃計）是一個隨機變數，且 $X \sim N(d, 0.5^2)$。若 d=90℃，求 X 小於 89℃ 的機率。

解 程式如下：

```
from scipy.stats import norm
#小於 89 的機率
norm(90,0.5).cdf(89)
```

運行結果如圖 14.25 所示。

$$0.022750131948179195$$

▲ 圖 14.25

最後，引入標準正態分佈的上 α 分位點的定義。設隨機變數 X 服從標準正態分佈，若 z_α 滿足條件 $P\{X > z_\alpha\} = \alpha, 0 < \alpha < 1$, 則稱點 z_α 為標準正態分佈的上 α 分位點。常用的幾個分位點值，程式如下：

```
from scipy.stats import norm
#機率密度曲線下右側機率值
alpha=[0.001,0.005,0.01,0.025,0.05,0.1]
#由於 ppf 函數接收的是左側機率值，故用 1-alpha
alpha_left=1-np.array(alpha)
#輸出上 alpha 分位點,保留三位小數
np.round(norm().ppf(alpha_left),3)
```

運行結果如圖 14.26 所示。

$$\text{array}([3.09\ ,\ 2.576,\ 2.326,\ 1.96\ ,\ 1.645,\ 1.282])$$

▲ 圖 14.26

◉ 14.5 隨機變數的函數的分佈

本節我們討論求連續型隨機變數函數的機率密度的方法（僅對 $Y=g(X)$），其中 $g(\ )$ 是嚴格單調函數的情況，寫出一般結果）。

設隨機變數 X 具有機率密度函數 $f_X(x),-\infty<x<\infty$，又設函數 $g(x)$ 處處可導且恒有 $g'(x)>0$（或 $g'(x)<0$），則 Y=g(X)是連續型隨機變數，其機率密度函數為：

$$f_Y(y)=\begin{cases} f_X[h(y)]\,|\,h'(y)|, & \alpha<y<\beta \\ 0, & \text{其他} \end{cases}$$

其中 h(y)是 g(x)的反函數，$\alpha=\min\{g(-\infty),g(\infty)\},\beta=\max\{g(-\infty),g(\infty)\}$。若 $f_X(x)$ 在有限區間 $[a,b]$ 以外等於零，則只需假設在 $[a,b]$ 上恒有 $g'(x)>0$（或 $g'(x)<0$），此時 $\alpha=\min\{g(a),g(b)\},\beta=\max\{g(a),g(b)\}$。上述結論的程式如下：

```
#匯入 sympy，'*'表示引入所有內容
from sympy import *
#定義函數，求 y=g(x)嚴格單調時的機率密度函數
def pdf_y(f_x,x,x_section,eq_xy,y,g_increase=True):
    #求 y=g(x)的運算式
    g_x=solve(eq_xy,y)[0]
    #計算 y 的機率密度函數的非 0 區間
    alpha=g_x.subs(x,x_section[0]) if g_increase else g_x.subs(x,x_section[1])
    beta=g_x.subs(x,x_section[1]) if g_increase else g_x.subs(x,x_section[0])
    #求 g(x)的反函數 h(y)
    h=solve(eq_xy,x)[0]
    #y 的機率密度函數
    f_y=f_x.subs(x,h)*Abs(h.diff(y))
    return f_y,[alpha,beta]
```

【例 14.7】設隨機變數 X 具有機率密度

$$f_X(x) = \begin{cases} \dfrac{x}{8}, 0 < x < 4 \\ 0, \quad 其他 \end{cases}$$

求隨機變數 $Y=2X+8$ 的機率密度。

解 程式如下：

```
from sympy import *
#啟用環境中的最佳列印資源
init_printing()
x,y=symbols('x y',real=True)
#X 的機率密度函數
f_x=x/8
#Y 的機率密度函數
pdf_y(f_x,x,[0,4],y-2*x-8,y)
```

運行結果如圖 14.27 所示。

$$(y/32 - 1/4, \; [8, \; 16])$$

▲圖 14.27

即

$$f_Y(y) = \begin{cases} \dfrac{y}{32} - \dfrac{1}{4}, 8 < y < 16 \\ 0, \qquad 其他 \end{cases}$$

【例 14.8】設隨機變數 $X \sim N(\mu, \sigma^2)$。試證明 X 的線性函數 $Y = aX + b (a \neq 0)$ 也服從正態分佈。

解 不妨假設 $a > 0$，程式如下：

```
from sympy import *
init_printing()
x,y=symbols('x y',real=True)
```

```
mu,b=symbols('mu b',real=True)
sigma,a=symbols('sigma a',real=True,positive=True)
#X 的機率密度函數
f_x=E**(-(x-mu)**2/(2*sigma**2))/(sqrt(2*pi)*sigma)
#Y 的機率密度函數
pdf_y(f_x,x,[-oo,oo],y-a*x-b,y)
```

運行結果如圖 14.28 所示。

$$\left(\frac{\sqrt{2}\,e^{-\frac{(-\mu+(-b+y)/a)^2}{2\sigma^2}}}{2\sqrt{\pi}a\sigma}, \; [-\infty, \; \infty] \right)$$

▲ 圖 14.28

即有 $Y = aX + b \sim N(a\mu + b, (a\sigma)^2)$ 。

【例 14.9】設電壓 $V = A\sin\theta$ ，其中 A 為正常數，θ 是一個隨機變數，且有 $\theta \sim U(-\frac{\pi}{2}, \frac{\pi}{2})$ ，求電壓 V 的機率密度。

解 程式如下：

```
from sympy import *
init_printing()
theta,v=symbols('theta v',real=True)
A=Symbol('A',real=True,positive=True)
#相角的機率密度函數
f_theta=1/pi
#電壓的機率密度函數
pdf_y(f_theta,theta,[-pi/2,pi/2],v-A*sin(theta),v)
```

運行結果如圖 14.29 所示。

$$\left(|\frac{1}{\sqrt{1-\frac{v^2}{A^2}}}|/\pi A, \; [-A, \; A] \right)$$

▲ 圖 14.29

即

$$f_Y(y) = \begin{cases} \dfrac{1}{\pi} \cdot \dfrac{1}{\sqrt{A^2 - v^2}}, & -A < v < A \\ 0, & \text{其他} \end{cases}$$

多維隨機變數及其分佈

▶ 15.1 二維隨機變數

許多實際問題中，對於隨機試驗的結果需要使用多個隨機變數來描述。一般地，設 E 是一個隨機試驗，$S=\{e\}$ 是其樣本空間，$X=X(e)$ 和 $Y=Y(e)$ 是定義在 S 上的隨機變數，由它們組成的向量 (X, Y) 叫作二維隨機向量或二維隨機變數。二維隨機變數也分離散型與連續型兩種情況，這裡僅討論二維連續型隨機變數。

對於二維隨機變數 (X, Y) 的分佈函數 $F(x, y)$，如果存在非負可積函數 $f(x, y)$，使對於任意 x，y 有

$$F(x, y) = \int_{-\infty}^{y} \int_{-\infty}^{x} f(u, v) \mathrm{d}u \mathrm{d}v$$

則稱 (X, Y) 是連續型的二維隨機變數，函數 $f(x, y)$ 稱為二維隨機變數 (X, Y) 的機率密度，或稱為隨機變數 X 和 Y 的聯合機率密度。該定義舉出了二維隨機變數已知機率密度求分佈函數的方法，程式如下：

```
from sympy import *
init_printing()
#定義函數，求二維隨機變數的分佈函數
def f2F(f,x,y,x_section,y_section,x_integrate_first=True):
    if x_integrate_first:   #判斷是否先關於 x 積分，預設為是
        return integrate(f,(x,x_section[0],x_section[1]),(y,y_sectio
n[0],y_section[1]))
    else:   #當 x_integrate_first 設為 False 時，先關於 y 積分
        return integrate(f,(y,y_section[0],y_section[1]),(x,x_sectio
n[0],x_section[1]))
```

註釋：

（1）我們可根據機率密度函數的具體形式選擇方便的積分次序；

（2）integrate()函數用於求積分。

integrate(f,(x,x_section[0],x_section[1]),(y,y_section[0],y_section[1])) 對 函數 f 先關於 x 取積分，積分區間為 x_section[0]到 x_section[1]，然後關於 y 取積分，積分區間為 y_section[0]到 y_section[1]。

integrate(f,(y,y_section[0],y_section[1]),(x,x_section[0],x_section[1])) 則 反過來，先關於 y 後關於 x 積分。

【例 15.1】二維隨機變數(X, Y)具有機率密度為：

$$f(x,y) = \begin{cases} 2e^{-(2x+y)}, x > 0, y > 0 \\ 0, \qquad 其他 \end{cases},$$

（1）求分佈函數 $F(x, y)$；（2）求機率 $P\{Y \leq X\}$。

解

（1）根據分佈函數定義有：$F(x,y) = \int_0^y \mathrm{d}y \int_0^x f(x,y)\,\mathrm{d}x$，程式如下：

```
init_printing()
x,y=symbols('x y',real=True)
#機率密度函數
f=2*E**(-2*x-y)
```

```
#呼叫自訂函數 f2F 求分佈函數，先關於 x 積分，積分區間為 0 到 x，再關於 y 積分，積分
區間為 0 到 y
result=f2F(f,x,y,[0,x],[0,y])
#化簡積分結果
simplify(result)
```

運行結果如圖 15.1 所示。

$$e^{-2x-y}+1-e^{-y}-e^{-2x}$$

▲圖 15.1

即有

$$F(x,y)=\begin{cases}e^{-2x-y}+1-e^{-y}-e^{-2x},x>0,y>0\\0,\qquad\qquad\qquad 其他\end{cases}.$$

（2）將(X,Y)看作平面上隨機點的座標，{Y ≤ X}相當於平面上直線 y = x
及其下方的部分，故：

$$P\{Y\leq X\}=\int_0^\infty\int_y^\infty 2e^{-(2x+y)}\,\mathrm{d}x\,\mathrm{d}y$$

使用 f2F 函數，程式如下：

```
f2F(f,x,y,[y,oo],[0,oo])
```

運行結果如圖 15.2 所示。

1/3

▲圖 15.2

上述積分也可以交換積分的次序，程式如下：

```
f2F(f,x,y,[0,oo],[0,x],x_integrate_first=False)
```

所得結果一致，如圖 15.3 所示。

1/3

▲圖 15.3

▶ 15.2 邊緣分佈

二維隨機變數(X,Y)中的 X 和 Y 也都是隨機變數，也有各自的分佈函數，稱為邊緣分佈函數。

【例 15.2】一整數 N 等可能地在 1，2，3，...，10 十個值中取一個值。設 $D=D(N)$是能整除 N 的正整數的個數，$F=F(N)$是能整除 N 的質數的個數。試寫出 D 和 F 的聯合分佈律。並求邊緣分佈率。

解　首先，撰寫函數 is_prime()，判斷一個整數是否為質數，程式如下：

```
from math import sqrt,floor
#定義函數，判斷一個整數是否為質數
def is_prime(n):
    #assert：簡易的 try...except...機制，確保 n 是大於或等於 2 的整數
    assert n>=2 and isinstance(n,int),'n is an integer and n>=2'
    #初始因數個數為 0
    num_factors=0
    for i in range(1,floor(sqrt(n))+1):
        if n%i==0:    #如果 n 可以整除 i，因數個數加 1
            num_factors+=1
            #如果因數個數大於 1，迴圈中止，傳回 False，n 不是質數
            if num_factors>1:return False
    #若迴圈沒被中止，自然結束，最終因數個數為 1(n 總可以整除 1)，此時傳回 True，
n 是質數
    return num_factors==1
```

註釋：floor(x)傳回小於或等於 x 的最大整數。如果 n 是質數傳回 Ture，否則傳回 False。

接下來，確定 $D(N)$的值，程式如下：

```
#sum([1 for i in range(1,n+1) if n%i==0])表示 1 到 n 中可整除 n 的正整數個
數
D=[sum([1 for i in range(1,n+1) if n%i==0]) for n in range(1,11)]
D
```

執行結果如圖 15.4 所示。

$$[1, 2, 2, 3, 2, 4, 2, 4, 3, 4]$$

▲圖 15.4

輸出整數 1，2，3，...，10 十個值中的質數，程式如下：

```
#篩選出 2 到 10 中的質數
primes=[n for n in range(2,11) if is_prime(n)]
primes
```

運行結果如圖 15.5 所示。

$$[2, 3, 5, 7]$$

▲圖 15.5

確定 $F(N)$ 的值，程式如下：

```
#sum([1 for prime in primes if n%prime==0])表示可整除 n 的質數個數
F=[sum([1 for prime in primes if n%prime==0]) for n in range(1,11)]
F
```

運行結果如圖 15.6 所示。

$$[0, 1, 1, 1, 1, 2, 1, 1, 1, 2]$$

▲圖 15.6

列出(D,F)的所有設定值，及每個值出現的個數，程式如下：

```
from collections import defaultdict
myDict=defaultdict(int)
#以(D,F)的設定值作為字典的"鍵"，統計每種設定值出現的次數
for i in range(10):
    key=tuple((D[i],F[i]))
    myDict[key]+=1
myDict
```

運行結果如圖 15.7 所示。

```
defaultdict(int, {(1, 0): 1, (2, 1): 4, (3, 1): 2, (4, 2): 2, (4, 1): 1})
```

▲圖 15.7

可以得到 D 和 F 的聯合分佈律，如表 15.1 所示。

表 15.1

F	D				$P\{F=j\}$
	1	2	3	4	
0	1/10	0	0	0	1/10
1	0	4/10	2/10	1/10	7/10
2	0	0	0	2/10	2/10
$P\{D=i\}$	1/10	4/10	2/10	3/10	1

即有邊緣分佈率，如表 15.2 及表 15.3 所示。

表 15.2

D	1	2	3	4
P	$\dfrac{1}{10}$	$\dfrac{4}{10}$	$\dfrac{2}{10}$	$\dfrac{3}{10}$

表 15.3

F	0	1	2
P	$\dfrac{1}{10}$	$\dfrac{7}{10}$	$\dfrac{2}{10}$

【例 15.3】設隨機變數 X 和 Y 具有聯合密度

$$f(x,y) = \begin{cases} 6, & x^2 \le y \le x \\ 0, & \text{其他} \end{cases}$$

求邊緣密度 $f_X(x), f_Y(y)$。

解 二維連續型隨機變數的邊緣機率密度 $f_X(x) = \displaystyle\int_{-\infty}^{\infty} f(x,y)\,\mathrm{d}y$，$f_Y(y) = \displaystyle\int_{-\infty}^{\infty} f(x,y)\,\mathrm{d}x$，實現函數程式如下：

```
from sympy import *
#X 的邊緣密度
def f_xy2f_X(f,y,y_section):
    return integrate(f,(y,y_section[0],y_section[1]))
#Y 的邊緣密度
def f_xy2f_Y(f,x,x_section):
    return integrate(f,(x,x_section[0],x_section[1]))
```

將本例中的聯合密度函數代入，程式如下：

```
init_printing()
x,y=symbols('x,y',real=True)
f=6
f_xy2f_X(f,y,[x**2,x]),f_xy2f_Y(f,x,[y,sqrt(y)])
```

運行結果如圖 15.8 所示。

$$\left(-6x^2 + 6x,\ 6\sqrt{y} - 6y\right)$$

▲圖 15.8

● 15.3 條件分佈

由條件機率可引出條件機率分佈，僅看一個例子。

【例 15.4】在一汽車工廠中，一輛汽車有兩道工序是由機器人完成的。其一是緊固 3 只螺栓，其二是焊接 2 處焊點。以 X 表示由機器人緊固的螺栓緊固得不良的數目，以 Y 表示由機器人焊接的不良焊點的數目。據累積的資料知 (X, Y) 具有分佈律，如表 15.4 所示。

表 15.4

Y	X				P{Y=j}
	0	1	2	3	
0	0.840	0.030	0.020	0.010	0.900
1	0.060	0.010	0.008	0.002	0.080
2	0.010	0.005	0.004	0.001	0.020
P{X=i}	0.910	0.045	0.032	0.013	1.0

（1）求在 $X=1$ 的條件下，Y 的條件分佈律。

（2）求在 $Y=0$ 的條件下，X 的條件分佈律。

解 在 $X=1$ 的條件下，$Y=0$ 的機率，程式如下：

```
import numpy as np
#X 與 Y 的聯合分佈
prbs_XY=np.array([[0.84,0.03,0.02,0.01],
                  [0.06,0.01,0.008,0.002],
                  [0.01,0.005,0.004,0.001]])
#X=1 的條件下，Y=0 的機率
p_y0_x1=prbs_XY[0,1]/np.sum(prbs_XY[:,1])
p_y0_x1
```

運行結果如圖 15.9 所示。

0.6666666666666666

▲圖 15.9

註釋：這裡使用了 numpy 的切片技術。prbs_XY[0,1]對應陣列中第 0 行第 1 列的元素 0.03，np.sum(prbs_XY[:,1])表示對陣列中第 1 列元素求和，得 0.045。

類似可得 $X=1$ 的條件下，$Y=1$，2 的機率，程式如下：

```
prbs_XY[1,1]/np.sum(prbs_XY[:,1]),prbs_XY[2,1]/np.sum(prbs_XY[:,1])
```

運行結果如圖 15.10 所示。

$$(0.22222222222222224, 0.11111111111111112)$$

▲圖 15.10

$Y=0$ 的條件下，X 的設定值機率，程式如下：

```
#prbs_XY[0]表示陣列中第 0 行元素
[prbs_XY[0,k]/sum(prbs_XY[0]) for k in range(len(prbs_XY[0]))]
```

運行結果如圖 15.11 所示。

$$[0.9333333333333332,\\ 0.03333333333333333,\\ 0.022222222222222223,\\ 0.011111111111111112]$$

▲圖 15.11

◐ 15.4 相互獨立的隨機變數

設 $F(x,y)$ 和 $F_x(x),F_y(y)$ 分別是二維隨機變數(X,Y)的分佈函數與邊緣分佈函數，若對所有 x，y 有 $F(x,y)=F_x(x)F_y(y)$，則稱隨機變數 X 和 Y 是相互獨立的。

【例 15.5】負責人 A 到達辦公室的時間均勻分佈在 8~12 時，其幫手 B 到達辦公室的時間均勻分佈在 7~9 時，設 A 與 B 到達的時間是相互獨立的，求他們到達辦公室的時間相差不超過 5 分鐘（1/12 小時）的機率。

解 A 與 B 到達辦公室的時間均服從均勻分佈，且相互獨立，隨機生成 1000000 個符合對應分佈的樣本點，統計滿足條件的樣本個數並求其近似機率。程式如下：

```
from scipy.stats import uniform
#A 到達辦公室的時間服從[8,12]均勻分佈
rv_leader=uniform(loc=8,scale=4)
#B 到達辦公室的時間服從[7,9]均勻分佈
rv_secretary=uniform(loc=7,scale=2)
#隨機生成 1000000 個符合對應分佈的樣本點
nums_sampling=1000000
leader_samples=rv_leader.rvs(size=nums_sampling)
secretary_samples=rv_secretary.rvs(size=nums_sampling)
#時間差
interval=1/12
#相差不超過 5 分鐘的樣本個數/總樣本個數
sum([1 for idx in range(nums_sampling) if \
abs(leader_samples[idx]-secretary_samples[idx])<=interval])/nums_
sampling
```

運行結果如圖 15.12 所示。

0.020701

▲ 圖 15.12

所得結果與實際機率值 1/48 相差無幾。

▶ 15.5　兩個隨機變數的函數的分佈

本節僅討論兩個隨機變數的和 $X+Y$ 的分佈。

【例 15.6】設 X 和 Y 是兩個相互獨立的隨機變數。它們均服從 $N(0,1)$分佈，其機率密度為：

$$f_X(x) = \frac{1}{\sqrt{2\pi}} e^{-x^2/2}, -\infty < x < \infty$$

$$f_Y(y) = \frac{1}{\sqrt{2\pi}} e^{-y^2/2}, -\infty < y < \infty$$

求 $Z=X+Y$ 的機率密度。

解 一般地，若 $X \sim N(\mu_1, \sigma_1^2)$，$Y \sim N(\mu_2, \sigma_2^2)$ 且相互獨立，則 $Z=X+Y$ 也服從正態分佈，且有 $Z \sim N(\mu_1 + \mu_2, \sigma_1^2 + \sigma_2^2)$，檢驗程式如下：

```python
import numpy as np
from scipy.stats import norm
num_Samples=100000
np.random.seed(0)
X=norm().rvs(num_Samples)
Y=norm().rvs(num_Samples)
Z=X+Y
#擬合正態分佈情況下，平均值以及標準差的極大似然估計
mu,sigma=norm.fit(Z)
mu,sigma**2
```

運行結果如圖 15.13 所示。

(0.006669941831421074, 1.993564023787316)

▲圖 15.13

從輸出結果來看，Z 的平均值近似為 0，方差近似為 2。

註釋：norm.fit(data)傳回擬合正態分佈的情況下，其平均值以及標準差的極大似然估計值。fit()方法是所有連續型隨機變數分佈的通用方法。

【**例 15.7**】在一簡單電路中，兩電阻 R_1 與 R_2 串聯連接，設 R_1，R_2 相互獨立，機率密度均為：

$$f(x) = \begin{cases} \dfrac{10-x}{50}, & 0 \le x \le 10 \\ 0, & 其他 \end{cases}$$

求總電阻 $R=R_1+R_2$ 的機率密度。

解 R 的機率密度為：

$$f_R(z) = \int_{-\infty}^{\infty} f(x)f(z-x)dx = \begin{cases} \int_0^z f(x)f(z-x)\mathrm{d}x, 0 \le z < 10 \\ \int_{z-10}^{10} f(x)f(z-x)\mathrm{d}x, 10 \le z \le 20 \\ 0, \qquad\qquad\qquad\quad 其他 \end{cases}$$

其理論機率密度函數，程式如下：

```
from sympy import *
import numpy as np
import matplotlib.pyplot as plt
x=symbols('x',postive=True,real=True)
def f(x):
    return (10-x)/50
#定義 R 的機率密度函數
def f_R(z):
    if z>=0 and z<10:
        return integrate(f(x)*f(z-x),(x,0,z))
    elif z>=10 and z<=20:
        return integrate(f(x)*f(z-x),(x,z-10,10))
#繪製 R 的機率密度函數影像
plt.plot(np.linspace(0,20,200),[f_R(z) for z in np.linspace(0,20,200
)])
plt.show()
```

運行結果如圖 15.14 所示。

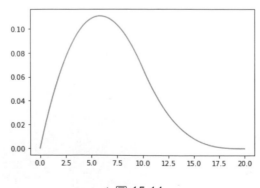

▲ 圖 15.14

我們也可以使用 np.random.choice()函數模擬本題，程式如下：

```
import matplotlib.pyplot as plt
import seaborn as sns
#對連續型隨機變數 R1 與 R2 進行離散化，其可取的值記為 X，設定值對應的機率記為 P，
這裡 P 的計算使用了定積分定義中的"分割–近似代替"思想
X=np.linspace(0,10,10000)
P=0.001*(0.2-X/50)
#取出樣本點
Z1=np.random.choice(X,p=P,size=1000000)
Z2=np.random.choice(X,p=P,size=1000000)
Z=Z1+Z2
#sns.kdeplot(Z)根據資料 Z 繪製其近似的機率密度函數圖
sns.kdeplot(Z)
plt.show()
```

運行結果如圖 15.15 所示。

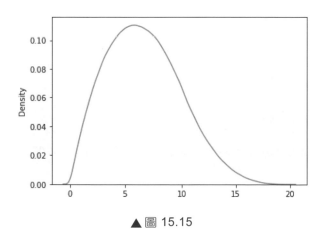

▲ 圖 15.15

註釋：sns.kdeplot(Z)根據資料 Z 繪製其近似的機率密度函數圖。

【例 15.8】設隨機變數 X，Y 相互獨立，且分別服從參數為 $\alpha, \theta; \beta, \theta$ 的 Γ 分佈（ $X \sim \Gamma(\alpha, \theta), Y \sim \Gamma(\beta, \theta)$ ）。X，Y 的機率密度分別為：

$$f_X(x) = \begin{cases} \dfrac{1}{\theta^\alpha \Gamma(\alpha)} x^{\alpha-1} e^{-x/\theta}, & x > 0, \\ 0, & \text{其他}, \end{cases} \qquad \alpha > 0, \theta > 0.$$

$$f_Y(y) = \begin{cases} \dfrac{1}{\theta^\beta \Gamma(\beta)} x^{\beta-1} e^{-y/\theta}, & y > 0, \\ 0, & \text{其他}, \end{cases} \qquad \beta > 0, \theta > 0.$$

試證明 Z=X+Y 服從參數為 $\alpha+\beta$, θ 的 Γ 分佈，即 $X + Y \sim \Gamma(\alpha + \beta, \theta)$。

解 參數 α, β, θ 分別取特殊值 1，3，5，程式如下：

```
from scipy.stats import gamma
import numpy as np
alpha,beta,theta=1,3,5
#生成符合對應分佈的樣本點
np.random.seed(0)
rv1,rv2=gamma(alpha,0,theta),gamma(beta,0,theta)
num_Samples=100000
Z=rv1.rvs(num_Samples)+rv2.rvs(num_Samples)
#擬合 gamma 分佈，傳回對應參數
a,loc,scale=gamma.fit(Z)
a,scale
```

執行結果如圖 15.16 所示。

(4.026489454088667, 4.972702779179141)

▲ 圖 15.16

隨機變數的數字特徵

● 16.1 數學期望

設離散型隨機變數 X 的分佈律為

$$P\{X = x_k\} = p_k, k = 1, 2, \cdots$$

若級數 $\sum_{k=1}^{\infty} x_k p_k$ 絕對收斂，則稱級數 $\sum_{k=1}^{\infty} x_k p_k$ 的和為隨機變數 X 的數學期望。定義函數 EX_D()用於求離散型隨機變數的數學期望，程式如下：

```
import numpy as np
def EX_D(X,prbs):
return np.dot(X,prbs)
```

註釋：np.dot(a,b)表示兩個陣列的點積。當 a 與 b 都是一維陣列時，對應兩向量的內積，當 a 與 b 都是二維陣列時，對應矩陣的乘積，當 a 與 b 都是純量時，對應兩數的乘積。

【例 16.1】當新生兒誕生時，醫生要根據嬰兒的皮膚顏色、肌肉彈性、反應的敏感性、心臟的搏動等方面的情況進行評分，新生兒的得分 X 是一個隨機變數。以往的資料顯示 X 的分佈律如表 16.1 所示。

表 16.1

X	0	1	2	3	4	5	6	7	8	9	10
p_k	0.002	0.001	0.002	0.005	0.02	0.04	0.18	0.37	0.25	0.12	0.01

試求 X 的數學期望 $E(X)$。

解 程式如下：

```
#隨機變數的設定值
X=range(11)
#隨機變數設定值所對應的機率值
prbs=[0.002,.001,.002,.005,.02,.04,.18,.37,.25,.12,.01]
#呼叫函數 EX_D，求期望
EX_D(X,prbs)
```

運行結果如圖 16.1 所示。

7.1499999999999995

▲圖 16.1

設連續型隨機變數 X 的機率密度為 $f(x)$，若積分

$$\int_{-\infty}^{\infty} xf(x)\,\mathrm{d}x$$

絕對收斂，則稱積分 $\int_{-\infty}^{\infty} xf(x)\,\mathrm{d}x$ 的值為隨機變數 X 的數學期望。定義函數 EX_C()，求連續型隨機變數的數學期望，程式如下：

```
from sympy import *
init_printing()
def EX_C(funs,x,x_sections):
    result=sum([integrate(x*funs[i],(x,x_sections[i],x_sections[i+1])) \
            for i in range(len(funs))])
    return simplify(result)
```

註釋：

（1）當隨機變數的機率密度 $f(x)$ 是分段函數時，可將不同的函數運算式以串列的形式傳給參數 funs。

（2）simplify()函數用於化簡，它試圖以智慧的方式應用到所有函數上，以獲得最簡單的運算式形式。

【例 16.2】有兩個相互獨立工作的電子裝置，它們的壽命（以小時計）$X_k(k=1,2)$ 服從同一指數分佈，其機率密度為：

$$f(x) = \begin{cases} \dfrac{1}{\theta}e^{-x/\theta}, x>0, \\ 0, \qquad 其他 \end{cases} \quad \theta>0$$

若將這兩個電子裝置串聯連接組成整機，求整機壽命 N 的數學期望。

解　$X_k(k=1,2)$ 的分佈函數為：

$$F(x) = \begin{cases} 1-e^{-x/\theta}, x>0 \\ 0, \qquad x \le 0 \end{cases}$$

$N = \min\{X_1, X_2\}$ 的分佈函數為：

$$F_{\min} = 1-[1-F(x)]^2 = \begin{cases} 1-e^{-2x/\theta}, x>0 \\ 0, \qquad x \le 0 \end{cases}$$

故 N 的機率密度為：

$$f_{\min}(x) = \begin{cases} \dfrac{2}{\theta}e^{-2x/\theta}, x>0 \\ 0, \qquad x \le 0 \end{cases}$$

代入函數 EX_C，程式如下：

```
x,theta=symbols('x theta',positive=True)
#機率密度函數以串列形式傳入
funs=[2/theta*E**(-2*x/theta)]
#機率密度函數非零區間的區間端點
```

```
x_sections=[0,oo]
#呼叫函數 EX_C,求期望
EX_C(funs,x,x_sections)
```

運行結果如圖 16.2 所示。

$$\theta/2$$

▲圖 16.2

【例 16.3】某商店對某種家用電器的銷售採用先使用後付款的方式。記使用壽命為 X(以年計),規定:

$X \leq 1$,一台付款 1500 元;$1 < X \leq 2$,一台付款 2000 元;

$2 < X \leq 3$,一台付款 2500 元;$X > 3$,一台付款 3000 元。

設壽命 X 服從指數分佈,機率密度為

$$f(x) = \begin{cases} \dfrac{1}{10}e^{-x/10}, & x > 0 \\ 0, & x \leq 0 \end{cases}$$

試求該商店一台這種家用電器收費 Y 的數學期望。

解 程式如下:

```
Y=[1500,2000,2500,3000]
sections=[[0,1],[1,2],[2,3],[3,oo]]
x=symbols('x',positive=True)
#為了借用 EX_C 函數,將壽命的機率密度函數除以 x
fun=.1*E**(-x/10)/x
#求壽命落在各個時間區間的機率
prbs=[float(EX_C([fun],x,sections[i])) for i in range(len(sections))
]
#收費的數學期望
EX_D(Y,prbs)
```

運行結果如圖 16.3 所示。

$$2732.19319589783$$

▲圖 16.3

函數 EX_D()與 EX_C()都是自訂函數，它們使用期望的定義來求期望，scipy 中求隨機變數的期望可直接使用 mean()方法。本節最後，來看兩個特殊分佈的期望。

【例 16.4】設 $X \sim \pi(3)$，求 $E(X)$。

解 程式如下：

```
from scipy.stats import poisson
#參數為 3 的卜松分佈
rv_poisson=poisson(3.0)
rv_poisson.mean()
```

運行結果如圖 16.4 所示。

$$3.0$$

▲圖 16.4

【例 16.5】設 $X \sim U(1,5)$，求 $E(X)$。

解 程式如下：

```
from scipy.stats import uniform
a,b=1,5
uniform(loc=a,scale=b-a).mean()
```

運行結果如圖 16.5 所示。

$$3.0$$

▲圖 16.5

◐ 16.2 方差

本節不再自訂用於求方差的函數，我們直接使用 scipy 中的 var()以及 std()
方法來求隨機變數的方差和標準差。

【例 16.6】設隨機變數 X 具有（0-1）分佈，參數 $p=0.3$，求 $E(X)$，
$D(X)$。

解 程式如下：

```
from scipy.stats import bernoulli
p=.3
rv_bernoulli=bernoulli(p)
rv_bernoulli.mean(),rv_bernoulli.var(),rv_bernoulli.std()
```

運行結果如圖 16.6 所示。

(0.3, 0.21, 0.458257569495584)

▲圖 16.6

註釋：若 X 服從參數為 p 的（0-1）分佈，則 $E(X)=p, D(X)=p(1-p)$。

【例 16.7】設 $X \sim b(10,0.4)$，求 $E(X)$，$D(X)$。

解 程式如下：

```
from scipy.stats import binom
n,p=10,0.4
rv_binom=binom(n,p)
rv_binom.mean(),rv_binom.var(),rv_binom.std()
```

運行結果如圖 16.7 所示。

(4.0, 2.4, 1.5491933384829668)

▲圖 16.7

註釋：若 X 服從參數為 n，p 的二項分佈，則 $E(X) = np, D(X) = np(1-p)$。

【例 **16.8**】設 $X \sim \pi(3)$，求 $E(X)$，$D(X)$。

解 程式如下：

```
from scipy.stats import poisson
lamda=3.0
rv_poisson=poisson(lamda)
rv_poisson.mean(),rv_poisson.var(),rv_poisson.std()
```

運行結果如圖 16.8 所示。

(3.0, 3.0, 1.7320508075688772)

▲圖 16.8

註釋：若 X 服從參數為 λ 的卜松分佈，則 $E(X) = \lambda, D(X) = \lambda$。

【例 **16.9**】設隨機變數 $X \sim U(a,b)$，求 $E(X)$，$D(X)$。

解 由於不知道 a,b 的具體值，本題使用 sympy 進行符號運算，程式如下：

```
from sympy import integrate,symbols,simplify,factor,init_printing
init_printing()
a,b,x=symbols('a b x')
#期望
EX=simplify(integrate(x/(b-a),(x,a,b)))
#方差
DX=factor((integrate(x**2/(b-a),(x,a,b)))-EX**2)
EX,DX
```

結果如圖 16.9 所示。

$(a/2 + b/2,\ (a-b)^2/12)$

▲圖 16.9

註釋：factor()可將函數分解為有理數域上的不能再分解的因數乘積。

【例 16.10】設 X 服從參數為 2 的指數分佈，求 $E(X)$，$D(X)$。

解 程式如下：

```
from scipy.stats import expon
theta=2.0
#scale 接收指數分佈的參數
rv_expon=expon(scale=theta)
rv_expon.mean(),rv_expon.var(),rv_expon.std()
```

運行結果如圖 16.10 所示。

(2.0, 4.0, 2.0)

▲ 圖 16.10

註釋：若 X 服從參數為 θ 的指數分佈，則 $E(X)=\theta, D(X)=\theta^2$。

【例 16.11】設 $X \sim N(1,4)$，求 $E(X)$，$D(X)$。

解 程式如下：

```
from scipy.stats import norm
loc,scale=1,2
rv_norm=norm(loc,scale)
rv_norm.mean(),rv_norm.var(),rv_norm.std()
```

運行結果如圖 16.11 所示。

(1.0, 4.0, 2.0)

▲ 圖 16.11

註釋：若 X 服從參數為 μ，σ^2 的正態分佈，則 $E(X)=\mu, D(X)=\sigma^2$。

● 16.3 協方差及相關係數

本節討論描述兩個隨機變數 X 與 Y 之間相互關係的數字特徵，協方差與相關係數。

量 $E\{[X-E(X)][Y-E(Y)]\}$ 稱為隨機變數 X 與 Y 的協方差，記為 $Cov(X,Y)$。可自訂協方差函數，程式如下：

```
import numpy as np
def covariance(x,y):
    return np.mean((x-np.mean(x))*(y-np.mean(y)))
```

可對該函數進行測試，程式如下：

```
x=np.arange(1,10)
covariance(x,x)  #[(-4)^2+(-3)^2+(-2)^2+(-1)^2+0^2+1^2+2^2+3^2+4^2]
/9=20/3
```

運行結果如圖 16.12 所示。

6.666666666666667

▲圖 16.12

繼續測試，程式如下：

```
y=2*x
covariance(x,y)
```

運行結果如圖 16.13 所示。

13.333333333333334

▲圖 16.13

也可用該函數檢驗協方差的性質，程式如下：

```
#Cov(aX,bY)=abCov(X,Y)
u=6*x
```

```
v=3*y
covariance(u,v) #6*3*covariance(x,y)
```

運行結果如圖 16.14 所示。

240.0

▲圖 16.14

繼續檢驗,程式如下:

```
#Cov(X1+X2,Y)=Cov(X1,Y)+Cov(X2,Y)
covariance(x+y,x)
```

運行結果如圖 16.15 所示。

20.0

▲圖 16.15

隨機變數 X 與 Y 的相關係數記為 ρ_{XY} ,

$$\rho_{XY} = \frac{Cov(X,Y)}{\sqrt{D(X)D(Y)}}.$$

$|\rho_{XY}| \leq 1$,並且 $|\rho_{XY}|$ 越大時表明 X 與 Y 就線性關係來説聯繫越緊密,特別當 $|\rho_{XY}|=1$ 時, X 與 Y 之間存在完全線性關係。可以自訂相關係數函數,程式如下:

```
import numpy as np
def corr_coef(x,y):
    return np.round(covariance(x,y)/np.var(x)**.5/np.var(y)**.5,3)
```

我們先來看兩個完全線性關係,線性關係 1,程式如下:

```
#完全正相關
x=np.arange(1,10)
corr_coef(x,x)
```

運行結果如圖 16.16 所示。

1.0

▲ 圖 16.16

線性關係 2，程式如下：

```
#完全負相關
z=-2*x+1
corr_coef(x,z)
```

運行結果如圖 16.17 所示。

-1.0

▲ 圖 16.17

再來看一般情況，程式如下：

```
#正相關
r=np.random
r.seed(0)
w=r.randint(10,size=9)
corr_coef(x,w)
```

運行結果如圖 16.18 所示。

0.151

▲ 圖 16.18

另一種一般情況，程式如下：

```
#兩常態隨機變數間的負相關
from scipy.stats import norm
loc_1,scale_1=1,2
loc_2,scale_2=0,3
np.random.seed(0)
X=norm(loc_1,scale_1).rvs(size=10000)
Y=norm(loc_2,scale_2).rvs(size=10000)
corr_coef(X,Y)
```

運行結果如圖 16.19 所示。

$$-0.008$$

▲ 圖 16.19

需要注意的是，當遇到隨機變數方差為 0 時，上述相關係數函數分母為 0，此時函數傳回 nan。程式如下：

```
#q 的方差為 0
q=np.array([5]*9)
corr_coef(x,q)
```

運行結果如圖 16.20 所示。

$$nan$$

▲ 圖 16.20

▶ 16.4 矩、協方差矩陣

本節介紹 n 維隨機變數的協方差矩陣。隨機變數的協方差矩陣可借助 numpy 中的 cov()函數來實現，程式如下：

```
import numpy as np
a=[-1,0,1]
np.cov(a),np.cov(a,bias=True),np.var(a)
```

運行結果如圖 16.21 所示。

```
(array(1.), array(0.66666667), 0.6666666666666666)
```

▲ 圖 16.21

註釋：

（1）np.cov(a)中 a 是一維的，此時函數傳回的是 a 的方差。

（2）cov 中參數 bias 預設為 False，表示無偏估計（計算協方差時分母為 n-1），即

$$\text{Cov}(X,Y) = \frac{\sum_{i=1}^{n}[X_i - E(X)][Y_i - E(Y)]}{n-1}$$

這裡 n 是觀測值的個數。當 bias 設定為 True 時，對應有偏估計，此時上式的分母為 n。

（3）參數 bias=True 的一種等效做法是設定 ddof=0，程式如下：

```
np.cov(a,ddof=0)
```

運行結果如圖 16.22 所示。

array(0.66666667)

▲圖 16.22

先來看二維隨機變數（X，Y）的協方差矩陣，程式如下所示。

```
import numpy as np
x=np.arange(1,11)
y=-2*x+1
np.cov(x,y,bias=True)
```

運行結果如圖 16.23 所示。

array([[8.25, -16.5],
**   [-16.5 , 33.]])**

▲圖 16.23

註釋：

（1）np.cov(x,y,bias=True)接收了兩個一維陣列，並傳回它們的協方差矩陣。另一種等效的做法是將 x 與 y 拼接成二維陣列，傳給 cov，傳回結果相同。程式如下：

```
import numpy as np
x=np.arange(1,11)
y=-2*x+1
#x 與 y 的垂直拼接
a=np.vstack((x,y))
np.cov(a,bias=True)
```

運行結果如圖 16.24 所示。

$$\text{array}([[\ \ 8.25, \ -16.5 \ ],$$
$$[-16.5 \ , \ \ 33. \ \ ]])$$

▲圖 16.24

（2）協方差矩陣的主對角線元素分別是 X、Y 的方差，副對角線是 X 與 Y（或 Y 與 X）的協方差，程式如下：

```
var_X=np.var(x)
var_Y=np.var(y)
cov_XY=np.mean((x-np.mean(x))*(y-np.mean(y)))
var_X,cov_XY,var_Y
```

執行結果如圖 16.25 所示。

$$(8.25, \ -16.5, \ 33.0)$$

▲圖 16.25

numpy 中與 cov() 用法類似的另一個函數是 corrcoef()，它用來求相關係數矩陣，我們再來看上述隨機變數 X 與 Y 的相關係數矩陣，程式如下：

```
import numpy as np
x=np.arange(1,11)
y=-2*x+1
np.corrcoef(x,y)
```

運行結果如圖 16.26 所示。

```
array([[ 1., -1.],
       [-1.,  1.]])
```

▲ 圖 16.26

程式如下：

```
import numpy as np
x=np.arange(1,11)
y=-2*x+1
np.corrcoef(np.vstack((x,y)))
```

運行結果如圖 16.27 所示。

```
array([[ 1., -1.],
       [-1.,  1.]])
```

▲ 圖 16.27

本節最後，我們來看三個隨機變數的協方差矩陣以及相關係數矩陣，首先看協方差矩陣，程式如下：

```
import numpy as np
from scipy.stats import uniform,expon,norm
rand_numers=1000
np.random.seed(0)
u=uniform().rvs(size=rand_numers)       #服從[0,1]均勻分佈
v=expon().rvs(size=rand_numers)         #服從參數為 1 的指數分佈
w=norm().rvs(size=rand_numers)          #服從標準正態分佈
np.cov(np.vstack((u,v,w)),bias=True)
```

運行結果如圖 16.28 所示。

```
array([[ 8.44476867e-02, -5.39555598e-04, -6.35486006e-03],
       [-5.39555598e-04,  1.13730658e+00, -5.10737061e-02],
       [-6.35486006e-03, -5.10737061e-02,  9.47279857e-01]])
```

▲ 圖 16.28

相關係數矩陣程式如下：

```
np.corrcoef(np.vstack((u,v,w)))
```

運行結果如圖 16.29 所示。

```
array([[ 1.        , -0.00174102, -0.02246844],
       [-0.00174102,  1.        , -0.04920616],
       [-0.02246844, -0.04920616,  1.        ]])
```

▲ 圖 16.29

為了更進一步地理解相關係數矩陣的含義(協方差矩陣類似)，我們將上一節的兩個自訂函數複製過來,並將第二個函數的傳回值保留小數點後 8 位，程式如下：

```
def covariance(x,y):
    return np.mean((x-np.mean(x))*(y-np.mean(y)))
def corr_coef(x,y):
    return np.round(covariance(x,y)/np.var(x)**.5/np.var(y)**.5,8)
```

呼叫函數 corr_coef()，與上述相關係數矩陣做比較，即可明確相關係數矩陣中各個元素的含義，程式如下：

```
corr_coef(u,v),corr_coef(v,w),corr_coef(u,w),corr_coef(v,v)
```

運行結果如圖 16.30 所示。

```
(-0.00174102, -0.04920616, -0.02246844, 1.0)
```

▲ 圖 16.30

大數定律及中心極限定理

▶ 17.1 大數定律

大數定律是一種描述當試驗次數很大時所呈現的機率性質的定律。本節舉出弱大數定理以及伯努利大數定理的驗證。

弱大數定理（辛欽大數定理）

設 $X_1, X_2, \cdots$ 是相互獨立，服從同一分佈的隨機變數序列，且具有數學期望 $E(X_k) = \mu \ (k = 1, 2, \cdots)$。作前 n 個變數的算術平均 $\dfrac{1}{n}\sum\limits_{k=1}^{n} X_k$，則對於任意 $\varepsilon > 0$，有

$$\lim_{n \to \infty} P\left\{ \left| \frac{1}{n}\sum_{k=1}^{n} X_k - \mu \right| < \varepsilon \right\} = 1.$$

取隨機變數序列獨立同服從區間[0,2]上的均勻分佈，檢驗弱大數定理。程式如下：

```
from scipy.stats import uniform
import numpy as np
import matplotlib.pyplot as plt
```

```
rand_uniform=uniform(0,2)
#新建空串列，用於存放樣本的平均值
means=[]
#將容量為 n 的樣本平均值增加入串列
for n in range(1,10001):
    means.append(np.mean(rand_uniform.rvs(size=n)))
#以容量 n 為橫軸，繪製平均值曲線
plt.plot(means)
#繪製水平輔助線，表示[0,2]均勻分佈的平均值
plt.plot([0,10000],[1,1],c='r',lw=2.0)
plt.show()
```

運行結果如圖 17.1 所示。

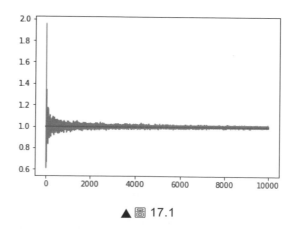

▲ 圖 17.1

從輸出結果可以看到，隨著 n 值的增大，算術平均值與該均勻分佈的數學期望 1 越來越接近。

伯努利大數定理

設 f_A 是 n 次獨立重複試驗中事件 A 發生的次數，p 是事件 A 在每次試驗中發生的機率，則對於任意正數 $\varepsilon > 0$，有

$$\lim_{n \to \infty} P\left\{ |\frac{f_A}{n} - p| < \varepsilon \right\} = 1$$

模擬獨立重複試驗，事件 A 發生記為 1，不發生記為 0，取每次試驗中事件 A 發生的機率 p=0.3，檢驗伯努利大數定理。程式如下：

```
import numpy as np
import matplotlib.pyplot as plt
np.random.seed(0)
#用於存放獨立重複試驗中事件發生的頻率
rand_freq=[]
#事件發生的機率
p=.3
#用 1 表示事件發生，將 n 次試驗中事件發生的頻率增加入串列
for n in range(1,10001):
    rand_freq.append(np.sum(np.random.choice([1,0],p=[p,1-
p],size=n))/n)
#以容量 n 為橫軸，繪製"頻率-機率"差值的散點圖
plt.scatter(np.arange(1,10001,50),np.array(rand_freq)[::50]-p,s=10)
#繪製水平輔助線
plt.plot([0,10005],[0,0],c='r',lw=2)
plt.show()
```

運行結果如圖 17.2 所示。

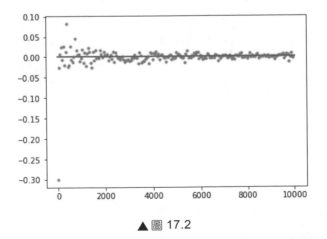

▲ 圖 17.2

註釋：np.array(rand_freq)[::50]將串列 rand_freq 轉化為 Numpy 的 array，並使用切片。一維陣列切片的標準形式為 "[start:end:step]"，表示以步進

值 step 取索引 start 到 end（不包括 end）的元素，當 start 與 end 缺失時，表示以步進值 step 取索引 0 到尾端的元素。

從上述輸出結果可以看到，隨著 n 的增大，事件發生的頻率與事件發生的機率之差越來越接近於 0。

▶ 17.2　中心極限定理

中心極限定理指出大量隨機變數近似服從正態分佈的條件，是機率論中最重要的一類定理，實際應用廣泛。

獨立同分佈的中心極限定理

設隨機變數 $X_1, X_2, \cdots$ 相互獨立，服從同一分佈，且具有數學期望和方差：$E(X_k) = \mu, D(X_k) = \sigma^2 > 0 \ (k = 1, 2, \cdots)$ ，則隨機變數之和 $\sum_{k=1}^{n} X_k$ 的標準化變數

$$Y_n = \frac{\sum_{k=1}^{n} X_k - E(\sum_{k=1}^{n} X_k)}{\sqrt{D(\sum_{k=1}^{n} X_k)}} = \frac{\sum_{k=1}^{n} X_k - n\mu}{\sqrt{n}\sigma}$$

的分佈函數 $F_n(x)$ ，對於任意的 x 滿足：

$$\lim_{n \to \infty} F_n(x) = \lim_{n \to \infty} P\left\{ \frac{\sum_{k=1}^{n} X_k - n\mu}{\sqrt{n}\sigma} \leq x \right\} = \int_{-\infty}^{x} \frac{1}{\sqrt{2\pi}} e^{-\frac{t^2}{2}} dt = \Phi(x)$$

上述定理表明，平均值為 μ ，方差為 $\sigma^2 > 0$ 的獨立同分佈隨機變數序列 $X_1, X_2, \cdots, X_n$ 之和 $\sum_{k=1}^{n} X_k$ 的標準化變數，當 n 充分大時，有：

$$\frac{\sum_{k=1}^{n} X_k - n\mu}{\sqrt{n}\sigma} \overset{\text{近似地}}{\sim} N(0,1)$$

取隨機變數序列獨立同服從均勻分佈 U(5，15)，檢驗上述定理，程式如下：

```python
from scipy.stats import uniform,norm
import numpy as np
np.random.seed(0)
#用於存放隨機變數和的標準化變數值
Y=[]
test_times=10000
loc,scale=5,10
n=1000
#均勻分佈的期望和方差
EX=(loc+(loc+scale))/2
DX=scale**2/12
#進行 test_times 抽樣，每次抽樣樣本容量為 n，計算對應的標準化變數值增加入串列 Y
for _ in range(test_times):
    X=uniform(loc,scale).rvs(size=n)
    Y.append((sum(X)-n*EX)/(np.sqrt(n*DX)))
#擬合正態分佈，傳回平均值及標準差
mu,sigma=norm.fit(Y)
mu,sigma
```

運行結果如圖 17.3 所示。

(-4.8232819872616875e-05, 0.9940198392944051)

▲ 圖 17.3

從輸出結果可以看到，Y 近似服從標準正態分佈。

棣莫弗—拉普拉斯(De Moivre-Laplace)定理

設隨機變數 η_n $(n=1,2,\cdots)$ 服從參數為 $n, p\,(0<p<1)$ 的二項分佈,則對於任意 x ,有:

$$\lim_{n\to\infty}P\left\{\frac{\eta_n-np}{\sqrt{np(1-p)}}\le x\right\}=\int_{-\infty}^{x}\frac{1}{\sqrt{2\pi}}e^{-\frac{t^2}{2}}dt=\Phi(x)$$

取隨機變數服從參數為 n=10000,p=0.3 的二項分佈,檢驗程式如下:

```
from scipy.stats import binom,norm
import numpy as np
np.random.seed(0)
n,p=10000,0.3
X=binom(n,p).rvs(size=10000)
#二項分佈的期望與方差
EX=n*p
DX=n*p*(1-p)
#X 的標準化變數
Y=(X-EX)/np.sqrt(DX)
#擬合正態分佈,傳回平均值及標準差
norm.fit(Y)
```

運行結果如圖 17.4 所示。

(0.006601091179638766, 1.0044234531383094)

▲圖 17.4

可以看到 Y 近似服從標準正態分佈。

De Moivre-Laplace 定理表明正態分佈是二項分佈的極限分佈,當 n 充分大時,我們可以用正態分佈來計算二項分佈的機率。

樣本及抽樣分佈

前面五章說明了機率論的基本內容，本章開始進入數理統計的範圍。數理統計以機率論作為理論基礎，透過試驗或觀察得到的資料來研究隨機現象的統計規律性。

▶ 18.1 隨機樣本

統計學中把研究目標的全體組成的集合稱為整體，單一研究目標稱為個體。實際應用中，我們往往並不關心整體或個體本身，而是關心整體或個體的某項數量指標。因此，可把整體理解為研究目標的某項數量指標的全體。整體中包含的個體的個數稱為整體容量，容量有限稱為有限整體，容量無限稱為無限整體。

對一個整體，若用 X 表示數量指標，則 X 對不同的個體取不同的值，因此，從整體中隨機取出個體，X 就會隨取出個體的不同而取不同的值。所以 X 是一個隨機變數，我們把 X 的分佈稱為整體的分佈。今後，將不區分整體與其對應的隨機變數 X，籠統稱為整體 X。實際中，整體的分佈一般是未知的,或已知其分佈類型,但分佈中某些參數是未知的。這時,我們往往從整體中取出一部分個體,根據這部分個體的資料去推斷整體的某些特徵,被抽出的這部分個體稱為樣本,其包含的個體個數稱為樣本容量。

設 $X_1, X_2, \cdots X_n$ 是從整體 X 中取出的樣本,如果(1)$X_1, X_2, \cdots X_n$ 相互獨立;(2)每一個 $X_i(i=1,2,\cdots,n)$ 的分佈都與整體 X 的分佈相同,則稱 $X_1, X_2, \cdots X_n$ 為容量為 n 的簡單隨機樣本。對於有限整體,採用放回抽樣就能得到簡單隨機樣本,但放回抽樣使用起來不方便,有時也不可能,所以當整體容量比樣本容量大的多時,可將不放回抽樣近似當作放回抽樣處理。對於無限整體,我們總是採用不放回抽樣。

由於後續章節中要用到 pandas 中的某些方法,我們這裡先對 pandas 做個簡單介紹。pandas 是基於 numpy 的函數庫,用來處理表格型或異質型態資料,可實現資料的匯入、清洗、整理、統計和輸出。pandas 中常用的類別有 Series 和 DataFrame。

18.1.1　Series

Series 是一維陣列型物件,它由一組值序列以及與之相關的資料索引(index)組成,程式如下:

```
import numpy as np
#匯入 pandas 並依慣例將其重新命名為 pd
import pandas as pd
#np.arange(5)*10+1 對陣列中每一個元素均乘以 10 再加 1
s=pd.Series(np.arange(5)*10+1)
s
```

運行結果如圖 18.1 所示。

```
0     1
1    11
2    21
3    31
4    41
dtype: int32
```

▲圖 18.1

註釋：左側一列 0~4 為索引，右側 1~41 為資料值，由於我們沒對資料指定索引，預設生成的索引為 0 到 n-1（n 是資料長度）。

若要建立索引序列，可指定 index，程式如下：

```
  #指定 index，建立索引序列
s=pd.Series(np.arange(5)*10+1,index=['a','b','c','d','e'])
s
```

運行結果如圖 18.2 所示。

```
a     1
b    11
c    21
d    31
e    41
dtype: int32
```

▲圖 18.2

與 numpy 陣列類似，當我們要從值序列中選取一部分資料時，可使用索引，程式如下：

```
 s['a']
```

運行結果如圖 18.3 所示。

1

圖 18.3

使用索引，也可以，程式如下：

```
 s[['d','c','b']]
```

執行結果如圖 18.4 所示。

```
d    31
c    21
b    11
dtype: int32
```

▲圖 18.4

18.1.2 DataFrame

DataFrame 表示矩陣形式的資料表,它的每一列可以是不同的資料型態,它既有行索引也有列索引。DataFrame 的建立有多種形式,例如使用二維 numpy 陣列來建立 DataFrame,程式如下:

```
np.random.seed(0)
#size=(10,4)表示生成陣列的形狀,10 行 4 列
df=pd.DataFrame(np.random.randint(50,101,size=(10,4)))
df
```

運行結果如圖 18.5 所示。

	0	1	2	3
0	94	97	50	53
1	53	89	59	69
2	71	100	86	73
3	56	74	74	62
4	51	88	89	73
5	96	74	67	87
6	75	63	58	59
7	70	66	55	65
8	97	50	68	85
9	74	99	79	69

▲圖 18.5

註釋：這裡 np.random.randint(50,101,size=(10,4))表示從[50,100]中隨機生成整數，組成 10 行 4 列的陣列。

也可以指定列索引與行索引，指定列索引程式如下：

```
#columns 指定列索引
df.columns=['高數','線代','統計','英文']
df
```

運行結果如圖 18.6 所示。

	高數	線代	統計	英文
0	94	97	50	53
1	53	89	59	69
2	71	100	86	73
3	56	74	74	62
4	51	88	89	73
5	96	74	67	87
6	75	63	58	59
7	70	66	55	65
8	97	50	68	85
9	74	99	79	69

▲圖 18.6

指定行索引程式如下：

```
#index 指定行索引
df.index=map(str,range(202001001,202001011))
df
```

運行結果如圖 18.7 所示。

	高數	線代	統計	英文
202001001	94	97	50	53
202001002	53	89	59	69
202001003	71	100	86	73
202001004	56	74	74	62
202001005	51	88	89	73
202001006	96	74	67	87
202001007	75	63	58	59
202001008	70	66	55	65
202001009	97	50	68	85
202001010	74	99	79	69

▲ 圖 18.7

註釋：這裡使用了 map()函數。map()是 python 的內建函數，會根據提供的函數對指定的序列做映射，其一般形式為 map(func, iterables)。這裡 map(str,range(202001001,202001011))表示將後方陣列中的每一個數都轉為字串形式。

如果需要調換行與列的位置，可使用類似 numpy 的語法對 DataFrame 進行轉置操作，程式如下：

```
df.T
```

運行結果如圖 18.8 所示。

	202001001	202001002	202001003	202001004	202001005	202001006	202001007	202001008	202001009	202001010
高數	94	53	71	56	51	96	75	70	97	74
線代	97	89	100	74	88	74	63	66	50	99
統計	50	59	86	74	89	67	58	55	68	79
英文	53	69	73	62	73	87	59	65	85	69

▲ 圖 18.8

對於大型的 DataFrame，head()方法會傳回前面幾行，程式如下：

```
#傳回前面幾行，預設 5 行
df.head()
```

運行結果如圖 18.9 所示。

	高數	線代	統計	英文
202001001	94	97	50	53
202001002	53	89	59	69
202001003	71	100	86	73
202001004	56	74	74	62
202001005	51	88	89	73

▲ 圖 18.9

Tail()方法傳回尾部的行，程式如下：

```
#傳回尾部 2 行
df.tail(2)
```

運行結果如圖 18.10 所示。

	高數	線代	統計	英文
202001009	97	50	68	85
202001010	74	99	79	69

▲ 圖 18.10

有時我們需要從 DataFrame 中選取部分資料來分析，可按列名稱選取列，按列名稱選取一列，程式如下：

```
#按列名稱取一列
df['高數']
```

運行結果如圖 18.11 所示。

```
202001001    94
202001002    53
202001003    71
202001004    56
202001005    51
202001006    96
202001007    75
202001008    70
202001009    97
202001010    74
Name: 高數，dtype: int32
```

▲ 圖 18.11

按列名稱選取多列，程式如下：

```
#按列名稱取多列
df[['統計','高數']]
```

運行結果如圖 18.12 所示。

	統計	高數
202001001	50	94
202001002	59	53
202001003	86	71
202001004	74	56
202001005	89	51
202001006	67	96
202001007	58	75
202001008	55	70
202001009	68	97
202001010	79	74

▲ 圖 18.12

也可按行名稱選取行，此時要使用索引符號 loc，按行名稱選取一行，程式如下：

```
#按行名稱取一行
df.loc['202001005']
```

運行結果如圖 18.13 所示。

```
高數      51
線代      88
統計      89
英文      73
Name: 202001005, dtype: int32
```

▲ 圖 18.13

按行名稱選取多行，程式如下：

```
#按行名稱取多行
df.loc[['202001005','202001008']]
```

運行結果如圖 18.14 所示。

	高數	線代	統計	英文
202001005	51	88	89	73
202001008	70	66	55	65

▲ 圖 18.14

還可按行名稱與列名稱選取行列交叉位置的元素，程式如下：

```
#按行名稱和列名稱取行列交叉位置元素
df.loc[['202001004','202001007'], ['線代', '統計']]
```

執行結果如圖 18.15 所示。

	線代	統計
202001004	74	74
202001007	63	58

▲ 圖 18.15

或按行列號選取資料，此時使用索引符號 iloc，程式如下：

```
#按行列號索引
df.iloc[0,0] #0 行 0 列位置
```

運行結果如圖 18.16 所示。

94

▲ 圖 18.16

對多行和列索引，程式如下：

```
#前 3 行與前 2 列
df.iloc[:3,0:2]      #注意不包含結束點
```

運行結果如圖 18.17 所示。

	高數	線代
202001001	94	97
202001002	53	89
202001003	71	100

▲ 圖 18.17

當選取連續的多行時，可簡寫為 df[from:to]，程式如下：

```
#連續的多行
df[0:2]    #前 2 行，不包含結束點
```

運行結果如圖 18.18 所示。

	高數	線代	統計	英文
202001001	94	97	50	53
202001002	53	89	59	69

▲ 圖 18.18

再來看資料的修改，常見的有重新給予值、增加新的行或列。對資料進行重新給予值，程式如下：

```
#把所有小於 60 的資料修改為 60
df_copy=df.copy() #複製資料
df_copy[df_copy<60]=60
df_copy
```

運行結果如圖 18.19 所示。

	高數	線代	統計	英文
202001001	94	97	60	60
202001002	60	89	60	69
202001003	71	100	86	73
202001004	60	74	74	62
202001005	60	88	89	73
202001006	96	74	67	87
202001007	75	63	60	60
202001008	70	66	60	65
202001009	97	60	68	85
202001010	74	99	79	69

▲ 圖 18.19

增加新的列，程式如下：

```
#增加列
df_copy['政治']=range(70,80)
df_copy
```

運行結果如圖 18.20 所示。

	高數	線代	統計	英文	政治
202001001	94	97	60	60	70
202001002	60	89	60	69	71
202001003	71	100	86	73	72
202001004	60	74	74	62	73
202001005	60	88	89	73	74
202001006	96	74	67	87	75
202001007	75	63	60	60	76
202001008	70	66	60	65	77
202001009	97	60	68	85	78
202001010	74	99	79	69	79

▲ 圖 18.20

增加新的行，程式如下：

```
#增加行
df_copy.loc['202001011']=range(70,80,2)
df_copy
```

運行結果如圖 18.21 所示。

	高數	線代	統計	英文	政治
202001001	94	97	60	60	70
202001002	60	89	60	69	71
202001003	**71**	**100**	**86**	**73**	**72**
202001004	60	74	74	62	73
202001005	60	88	89	73	74
202001006	96	74	67	87	75
202001007	75	63	60	60	76
202001008	70	66	60	65	77
202001009	97	60	68	85	78
202001010	74	99	79	69	79
202001011	70	72	74	76	78

▲ 圖 18.21

最後來看統計資料時常用的一些方法。Mean()方法用於求平均值,求一列的平均值,程式如下:

```
#求每一列的平均值
df.mean()
```

運行結果如圖 18.22 所示。

```
高數       73.7
線代       80.0
統計       68.5
英文       69.5
dtype: float64
```

▲ 圖 18.22

求一行的平均值,程式如下:

```
#求每一行的平均值
df.mean(axis=1)
```

運行結果如圖 18.23 所示。

```
202001001     73.50
202001002     67.50
202001003     82.50
202001004     66.50
202001005     75.25
202001006     81.00
202001007     63.75
202001008     64.00
202001009     75.00
202001010     80.25
dtype: float64
```

▲ 圖 18.23

註釋:axis=0 是行向,表示按列操作;axis=1 是列向,表示按行操作,預設 axis=0。

std()方法用於求標準差,程式如下:

```
#求每一列的標準差
df.std()
```

運行結果如圖 18.24 所示。

```
高數    17.423165
線代    17.165858
統計    13.310397
英文    10.700467
dtype: float64
```

▲圖 18.24

對於數值型態資料，describe()方法可一次性舉出計數、平均值、標準差、最小值、最大值、四分位數等資訊，程式如下：

```
df.describe()
```

執行結果如圖 18.25 所示。

	高數	線代	統計	英文
count	10.000000	10.000000	10.000000	10.000000
mean	73.700000	80.000000	68.500000	69.500000
std	17.423165	17.165858	13.310397	10.700467
min	51.000000	50.000000	50.000000	53.000000
25%	59.500000	68.000000	58.250000	62.750000
50%	72.500000	81.000000	67.500000	69.000000
75%	89.250000	95.000000	77.750000	73.000000
max	97.000000	100.000000	89.000000	87.000000

▲圖 18.25

如果要求每列的極差（最大值與最小值之差），可使用 apply()函數，程式如下：

```
#求極差
df.apply(lambda x:max(x)-min(x))
```

運行結果如圖 18.26 所示。

```
高數     46
線代     50
統計     39
英文     34
dtype: int64
```

▲圖 18.26

註釋：函數 lambda x：max(x)-min(x)計算最大值與最小值之差，會被 df 中的每一列呼叫一次，結果是以 df 的列作為索引的 Series。

value_counts 計算 Series 包含的值的個數，程式如下：

```
#高數不同分數出現的次數
df['高數'].value_counts()
```

執行結果如圖 18.27 所示。

```
94     1
75     1
74     1
56     1
71     1
70     1
53     1
51     1
97     1
96     1
Name: 高數, dtype: int64
```

▲圖 18.27

▶ 18.2 長條圖和箱線圖

對於雜亂無章的資料，資料的整理與描述就顯得尤為重要。本節透過例子介紹頻數分佈表，長條圖，以及箱線圖的繪製。

【例 18.1】下面列出了 84 個伊特拉斯坎（Etruscan）人男子的頭顱的最大寬度（mm），試畫這些資料的「頻率長條圖」：

$$141 \quad 148 \quad 132 \quad 138 \quad 154 \quad 142 \quad 150 \quad 146 \quad 155 \quad 158$$
$$150 \quad 140 \quad 147 \quad 148 \quad 144 \quad 150 \quad 149 \quad 145 \quad 149 \quad 158$$
$$143 \quad 141 \quad 144 \quad 144 \quad 126 \quad 140 \quad 144 \quad 142 \quad 141 \quad 140$$
$$145 \quad 135 \quad 147 \quad 146 \quad 141 \quad 136 \quad 140 \quad 146 \quad 142 \quad 137$$
$$148 \quad 154 \quad 137 \quad 139 \quad 143 \quad 140 \quad 131 \quad 143 \quad 141 \quad 149$$
$$148 \quad 135 \quad 148 \quad 152 \quad 143 \quad 144 \quad 141 \quad 143 \quad 147 \quad 146$$
$$150 \quad 132 \quad 142 \quad 142 \quad 143 \quad 153 \quad 149 \quad 146 \quad 149 \quad 138$$
$$142 \quad 149 \quad 142 \quad 137 \quad 134 \quad 144 \quad 146 \quad 147 \quad 140 \quad 142$$
$$140 \quad 137 \quad 152 \quad 145$$

解 這些資料雜亂無章，先對它們進行整理。首先引入 numpy 與 pandas，程式如下：

```
import numpy as np
import pandas as pd
```

統計資料的最小值與最大值，程式如下：

```
X_Etruscan=np.array([141,148,132,138,154,142,150,146,155,158,
                     150,140,147,148,144,150,149,145,149,158,
                     143,141,144,144,126,140,144,142,141,140,
                     145,135,147,146,141,136,140,146,142,137,
                     148,154,137,139,143,140,131,143,141,149,
                     148,135,148,152,143,144,141,143,147,146,
                     150,132,142,142,143,153,149,146,149,138,
                     142,149,142,137,134,144,146,147,140,142,
                     140,137,152,145])
#統計資料的最小值與最大值
X_min,X_max=min(X_Etruscan),max(X_Etruscan)
X_min,X_max
```

運行結果如圖 18.28 所示。

$$(126, 158)$$

▲圖 18.28

可以看到，所有的資料落在區間[126,158]上，現取區間[124.5,159.5]，將其等距為 7 個小區間,程式如下：

```
#生成從 124.5 到 159.5(包含)距離相等的 8 個數，作為區間端點
bins=np.linspace(X_min-1.5,X_max+1.5,8)
bins
```

運行結果如圖 18.29 所示。

```
array([124.5, 129.5, 134.5, 139.5, 144.5, 149.5, 154.5, 159.5])
```

▲圖 18.29

統計落在每個區間的資料頻數，程式如下：

```
#以 bins 為區間端點，統計落在每個區間的資料頻數
uniform_divide=pd.cut(X_Etruscan,bins,include_lowest=True).value_cou
nts()
uniform_divide
```

運行結果如圖 18.30 所示。

```
(124.499, 129.5]     1
(129.5, 134.5]       4
(134.5, 139.5]      10
(139.5, 144.5]      33
(144.5, 149.5]      24
(149.5, 154.5]       9
(154.5, 159.5]       3
dtype: int64
```

▲圖 18.30

註釋：cut()函數用於將資料進行離散化，即將連續的變數放入離散區間。

cut(x, bins, right: bool = True, labels=None, retbins: bool = False,precision:

int = 3, include_lowest: bool = False, duplicates: str = 'raise')中參數 x 是待離散化的一維陣列；bins 可以是整數，表示將 x 的範圍劃分為多少個等距的區間，也可以是一個序列，表示劃分的區間端點；right 表示是否包含右端點，預設為 True；labels 表示是否用標籤代替傳回的區間；precision 表示區間端點值的精度；include_lowest 表示第一個區間是否包含左端點。

接下來，計算每組的頻率以及累計頻率，每組頻率程式如下：

```
#計算頻率
freq=uniform_divide.values    #每組頻數
frequency=freq/sum(freq)    #頻數/總個數
frequency=np.round(frequency,5)    #保留 5 位小數
frequency
```

運行結果如圖 18.31 所示。

```
array([0.0119 , 0.04762, 0.11905, 0.39286, 0.28571, 0.10714, 0.03571])
```

▲ 圖 18.31

計算累計頻率，程式如下：

```
#計算累積頻率
cumfreq=np.cumsum(frequency)    #cumsum 求累積和
cumfreq=np.round(cumfreq,4)    #保留 4 位小數
cumfreq
```

運行結果如圖 18.32 所示。

```
array([0.0119, 0.0595, 0.1786, 0.5714, 0.8571, 0.9643, 1.    ])
```

▲ 圖 18.32

註釋：

（1）Series 的 values 屬性可獲取其值的陣列表示形式；

（2）cumsum()用於求累積和。

繪製頻數分佈表，程式如下：

```
#繪製頻數分佈表
df=pd.DataFrame()
df['Freq']=freq    #頻數
df['Frequency']=np.round(frequency,4)    #頻率
df['CumFreq']=cumfreq    #累積頻率
#以組限作為索引
df.index=uniform_divide.index
df
```

運行結果如圖 18.33 所示。

	Freq	Frequency	CumFreq
(124.499, 129.5]	1	0.0119	0.0119
(129.5, 134.5]	4	0.0476	0.0595
(134.5, 139.5]	10	0.1190	0.1786
(139.5, 144.5]	33	0.3929	0.5714
(144.5, 149.5]	24	0.2857	0.8571
(149.5, 154.5]	9	0.1071	0.9643
(154.5, 159.5]	3	0.0357	1.0000

▲圖 18.33

最後，用矩形的面積表示頻率，繪製頻率長條圖，程式如下：

```
#繪製頻率長條圖
import matplotlib.pyplot as plt
#hist 繪製長條圖，bins 為區間端點，density=True 矩形面積表示頻率，alpha 設定
透明度
plt.hist(X_Etruscan,bins=bins,density=True,alpha=0.8)
plt.title('frequency histograms')
#以區間端點作為 x 軸刻度
plt.xticks(bins)
plt.show()
```

運行結果如圖 18.34 所示。

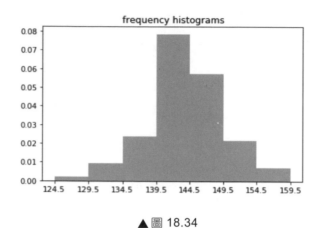

▲圖 18.34

我們也可同時舉出資料的核心密度估計曲線，程式如下：

```
import seaborn as sns
#distplot 繪製長條圖以及核心密度估計曲線
sns.distplot(X_Etruscan,bins=bins)
plt.title('frequency histograms')
plt.xticks(bins)
plt.show()
```

運行結果如圖 18.35 所示。

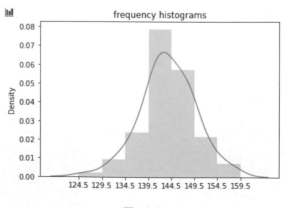

▲圖 18.35

或擬合正態分佈,舉出估計的機率密度函數,程式如下:

```
from scipy.stats import norm
#kde=False 關閉核心密度估計,fit=norm 擬合正態分佈對應的機率密度曲線
sns.distplot(X_Etruscan,bins=bins,kde=False,fit=norm)
plt.title('frequency histograms')
plt.xticks(bins)
plt.show()
```

運行結果如圖 18.36 所示。

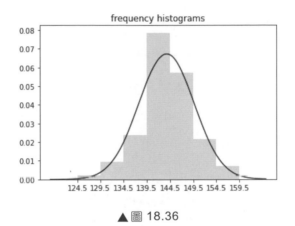

▲ 圖 18.36

註釋:

(1) seaborn 是基於 matplotlib 的資料視覺化函數庫。它提供了一個高度互動式介面,用於繪製有吸引力和資訊豐富的統計圖形;

(2) distplot() 集合了 matplotlib 的 hist() 與 seaborn 的 kdeplot() 以及 rugplot()。它也可利用 scipy 函數庫的 fit() 擬合分佈,並舉出估計的機率密度函數。更多 distplot()的用法可在 jupyter 單元格中輸入"sns.distplot?" 查看。

【例 18.2】設一組容量為 18 的樣本值以下(已經過排序)

122 126 133 140 145 145 149 150 157

162 166 175 177 177 183 188 199 212

求樣本分位數：$x_{0.2}, x_{0.25}, x_{0.5}$。

解　求百分位數可使用 numpy 中的 percentile()，也可使用 pandas 中的 quantile()。

使用 percentile() 求分位數，程式如下：

```
X=np.array([122,126,133,140,145,145,149,150,157,
            162,166,175,177,177,183,188,199,212])
np.percentile(X,q=[20,25,50])
```

執行結果如圖 18.37 所示。

array([142. , 145. , 159.5])

▲圖 18.37

註釋：np.percentile(X,q=[20,25,50])中 q 指要計算的百分位數或百分位數序列，必須介於 0 和 100 之間（含 0 和 100）。

再來看使用 quantile() 求分位數，程式如下：

```
#將資料轉為 DataFrame 形式，用 quantile()求分位數
dfX=pd.DataFrame()
dfX['X']=np.array([122,126,133,140,145,145,149,150,157,
                   162,166,175,177,177,183,188,199,212])
dfX.quantile(q=[0.2,0.25,0.5])   #分位數的表示形式與 percentile 不同
```

運行結果如圖 18.38 所示。

	X
0.20	142.0
0.25	145.0
0.50	159.5

▲圖 18.38

註釋：

（1）quantile()中分位數的表示形式與 percentile()不同；

（2）兩種方法計算出的分位數值與教材舉出的結果不太一致，原因是計算分位數值時所採取的演算法不同。上述兩種方法可透過調整參數 interpolation，選取不同的插值方法，預設為線性"linear"，還可選取 "lower"、"higher"、"midpoint" 以及 "nearest" 來實現。

【例 18.3】以下是已經過排序的 8 個病人的血壓（mmHg）資料，試作出箱線圖。

$$102 \quad 110 \quad 117 \quad 118 \quad 122 \quad 123 \quad 132 \quad 150$$

解 程式如下：

```
X_mmHg=[102,110,117,118,122,123,132,150]
#繪製箱線圖
plt.boxplot(X_mmHg,labels=['mmHg'])
plt.show()
```

運行結果如圖 18.39 所示。

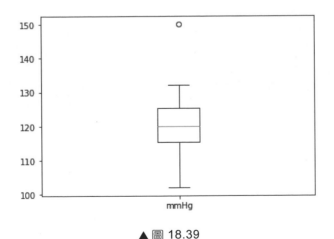

▲圖 18.39

註釋：

（1）boxplot()用於繪製箱線圖，它由五個數值點組成：最小值，下四分位數，中位數，上四分位數，最大值。下四分位數、中位數、上四分位陣列成一個「帶有隔間的盒子」，也可以往盒子裡面加入平均值。箱子兩側的延伸線稱為「鬍鬚」，揭示資料的範圍，「鬍鬚」外部的點稱為離群點；

（2）boxplot()參數許多，這裡截取一部分來看：plt.boxplot(x,notch=None,sym=None,vert=None,whis=None,positions=None,widths=None,patch_artist=None,meanline=None,showmeans=None,showcaps=None,showbox=None,showfliers=None,labels=None,)中參數 x 指定要繪製箱線圖的資料，可以是一個陣列，或一個陣列序列；notch 表示是否取凹口的形式展現箱線圖，預設非凹口；sym 用於指定異數的形狀；vert 是否將箱線圖垂直置放，預設垂直置放；whis 指定上下須與上下四分位的距離，預設為 1.5 倍的四分位間距；positions 指定箱線圖的位置，預設為[0,1,2…]；widths 指定箱線圖的寬度；patch_artist 是否填充箱體的顏色；meanline 是否用線的形式表示平均值，預設用點來表示；showmeans 是否顯示平均值，預設不顯示；showcaps 是否顯示箱線圖頂端和末端的兩條線，預設顯示；showbox 是否顯示箱線圖的箱體，預設顯示；showfliers 是否顯示離群值，預設顯示；labels 為箱線圖增加標籤，類似於圖例的作用。

【例 18.4】 下面舉出了 25 個男子和 25 個女子的肺活量（已排序）

女子組	2.7 2.8 2.9 3.1 3.1 3.1 3.2 3.4 3.4
	3.4 3.4 3.4 3.5 3.5 3.5 3.6 3.7 3.7
	3.7 3.8 3.8 4.0 4.1 4.2 4.2
男子組	4.1 4.1 4.3 4.3 4.5 4.6 4.7 4.8 4.8
	5.1 5.3 5.3 5.4 5.4 5.5 5.6 5.7
	5.8 5.8 6.0 6.1 6.3 6.7 6.7

試分別畫出這兩組資料的箱線圖。

解 程式如下：

```
import matplotlib.pyplot as plt
X_F=[2.7,2.8,2.9,3.1,3.1,3.1,3.2,3.4,3.4,
     3.4,3.4,3.4,3.5,3.5,3.5,3.6,3.7,3.7,
     3.7,3.8,3.8,4.0,4.1,4.2,4.2]
X_M=[4.1,4.1,4.3,4.3,4.5,4.6,4.7,4.8,4.8,
     5.1,5.3,5.3,5.3,5.4,5.4,5.5,5.6,5.7,
     5.8,5.8,6.0,6.1,6.3,6.7,6.7]
X=[X_F,X_M]
plt.boxplot(X,labels=['female','male'])
plt.show()
```

運行結果如圖 18.40 所示。

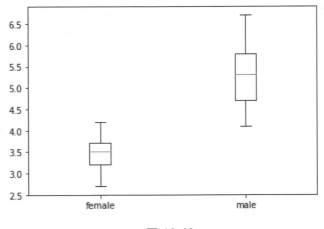

▲ 圖 18.40

註釋：箱線圖特別適用於比較兩個或兩個以上資料集的性質，因此，常將幾個資料集的箱線圖畫在同一個數軸上。此時只需將參數 x 設定成陣列序列即可，每一個陣串列示一個資料集。

▶ 18.3 抽樣分佈

我們把不含未知參數的樣本的函數稱為統計量，常用的統計量有樣本平均值，樣本方差，樣本標準差，樣本 k 階原點矩，樣本 k 階中心距等。樣本平均值、方差與標準差在 numpy 與 pandas 中求法不盡相同，我們先來看 numpy 中的情形，程式如下：

```
#numpy 中求樣本平均值、方差與標準差
import numpy as np
X=list(range(-5,6))
np.mean(X),np.var(X,ddof=1),np.std(X,ddof=1)
```

運行結果如圖 18.41 所示。

(0.0, 11.0, 3.3166247903554)

▲圖 18.41

註釋：在求方差與標準差時，有一個參數 ddof（Delta Degrees of Freedom），它表示計算中使用的除數是 "N-ddof"，其中 N 表示元素的數量，ddof 預設設定值為 0，與樣本方差與樣本標準差的計算公式不符，這裡修改 ddof 為 1。

再來看 pandas 中，程式如下：

```
#pandas 中求樣本平均值、方差與標準差
import pandas as pd
df=pd.DataFrame()
df['data']=list(range(-5,6))
df['data'].mean(),df['data'].var(),df['data'].std()
```

執行結果如圖 18.42 所示。

(0.0, 11.0, 3.3166247903554)

▲圖 18.42

註釋：pandas 中求樣本方差與標準差時，預設 ddof=1，不需額外設定。

統計量的分佈稱為抽樣分佈。下面來看幾個來自常態整體的抽樣分佈。

18.3.1 χ^2 分佈

設 $X_1, X_2, \cdots, X_n$ 是來自常態整體 N(0，1)的樣本，則稱統計量

$$\chi^2 = X_1^2 + X_2^2 + \cdots + X_n^2$$

服從自由度為 n 的 χ^2 分佈，記為 $\chi^2 \sim \chi^2(n)$。

隨著自由度 n 的不同，χ^2 分佈的機率密度函數影像也不同，程式如下：

```python
import matplotlib.pyplot as plt
#scipy 中的 chi2 表示卡方分佈
from scipy.stats import chi2
#不同的自由度
n=[1,2,4,6,11]
x=np.linspace(0,15,200)
#設定 y 軸的上下限
plt.ylim(0,0.4)
#不同自由度的卡方分佈的機率密度曲線
for i in n:
    #chi2(i).pdf(x)表示自由度為 i 的卡方分佈的機率密度函數值
    plt.plot(x,chi2(i).pdf(x),label='n={}'.format(i))
plt.title('pdf of chi2')
plt.legend()
plt.show()
```

運行結果如圖 18.43 所示。

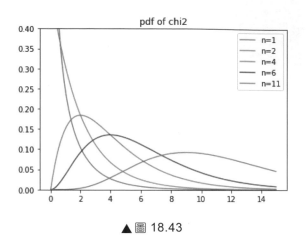

▲圖 18.43

χ^2 分佈的數學期望等於其自由度 n，方差等於 $2n$，檢驗程式如下所示。

```
from scipy.stats import chi2
chi2(3).mean(),chi2(5).var()
```

運行結果如圖 18.44 所示。

$$(3.0, 10.0)$$

▲圖 18.44

對於給定的正數 $\alpha, 0<\alpha<1$，稱滿足 $P\{\chi^2 > \chi_\alpha^2(n)\} = \alpha$ 的點 $\chi_\alpha^2(n)$ 是自由度為 n 的 χ^2 分佈上的 α 分位點。$\chi_{0.05}^2(4)$ 的程式如下：

```
#自由度為 4 的卡方分佈的上 0.05 分位數
from scipy.stats import chi2
import numpy as np
import matplotlib.pyplot as plt
x=np.linspace(0,100,100000)
y=chi2.pdf(x,4)
chi2_alpha=chi2.isf(0.05,4)
#繪製卡方分佈的機率密度曲線
plt.plot(x,y)
#繪製上 0.05 分位數的垂直輔助線，即點(chi2_alpha,0)與點
(chi2_alpha,chi2.pdf(chi2_alpha,4))之間的連線
plt.plot([chi2_alpha,chi2_alpha],[0,chi2.pdf(chi2_alpha,4)])
```

```
#設定座標軸範圍
plt.xlim((0,15))
plt.ylim((0,0.25))
plt.show()
```

運行結果如圖 18.45 所示。

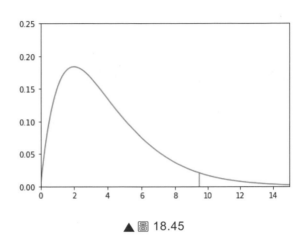

▲圖 18.45

註釋：

（1） scipy 中的 sf() 是生存函數，sf(x)=1-cdf(x)，指隨機變數設定值大於 x 的機率。isf() 是 sf() 的反函數，稱為逆生存函數，可用於求上分位數。

（2） 圖形輸出結果中，機率密度曲線下側，垂直輔助線右側，以及 x 軸上方所圍區域的面積等於 0.05。

18.3.2 t 分佈

設 $X \sim N(0,1), Y \sim \chi^2(n)$，且 X 與 Y 相互獨立，則稱隨機變數

$$t = \frac{X}{\sqrt{Y/n}}$$

服從自由度為 n 的 t 分佈，記為 $t \sim t(n)$。

繪製 t 分佈的機率密度函數影像，程式如下：

```
from scipy.stats import t
#不同自由度
n=[2,9,25]
x=np.linspace(-4,4,201)
#不同線條樣式
lines_style=['','r--','g-.']
#線條樣式的索引從 0 開始
style_index=0
#不同自由度的機率密度曲線
for i in n:
    #t(i).pdf(x)自由度為 i 的 t 分佈的機率密度函數值
    plt.plot(x,t(i).pdf(x),lines_style[style_index],\
            label='n={}'.format(i))
    #線條樣式的索引加 1
    style_index+=1
plt.title('pdf of t')
plt.legend()
plt.show()
```

運行結果如圖 18.46 所示。

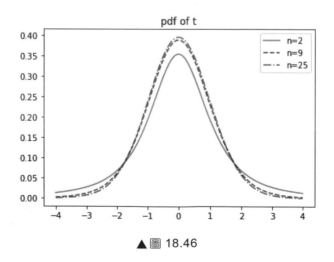

▲圖 18.46

18-30

註釋：

（1）t 分佈的機率密度函數圖形關於 t=0 對稱，程式如下：

```
rv=t(9)
#rv.cdf(0),rv.cdf(-2),rv.sf(2)分別表示隨機變數設定值小於 0 的機率，設定值小
於-2 的機率以及設定值大於 2 的機率
np.round([rv.cdf(0),rv.cdf(-2),rv.sf(2)],5)
```

運行結果如圖 18.47 所示。

array([0.5   , 0.03828, 0.03828])

▲圖 18.47

可以看到，隨機變數設定值小於 0 的機率為 0.5；隨機變數設定值小於-2
與大於 2 的機率相等，都為 0.03828。

（2）隨著 t 分佈自由度的增大，其機率密度函數圖形越來越陡峭，當自
由度充分大時，t 分佈的機率密度曲線接近於標準正態分佈的機率密度曲
線，程式如下：

```
from scipy.stats import norm
#自由度為 10000 的 t 分佈
rv_10000=t(10000)
#標準正態分佈
rv_norm=norm()
#對比兩者的上 0.05 分位數
rv_10000.isf(0.05),rv_norm.isf(0.05)
```

運行結果如圖 18.48 所示。

(1.645006018069243, 1.6448536269514729)

▲圖 18.48

可見，當 t 分佈自由度取 10000 時，其上 0.05 分位點值與標準正態分佈的
分位點值相差無幾。

18.3.3 F 分佈

設 $U \sim \chi^2(n_1), V \sim \chi^2(n_2)$ ，且 U 與 V 相互獨立，則稱隨機變數

$$F = \frac{U / n_1}{V / n_2}$$

服從自由度為 (n_1, n_2) 的 F 分佈，記為 $F \sim F(n_1, n_2)$ 。

繪製 F 分佈的機率密度函數影像，程式如下：

```python
from scipy.stats import f
x=np.linspace(0,3.5,200)
#f(m,n)表示第一自由度為 m，第二自由度為 n 的 f 分佈
rv_f=[f(10,40),f(11,3)]
labels=['(n1,n2)=(10,40)','(n1,n2)=(11,3)']
plt.ylim(0,1)
#繪製不同自由度 f 分佈的機率密度曲線
for i in range(len(rv_f)):
    plt.plot(x,rv_f[i].pdf(x),label=labels[i])
plt.title('pdf of F ditribution')
plt.legend()
plt.show()
```

運行結果如圖 18.49 所示。

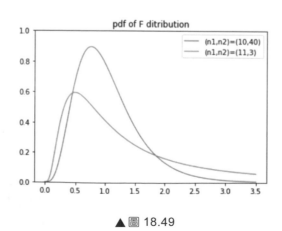

▲ 圖 18.49

由 F 分佈定義可知，若 $F \sim F(n_1, n_2)$ ，則 $\frac{1}{F} \sim F(n_2, n_1)$ 。由此可得 F 分佈的上 α 分位點的重要性質：

$$F_{1-\alpha}(n_1, n_2) = \frac{1}{F_\alpha(n_2, n_1)} \ .$$

舉例，程式如下：

```
n1,n2=9,12
#交換第一與第二自由度
rv_f1=f(n1,n2)
rv_f2=f(n2,n1)
alpha=0.05
rv_f2.isf(1-alpha),1/rv_f1.isf(alpha)
```

運行結果如圖 18.50 所示。

(0.3576057663769152, 0.3576057663769152)

▲ 圖 18.50

即， $F_{0.95}(12, 9) = \dfrac{1}{F_{0.05}(9, 12)} = 0.3576$ 。

18.3.4　常態整體樣本平均值與樣本方差的分佈

定理一　設 $X_1, X_2, \cdots, X_n$ 是來自常態整體 $N(\mu, \sigma^2)$ 的樣本，$\bar{X}$ 是樣本平均值，則有

$$\bar{X} \sim N(\mu, \sigma^2 / n)$$

定理的擬合驗證過程程式如下：

```
np.random.seed(0)
#平均值，標準差，樣本容量
mu,sigma,n=1,2,4
#生成 500 行 4 列的陣列，每一行是一組容量為 4 的樣本
```

```
X=np.array([norm(mu,sigma).rvs(size=n) for _ in range(500)])
#按行求平均值
mean_X=np.mean(X,axis=1)
#對樣本平均值擬合正態分佈，傳回平均值及標準差
norm.fit(mean_X)    #理論值應為(1,1)
```

運行結果如圖 18.51 所示。

$$(0.9683602328259682, 0.9843859004332948)$$

▲圖 18.51

註釋：[norm(10,10).rvs(size=100) for _ in range(500)]是串列解析式，該串列中包含 500 個一維 array 陣列，每個陣列的長度為 100。

定理二 設 $X_1, X_2, \cdots, X_n$ 是來自常態整體 $N(\mu, \sigma^2)$ 的樣本，$\bar{X}, S^2$ 分別是樣本平均值和樣本方差，則有

（1）$\dfrac{(n-1)S^2}{\sigma^2} \sim \chi^2(n-1)$。

（2）$\bar{X}$ 與 S^2 相互獨立。

該定理結論（1）的擬合驗證過程程式如下：

```
import numpy as np
from scipy.stats import norm,chi2
np.random.seed(0)
mu,sigma,n=1,2,10
#生成 1000*10 的陣列，每一行是一組容量為 10 的樣本
X=np.array([norm(mu,sigma).rvs(size=n) for _ in range(1000)])
#按行求樣本方差
S2=np.var(X,axis=1,ddof=1)
#對(n-1)*S2/sigma**2 擬合卡方分佈，傳回其自由度 df
df,loc,scale=chi2.fit((n-1)*S2/sigma**2,floc=0,fscale=1)
df,loc,scale    #df 理論值應為 9
```

運行結果如圖 18.52 所示。

$$(8.871289062500018, 0, 1)$$

▲ 圖 18.52

註釋：chi2.fit 傳回三個值，分別對應 df，loc 以及 scale。chi2.fit((n-1)*S2/sigma**2,floc=0,fscale=1)是在固定 loc=0，scale=1（「標準化」形式）的情況下去擬合對應的自由度。

定理三　設 $X_1, X_2, \cdots, X_n$ 是來自常態整體 $N(\mu, \sigma^2)$ 的樣本，$\bar{X}, S^2$ 分別是樣本平均值和樣本方差，則有 $\dfrac{\bar{X} - \mu}{S / \sqrt{n}} \sim t(n-1)$。

定理的擬合驗證過程程式如下：

```
import numpy as np
from scipy.stats import norm,t
np.random.seed(0)
mu,sigma,n-1,2,10
#生成 2000*10 的陣列，每一行是一組容量為 10 的樣本
x=np.array([norm(mu,sigma).rvs(size=n) for _ in range(2000)])
#按行求樣本平均值，樣本標準差
mean_x=np.mean(x,axis=1)
S=np.std(x,axis=1,ddof=1)
X=(mean_x-mu)*np.sqrt(n)/S
#對 X 擬合 t 分佈，傳回其自由度 df
df,loc,scale=t.fit(X,floc=0,fscale=1)
df,loc,scale   #df 理論值為 9
```

運行結果如圖 18.53 所示。

$$(9.250781250000017, 0, 1)$$

▲ 圖 18.53

註釋：t.fit()傳回的第一個值也是自由度 df。

定理四 設 $X_1, X_2, \cdots, X_{n_1}$ 與 $Y_1, Y_2, \cdots, Y_{n_2}$ 分別是來自常態整體 $N(\mu_1, \sigma_1^2)$ 和 $N(\mu_2, \sigma_2^2)$ 的樣本,且這兩個樣本相互獨立。設 $\bar{X}, \bar{Y}$ 分別是兩樣本的樣本平均值;S_1^2, S_2^2 分別是這兩個樣本的樣本方差,則有

(1) $\dfrac{S_1^2 / S_2^2}{\sigma_1^2 / \sigma_2^2} \sim F(n_1 - 1, n_2 - 1)$。

(2) 當 $\sigma_1^2 = \sigma_2^2 = \sigma^2$ 時,

$$\frac{(\bar{X} - \bar{Y}) - (\mu_1 - \mu_2)}{S_w \sqrt{\dfrac{1}{n_1} + \dfrac{1}{n_2}}} \sim t(n_1 + n_2 - 2)$$

其中 $S_w^2 = \dfrac{(n_1 - 1)S_1^2 + (n_2 - 1)S_2^2}{n_1 + n_2 - 2}, S_w = \sqrt{S_w^2}$。

定理中結論(1)的擬合驗證過程程式如下:

```python
import numpy as np
from scipy.stats import norm,f
n1,n2=4,5
mu1,mu2,sigma1,sigma2=1,2,3,4
np.random.seed(0)
#生成兩組樣本 X,Y
X=np.array([norm(mu1,sigma1).rvs(size=n1) for _ in range(1000)])
Y=np.array([norm(mu2,sigma2).rvs(size=n2) for _ in range(1000)])
#按行求樣本平均值以及樣本方差
meanX=np.mean(X,axis=1)
meanY=np.mean(Y,axis=1)
S1_2=np.var(X,axis=1,ddof=1)
S2_2=np.var(Y,axis=1,ddof=1)
#對(S1_2/S2_2)/(sigma1**2/sigma2**2)擬合 f 分佈,傳回第一自由度 df1,第二自由度 df2
df1,df2,loc,scale=f.fit((S1_2/S2_2)/(sigma1**2/sigma2**2),floc=0,fscale=1)
df1,df2,loc,scale   #df1 理論值為 3,df2 理論值為 4
```

運行結果如圖 18.54 所示。

$$(3.0911763047227048, 4.072398588237663, 0, 1)$$

註釋：f.fit() 傳回 4 個值，分別對應第一自由度 df1，第二自由度 df2，loc 以及 scale。

定理中結論（2）的擬合驗證過程程式如下：

```
import numpy as np
from scipy.stats import norm,t
n1,n2=4,5
#sigma1=sigma2
mu1,mu2,sigma1,sigma2=1,2,4,4
np.random.seed(0)
#生成兩組樣本 X，Y
X=[norm(mu1,sigma1).rvs(size=n1) for _ in range(3000)]
Y=[norm(mu2,sigma2).rvs(size=n2) for _ in range(3000)]
#按行求樣本平均值以及樣本方差
meanX=np.mean(X,axis=1)
meanY=np.mean(Y,axis=1)
S1_2=np.var(X,axis=1,ddof=1)
S2_2=np.var(Y,axis=1,ddof=1)

Sw_2=((n1-1)*S1_2+(n2-1)*S2_2)/(n1+n2-2)
Sw=np.sqrt(Sw_2)
datas=((meanX-meanY)-(mu1-mu2))/(Sw*np.sqrt(1/n1+1/n2))

#對 datas 擬合 t 分佈，傳回自由度 df
df,loc,scale=t.fit(datas,floc=0,fscale=1)
df,loc,scale   #df 理論值為 7
```

運行結果如圖 18.55 所示。

$$(7.007421875000013, 0, 1)$$

▲圖 18.55

參數估計

本章討論整體參數的點估計和區間估計。

● 19.1 點估計

設整體 X 的分佈類型已知，但它的或多個參數未知，借助整體 X 的樣本來估計整體的未知參數稱為參數的點估計。

【例 19.1】某炸藥製造廠一天中發生著火現象的次數 X 是一個隨機變數，假設它服從以 $\lambda > 0$ 為參數的卜松分佈，參數 λ 為未知。現有以下的樣本值，如表 19.1 所示。

表 19.1

著火次數 k	0	1	2	3	4	5	6	7	
發生 k 次著火的天數 n_k	75	90	54	22	6	2	1	0	$\sum n_k = 250$

試估計參數 λ。

解 由於 X 服從參數為 λ 的卜松分佈，有 $\lambda = E(X)$。用樣本平均值估計整體平均值，可得 λ 的估計值。程式如下：

```
import numpy as np
#著火次數 k
k=[0,1,2,3,4,5,6,7]
#發生 k 次著火的天數
n_k=[75,90,54,22,6,2,1,0]
#np.dot(k,n_k)總著火次數，sum(n_k)是總天數，兩者的商為平均著火次數，即樣本平均值
#用樣本平均值估計整體平均值 lamda
lamda=np.dot(k,n_k)/sum(n_k)
lamda
```

運行結果如圖 19.1 所示。

1.216

▲圖 19.1

註釋：np.dot(k,n_k)指 k 與 n_k 的點積。

上述例子中，我們用樣本平均值估計整體平均值，也可以用樣本方差估計整體方差，這種估計方法稱為數字特徵法。除此之外，還有兩種常用的估計方法：矩估計法和最大似然估計法。

19.1.1 矩估計法

用樣本矩估計對應的整體矩，或用樣本矩的連續函數估計對應整體矩的連續函數，這種方法稱為矩估計法。

【**例 19.2**】設整體 X 在[a,b]上服從均勻分佈，a，b 未知。 $X_1, X_2, \cdots, X_n$ 是來自 X 的樣本，試求 a，b 的矩估計量。

解

$$\mu_1 = E(X) = (a+b)/2$$
$$\mu_2 = E(X^2) = D(X) + [E(X)]^2$$
$$= (b-a)^2/12 + (a+b)^2/4$$

從方程組中解出 a 與 b，程式如下：

```
from sympy import symbols,init_printing,solve
#啟動環境中最佳列印資源
init_printing()
mu1,mu2,a,b=symbols('mu1 mu2 a b',real=True)
#求解 a，b
#dict=True，使結果以字典形式傳回
solve([mu1-a/2-b/2,mu2-(b-a)**2/12-(a+b)**2/4],a,b,dict=True)[0]
```

運行結果如圖 19.2 所示。

$$\left\{ a : \mu_1 - \sqrt{3}\sqrt{-\mu_1^2 + \mu_2}, \ b : \mu_1 + \sqrt{3}\sqrt{-\mu_1^2 + \mu_2} \right\}$$

▲圖 19.2

註釋：由題可知，b>a。故這裡從 solve() 傳回的兩組解中挑選出了符合實際情況的一種，即索引[0]。

以樣本一階矩 A_1，二階矩 A_2，分別代替整體一、二階矩 μ_1 與 μ_2，即可得到 a 與 b 的矩估計量：

$$\hat{a} = A_1 - \sqrt{3(A_2 - A_1^2)} = \bar{X} - \sqrt{\frac{3}{n}\sum_{i=1}^{n}(X_i - \bar{X})^2}$$

$$\hat{b} = A_1 + \sqrt{3(A_2 - A_1^2)} = \bar{X} + \sqrt{\frac{3}{n}\sum_{i=1}^{n}(X_i - \bar{X})^2}$$

這裡 $\frac{1}{n}\sum_{i=1}^{n}(X_i - \bar{X})^2$ 是樣本的二階中心矩。

取 a=5，b=10，檢驗矩估計法，程式如下：

```
from scipy.stats import uniform,moment
np.random.seed(0)
a,b,n=5,10,1000
#從[5,10]區間上的均勻分佈中，生成容量為1000的樣本
datas=uniform(a,b-a).rvs(size=n)
mean_datas=np.mean(datas)
#moment(datas,moment=2)求資料的二階中心矩
estimate_a=mean_datas-np.sqrt(3*moment(datas,moment=2))
estimate_b=mean_datas+np.sqrt(3*moment(datas,moment=2))
estimate_a,estimate_b
```

運行結果如圖 19.3 所示。

(4.962947880840739, 9.99626746287709)

▲ 圖 19.3

註釋：scipy 中的 moment() 可用於求中心距，其中參數 moment=2，指明所求中心距的階為 2。

從上述輸出結果來看，a，b 的矩估計值與真值相差無幾。

【例 19.3】 設整體 X 的平均值 μ 及方差 σ^2 都存在，且有 $\sigma^2 > 0$。但 μ,σ^2 均為未知。又設 $X_1, X_2, \cdots, X_n$ 是來自 X 的樣本。試求 μ,σ^2 的矩估計量。

解

$$\begin{cases} \mu_1 = E(X) = \mu, \\ \mu_2 = E(X^2) = D(X) + [E(X)]^2 = \sigma^2 + \mu^2. \end{cases}$$

解得

$$\begin{cases} \mu = \mu_1 \\ \sigma^2 = \mu_2 - \mu_1^2 \end{cases}$$

以 A1，A2，分別代替 μ_1 與 μ_2，即可得 μ 及 σ^2 的矩估計量：

$$\hat{\mu}=A_1 = \bar{X},$$

$$\hat{\sigma}^2 = A_2 - A_1^2 = \frac{1}{n}\sum_{i=1}^{n}(X_i - \bar{X})^2.$$

舉例來說，假設整體 X 服從標準正態分佈，可計算 μ, σ^2 的矩估計值，程式如下：

```
from scipy.stats import norm
#從標準正太分佈中生成容量為 1000 的樣本
X=norm.rvs(size=1000)
#計算樣本一階矩與二階矩
A_1=np.mean(X)
A_2=np.mean(X**2)
#估計整體平均值及方差
mu,sigma2=A_1,A_2-A_1**2
mu,sigma2
```

運行結果如圖 19.4 所示。

(0.029044182857118864, 0.9334822098945599)

▲圖 19.4

19.1.2 最大似然估計法

固定樣本觀測值 $x_1, x_2, \cdots, x_n$，在未知參數 θ 設定值的可能範圍內挑選使似然函數 $L(x_1, x_2, \cdots, x_n; \theta)$ 達到最大值的參數 $\hat{\theta}$，作為參數 θ 的估計值，該方法稱為最大似然估計法。

【例 19.4】設 $X \sim b(1, p)$。$X_1, X_2, \cdots, X_n$ 是來自 X 的樣本，試求參數 p 的最大似然估計。

解 設 p 的真值為 0.3，生成一個容量為 10 的樣本，程式如下：

```
from scipy.stats import binom
np.random.seed(0)
X=binom.rvs(1,0.3,size=10)
X
```

運行結果如圖 19.5 所示。

$$array([0, 1, 0, 0, 0, 0, 0, 1, 1, 0])$$

▲圖 19.5

求該樣本下，p 的最大似然估計值，程式如下：

```
from sympy import diag,det,log,diff
p=symbols('p',positive=True)
#以每個樣本值出現的機率為主對角線，生成對角矩陣，目的在於借助對角矩陣行列式的計
算公式建構連乘
A=diag([p**X[i]*(1-p)**(1-X[i]) for i in range(len(X))],unpack=True)
#似然函數
L=det(A)
#求似然函數的最大值點與求對數似然函數的最大值點等值
ln_L=log(L)
#傳回對數似然函數關於 p 的一階導數為 0 的點，即最大值點
solve(ln_L.diff(p))
```

運行結果如圖 19.6 所示。

[3/10]

▲圖 19.6

註釋：

（1）diag([p**X[i]*(1-p)**(1-X[i]) for i in range(len(X))],unpack=True)將
串列中的元素作為主對角線元素，傳回一個對角矩陣。

（2）det(A)表示求對角矩陣 A 的行列式，即上述串列中所有元素的連
乘，組成似然函數。

（3）ln_L.diff(p)指對數似然函數關於 p 的一階導數。

從輸出結果可以看到，p 的最大似然估計值與 p 的真值相等。

【**例 19.5**】設 $X \sim N(\mu,\sigma^2)$ ，但 μ,σ^2 均未知， $x_1,x_2,\cdots,x_n$ 是來自 X 的樣本值。試求 μ,σ^2 的最大似然估計。

解 取 μ 與 σ 的值分別為 1，2，生成一組樣本，並在該樣本下，求兩參數的最大似然估計，程式如下：

```
from sympy import E,sqrt,pi
np.random.seed(1)
#在平均值為 1，標準差為 2 的正態分佈下，生成容量為 20 的一組樣本
X=norm(1,2).rvs(size=20)
mu=symbols('mu',real=True)
sigma=symbols('sigma',positive=True)
#主對角線為不同樣本值所對應的正態分佈下的機率密度函數值
A=diag([E**(-(X[i]-mu)**2/2/sigma**2)/sqrt(2*pi)/sigma \
        for i in range(len(X))],unpack=True)
L=det(A)
ln_L=log(L)
#傳回整體平均值以及標準差的最大似然估計值
solve([ln_L.diff(mu),ln_L.diff(sigma)])
```

運行結果如圖 19.7 所示。

$$[\{\mu: 0.733270727078538,\ \sigma: 2.19961091962075\}]$$

▲圖 19.7

上述程式的另一種等值形式為：norm.fit(X),結果一樣，程式如下：

```
np.random.seed(1)
X=norm(1,2).rvs(size=20)
#fit 方法預設傳回最大似然估計值
norm.fit(X)
```

如圖 19.8 所示。

$$(0.7332707270785411, 2.199610919620748)$$

▲圖 19.8

【例 19.6】設整體 X 在[a,b]上服從均勻分佈，a，b 未知。 $x_1, x_2, \cdots, x_n$ 是來自 X 的樣本值，試求 a，b 的最大似然估計。

解 取 $X \sim U(1,10)$ ，生成一組樣本，並在該樣本下，求 a，b 的最大似然估計。程式如下：

```
X=uniform.rvs(1,9,size=100)
#uniform(loc,scale)服從區間[loc,loc+scale]上的均勻分佈
loc,scale=uniform.fit(X)
#a，b 的最大似然估計
a,b=loc,loc+scale
a,b
```

運行結果如圖 19.9 所示。

$$(1.0258329432804307, \ 9.975905654063325)$$

▲圖 19.9

◉ 19.2　基於截尾樣本的最大似然估計

本節僅透過一個例子介紹截尾樣本的最大似然估計。

【例 19.7】電池的壽命服從指數分佈，設其機率密度為

$$f(t) = \begin{cases} \dfrac{1}{\theta} e^{-t/\theta}, t > 0 \\ 0, \qquad , t \le 0 \end{cases}$$

$\theta > 0$ 未知。隨機地取 50 顆電池投入壽命試驗，規定試驗進行到其中有 15 顆故障時結束試驗，測得故障時間（小時）為

$$115 \;\; 119 \;\; 131 \;\; 138 \;\; 142 \;\; 147 \;\; 148 \;\; 155$$
$$158 \;\; 159 \;\; 163 \;\; 166 \;\; 167 \;\; 170 \;\; 172$$

試求電池的平均壽命 θ 的最大似然估計。

解 該樣本為定數截尾樣本。記 15 顆電池的故障時間分別為 $t_1, t_2, \cdots, t_{15}$，有 $0 \le t_1 \le t_2 \le \cdots \le t_{15}$，令有 35 顆電池的壽命超過 t_{15}。一個產品在 $(t_i, t_i + dt_i]$ 故障的機率近似為 $f(t_i)dt_i = \frac{1}{\theta} e^{-t_i/\theta} dt_i$，其餘 35 個產品壽命超過 t_{15} 的機率為 $\left(\int_{t_{15}}^{\infty} \frac{1}{\theta} e^{-t/\theta} dt \right)^{35} = \left(e^{-t_{15}/\theta} \right)^{35}$，故觀察結果出現的機率近似為：

$$C_{50}^{15} \left(\frac{1}{\theta} e^{-t_1/\theta} dt_1 \right) \left(\frac{1}{\theta} e^{-t_2/\theta} dt_2 \right) \cdots \left(\frac{1}{\theta} e^{-t_{15}/\theta} dt_{15} \right) \left(e^{-t_{15}/\theta} \right)^{35}$$
$$= C_{50}^{15} \frac{1}{\theta^{15}} e^{-\frac{1}{\theta}[t_1 + t_2 + \cdots + t_{15} + 35t_{15}]} dt_1 dt_2 \cdots dt_{15}$$

其中 $dt_1 dt_2 \cdots dt_{15}$ 為常數。因忽略一個常數因數不影響 θ 的最大似然估計，故可取似然函數

$$L(\theta) = \frac{1}{\theta^{15}} e^{-\frac{1}{\theta}[t_1 + t_2 + \cdots + t_{15} + 35t_{15}]}$$

對數似然函數為：

$$\ln L(\theta) = -15 \ln \theta - \frac{1}{\theta} [t_1 + t_2 + \cdots + t_{15} + 35t_{15}]$$

令

$$\frac{d}{d\theta} \ln L(\theta) = -\frac{15}{\theta} + \frac{1}{\theta^2} [t_1 + t_2 + \cdots + t_{15} + 35t_{15}] = 0$$

可得 θ 的最大似然估計為：

$$\hat{\theta} = \frac{t_1 + t_2 + \cdots + t_{15} + 35t_{15}}{15}$$

代入資料，可得 θ 的最大似然估計值。程式如下：

```
#故障個數與樣本個數
m,n=15,50
#故障時間
X=[115,119,131,138,142,147,148,155,158,159,163,166,167,170,172]
#參數 theta 的最大似然估計值
s=sum(X)+(n-m)*max(X)
theta=s/m
theta
```

運行結果如圖 19.10 所示。

$$551.3333333333334$$

▲ 圖 19.10

◖ 19.3 估計量的評選標準

對於同一參數,用不同的估計方法得到的估計量可能不相同。評價估計量好壞的常用標準有:無偏性,有效性,相合性。

樣本平均值 $\bar{X}$ 是整體平均值 μ 的無偏估計,樣本方差 S^2 是整體方差 σ^2 的無偏估計,而將樣本方差分母 n-1 修改為 n,所得的估計量 $\hat{\sigma}^2 = \frac{1}{n}\sum_{i=1}^{n}(X_i - \bar{X})^2$,不是整體方差 σ^2 的無偏估計。擬合驗證程式如下:

```
from scipy.stats import norm
import numpy as np
MeanX,S2,Sigma2_hat=[],[],[]
for i in range(5000):
    np.random.seed(i)
    #正態分佈下生成容量為 n 的樣本
    loc,scale,n=5,10,10
    rand_X=norm(loc,scale).rvs(size=n)
    #計算樣本平均值與樣本方差
    mean_X=np.mean(rand_X)
```

```
      s2=np.var(rand_X,ddof=1)
      #ddof 預設為 0，此時分母為 n
      sigma2_hat=np.var(rand_X)
      #將不同樣本下算得的值增加入對應串列
      MeanX.append(mean_X)
      S2.append(s2)
      Sigma2_hat.append(sigma2_hat)
  #不同串列的平均值
  np.mean(MeanX),np.mean(S2),np.mean(Sigma2_hat)
```

運行結果如圖 19.11 所示。

```
(4.969598146966803, 99.72832110152297, 89.75548899137067)
```

▲ 圖 19.11

從輸出結果可以看到，樣本平均值的期望接近於整體平均值 5，樣本方差的期望接近於整體方差 100，$\hat{\sigma}^2 = \frac{1}{n}\sum_{i=1}^{n}(X_i - \bar{X})^2$ 的期望 89.76 與整體方差 100 之間還有一定的偏差。

【例 19.8】設整體 X 服從指數分佈，其機率密度為：

$$f(x,\theta) = \begin{cases} \dfrac{1}{\theta}e^{-x/\theta}, & x > 0 \\ 0, & x \le 0 \end{cases}$$

其中參數 $\theta > 0$ 未知，又設 $X_1, X_2, \cdots, X_n$ 是來自 X 的樣本，試證 $\bar{X}$ 和 $nZ = n(\min\{X_1, X_2, \cdots, X_n\})$ 都是 θ 的無偏估計量，並且當 n>1 時，$\bar{X}$ 較 nZ 有效。

解 取 θ=1，擬合驗證程式如下：

```
from scipy.stats import expon
theta=1.0
MeanX,nZ=[],[]
#反覆 100 次生成容量為 10 的樣本，計算樣本平均值及 nZ 值放入對應串列
for i in range(100):
```

```
    np.random.seed(i)
    size=10
    rand_X=expon(scale=theta).rvs(size=size)
    MeanX.append(np.mean(rand_X))
    nZ.append(min(rand_X)*size)
np.mean(MeanX),np.mean(nZ),np.var(MeanX),np.var(nZ)
```

執行結果如圖 19.12 所示。

$$(0.9651493421025489,$$
$$1.0325612840534983,$$
$$0.10541716945510324,$$
$$0.898114607747147)$$

▲ 圖 19.12

可以看到 $\bar{X}$ 和 nZ 的期望都在參數 θ 的真值 1 附近，$\bar{X}$ 的方差較 nZ 的方差要小。

▶ 19.4 區間估計

對於未知參數 θ，除了舉出它的點估計外，還需要知道作出對應估計的誤差是多少，即估計出一個範圍，並希望知道這個範圍包含參數 θ 真值的可信程度。這樣的範圍通常以區間的形式舉出，稱為區間估計。

【例 19.9】設整體 $X \sim N(\mu,1)$，μ 為未知，設 $X_1,X_2,\cdots,X_{16}$ 是來自 X 的容量為 16 的樣本，求 μ 的置信水準為 0.95 的置信區間。

解 已知 $\bar{X}$ 是 μ 的無偏估計，且

$$\frac{\bar{X}-\mu}{1/\sqrt{16}} \sim N(0,1).$$

按照標準正態分佈的上 α 分位點的定義，有：

$$P\left\{\left|\frac{\overline{X}-\mu}{1/\sqrt{16}}\right| < z_{0.05/2}\right\} = 0.95$$

即

$$P\left\{\overline{X}-\frac{1}{\sqrt{16}}z_{0.05/2} < \mu < \overline{X}+\frac{1}{\sqrt{16}}z_{0.05/2}\right\} = 0.95$$

這樣，就獲得了 μ 的置信水準為 0.95 的置信區間：

$$\left(\overline{X}-\frac{1}{\sqrt{16}}z_{0.05/2}, \ \ \overline{X}+\frac{1}{\sqrt{16}}z_{0.05/2}\right)$$

置信水準為 0.95 的置信區間，其含義是：若反覆抽樣多次，每組樣本算得的樣本平均值的觀察值代入上式都可確定一個區間（已經不是隨機區間了，但我們仍稱它為置信水準為 0.95 的置信區間），在這麼多區間中，包含 μ 的約佔 95%，不包含 μ 的約僅佔 5%。擬合驗證程式如下：

```
from scipy.stats import norm
import numpy as np
#假設整體平均值為 5
mu,sigma,n,alpha=5,1,16,0.05
test_times=1000
meanX=[]

#從整體中反覆取出容量為 16 的樣本，計算樣本平均值，放入串列 meanX 中
for i in range(test_times):
    np.random.seed(i)
    rv=norm(mu,sigma)
    X=rv.rvs(size=n)
    meanX.append(np.mean(X))

ME =sigma/np.sqrt(n)*norm.isf(alpha/2)
#置信下限
left=meanX-ME
```

```
#置信上限
right=meanX+ME

#所有置信區間中包含整體平均值的置信區間的比重
#sum([1 for i in range(len(meanX)) if left[i]<mu and right[i]>mu])表
示包含整體平均值的置信區間的個數
sum([1 for i in range(len(meanX)) if \
    left[i]<mu and right[i]>mu])/test_times
```

運行結果如圖 19.13 所示。

$$0.952$$

▲圖 19.13

從輸出結果可以看到，在生成的 1000 個置信區間中，有 95.2%是包含參數 μ 的，與 95%非常接近。

▶ 19.5 常態整體平均值與方差的區間估計

本節透過幾個例子介紹常態整體平均值與方差的區間估計。

19.5.1 單一整體 $N(\mu, \sigma^2)$ 的情況

【例 19.10】從一大批糖果中隨機地取出 16 袋，稱得重量（以 g 計）如下：

$$506\ 508\ 499\ 503\ 504\ 510\ 497\ 512$$
$$514\ 505\ 493\ 496\ 506\ 502\ 509\ 496$$

設袋裝糖果的重量近似服從正態分佈，試求整體平均值 μ 的置信水準為 0.95 的置信區間。

解 該題屬於單一常態整體，整體方差 σ^2 未知的情況下求整體平均值 μ 的置信區間。程式如下：

```
from scipy.stats import t
import numpy as np
X=np.array([506,508,499,503,504,510,497,512,\
            514,505,493,496,506,502,509,496])

#定義函數求置信上下限
def t_conf(data,confidence=0.95):
    #樣本平均值
    sample_mean = np.mean(data)
    #樣本標準差
    sample_std=np.std(data,ddof=1)
    #樣本容量
    sample_size = len(data)
    #顯著性水準
    alpha = 1 - confidence
    #t 分佈的分位數
    t_score = t.isf(alpha/2,df=sample_size-1)
    ME = sample_std / np.sqrt(sample_size) * t_score
    #置信下限
    lower_limit = sample_mean - ME
    #置信上限
    upper_limit = sample_mean + ME
    return lower_limit, upper_limit

lower_limit,upper_limit=t_conf(X)
print('({0:.2f},{1:.2f})'.format(lower_limit, upper_limit))
```

運行結果如圖 19.14 所示。

$$(500.45,507.05)$$

▲圖 19.14

【例 19.11】求例 19.10 中整體標準差 σ 的置信水準為 0.95 的置信區間。

解 該題屬於單一常態整體，整體平均值 μ 未知的情況下求整體方差 σ^2 的置信區間。程式如下：

```
from scipy.stats import chi2
X=np.array([506,508,499,503,504,510,497,512,\
            514,505,493,496,506,502,509,496])

#定義函數求置信上下限
def chi2_conf(data,confidence=0.95):
    #樣本方差
    sample_var=np.var(data,ddof=1)
    #樣本容量
    sample_size=len(data)
    #顯著性水準
    alpha=1-confidence
    #chi2 分佈的分位數(兩側)
    chi2_lscore=chi2.isf(1-alpha/2,sample_size-1)
    chi2_rscore=chi2.isf(alpha/2,sample_size-1)
    #整體方差的置信上下限
    lower_limit=((sample_size-1)*sample_var)/chi2_rscore
    upper_limit=((sample_size-1)*sample_var)/chi2_lscore
    return lower_limit,upper_limit

lower_limit,upper_limit=chi2_conf(X)
print('({0:.2f},{1:.2f})'.format(np.sqrt(lower_limit),\
                                 np.sqrt(upper_limit)))
```

運行結果如圖 19.15 所示。

$$(4.58,9.60)$$

▲圖 19.15

19.5.2 兩個整體 $N(\mu_1, \sigma_1^2), \ N(\mu_2, \sigma_2^2)$ 的情況

【例 19.12】為比較 I，II 兩種型號步槍子彈的槍口速度，隨機取 I 型子彈 10 發，得到槍口速度的平均值為 $\bar{x}_1 = 500m/s$，標準差 $s_1 = 1.10m/s$，隨機取 II 型子彈 20 發，得到槍口速度的平均值為 $\bar{x}_2 = 496m/s$，標準差 $s_2 = 1.20m/s$。假設兩整體都可認為近似地服從正態分佈，且由生產過程可認為方差相等。求兩整體平均值差 μ_1-μ_2 的置信水準為 0.95 的置信區間。

解 該題屬於兩個常態整體，兩整體方差相等，但未知，求整體平均值差的置信區間。程式如下：

```
#兩樣本平均值
meanX1,meanX2=500,496
#兩樣本標準差
S1,S2=1.1,1.2
#兩樣本容量
n1,n2=10,20
#顯著性水準
alpha=0.05
#t 分佈的分位數
t_score = t.isf(alpha/2,df=n1+n2-2)
Sw=np.sqrt(((n1-1)*S1**2+(n2-1)*S2**2)/(n1+n2-2))
ME = Sw*np.sqrt(1/n1+1/n2)*t_score
#置信上下限
lower_limit = meanX1-meanX2 - ME
upper_limit = meanX1-meanX2 + ME
np.round([lower_limit, upper_limit],3)
```

執行結果如圖 19.16 所示。

array([3.073, 4.927])

▲圖 19.16

由於置信區間下限大於零，實際中我們認為 μ_1 比 μ_2 大。

【例 19.13】為提高某一化學生產過程的得率,工廠試圖採用一種新的催化劑。為慎重起見,在實驗工廠先進行試驗。設採用原來的催化劑進行了 $n_1 = 8$ 次試驗,得到得率的平均值 $\bar{x}_1 = 91.73$,樣本方差 $s_1^2 = 3.89$;又採用新的催化劑進行了 $n_2 = 8$ 次試驗,得到得率的平均值 $\bar{x}_2 = 93.75$,樣本方差 $s_2^2 = 4.02$。假設兩整體都可認為服從正態分佈,且方差相等,兩樣本獨立。求兩整體平均值差 μ_1-μ_2 的置信水準為 0.95 的置信區間。

解 該題與例 19.12 的情況完全相同,程式如下:

```
from scipy.stats import t
import numpy as np
meanX1,meanX2=91.73,93.75
S1_2,S2_2=3.89,4.02
n1,n2=8,8
alpha=0.05
t_score = t.isf(alpha/2,df=n1+n2-2)
Sw=np.sqrt(((n1-1)*S1_2+(n2-1)*S2_2)/(n1+n2-2))
ME = Sw*np.sqrt(1/n1+1/n2)* t_score
lower_limit = meanX1-meanX2 - ME
upper_limit = meanX1-meanX2 + ME
np.round([lower_limit, upper_limit],3)
```

運行結果如圖 19.17 所示。

$$\text{array}([-4.153, \quad 0.113])$$

▲圖 19.17

所得置信區間包含零,實際中我們認為採用這兩種催化劑所得的得率的平均值沒有顯著差異。

【例 19.14】研究由機器 A 和機器 B 生產的鋼管的內徑(單位:mm),隨機取出機器 A 生產的管子 18 根,測得樣本方差 $s_1^2 = 0.34$;取出機器 B 生產的管子 13 根,測得樣本方差 $s_2^2 = 0.29$。設兩樣本相互獨立,且設由機器 A,機器 B 生產的管子的內徑分別服從正態分佈 $N(\mu_1, \sigma_1^2)$, $N(\mu_2, \sigma_2^2)$,

這裡 $\mu_i, \sigma_i^2 (i=1,2)$ 均未知。試求方差比 σ_1^2/σ_2^2 的置信水準為 0.90 的置信區間。

解 該題屬於兩個常態整體，兩整體平均值與方差都未知，求整體方差比的置信區間。程式如下：

```
from scipy.stats import f
#兩樣本容量
n1,n2=18,13
#兩樣本方差
S1_2,S2_2=0.34,0.29
#顯著性水準
alpha=0.1
#f 分佈的分位數(兩側)
f_lscore=f.isf(1-alpha/2,n1-1,n2-1)
f_rscore=f.isf(alpha/2,n1-1,n2-1)
#置信上下限
lower_limit=S1_2/S2_2/f_rscore
upper_limit=S1_2/S2_2/f_lscore
np.round([lower_limit, upper_limit],3)
```

運行結果如圖 19.18 所示。

$$\text{array([0.454, 2.791])}$$

▲圖 19.18

由於置信區間包含 1，實際中我們認為 σ_1^2, σ_2^2 兩者沒有顯著差別。

▶ 19.6 (0-1)分佈參數的區間估計

已知參數為 p 的(0—1)分佈，其期望與方差分別為：

$$\mu=p, \sigma^2 = p(1-p)$$

設 $X_1, X_2, \cdots, X_n$ 是來自(0—1)分佈的樣本，當樣本容量 n 較大（一般 $n>50$）時，由中心極限定理有：

$$\frac{\sum_{i=1}^{n} X_i - np}{\sqrt{np(1-p)}} = \frac{n\bar{X} - np}{\sqrt{np(1-p)}}$$

近似服從 N(0,1)分佈，於是有：

$$P\left\{\left|\frac{n\bar{X} - np}{\sqrt{np(1-p)}}\right| < z_{\alpha/2}\right\} \approx 1-p$$

求解不等式：

$$\left|\frac{n\bar{X} - np}{\sqrt{np(1-p)}}\right| < z_{\alpha/2}$$

等值於：

$$\left(\frac{n\bar{X} - np}{\sqrt{np(1-p)}}\right)^2 < z_{\alpha/2}^2$$

即可得 p 的置信水準為 α 的置信區間。

【例 19.15】從一大批產品中取出 100 個樣品中，得一級品 60 個，求這批產品的一級品率 p 的置信水準為 0.95 的置信區間。

解　由題可知，一級品率 p 是(0-1)分佈的參數，樣本容量 $n=100$，樣本平均值 $\bar{x} = 60/100 = 0.6$，置信區間的求解程式如下：

```
from scipy.stats import norm
from sympy import init_printing,symbols,solve
init_printing()
p=symbols('p',positive=True)
#樣本容量，樣本平均值，顯著性水準
n,meanX,alpha=100,0.6,0.05
#正態分佈的分位數
z_score=norm().isf(alpha/2)
```

```
#置信上下限
p1,p2=solve((n*meanX-n*p)**2/(n*p*(1-p))-z_score**2,p)
p1,p2
```

運行結果如圖 19.19 所示。

$$(0.502002586791062, 0.690598713567541)$$

▲圖 19.19

註釋：solve() 傳回的是 $\left(\dfrac{n\overline{X}-np}{\sqrt{np(1-p)}}\right)^2 = z_{\alpha/2}^2$ 的兩個根 p_1, p_2。

p 的置信水準為 0.95 的置信區間為 (p_1, p_2)，即(0.50，0.69)。

◉ 19.7 單側置信區間

對於某些實際問題，我們僅關心參數的置信下限或置信上限，這就引出了單側置信區間的問題。

【例 **19.16**】從一批燈泡中隨機取出 5 個作壽命試驗，測得壽命（以 h 計）為

$$1050 \quad 1100 \quad 1120 \quad 1250 \quad 1280$$

設燈泡壽命服從正態分佈。求燈泡壽命平均值的置信水準為 0.95 的單側置信下限。

解 對燈泡壽命來説，平均壽命長是我們所希望的，我們關心的是平均壽命的單側置信下限。由

$$\frac{\overline{X}-\mu}{S/\sqrt{n}} \sim t(n-1)$$

有：

$$P\left\{\frac{\bar{X}-\mu}{S/\sqrt{n}} < t_\alpha(n-1)\right\} = 1-\alpha$$

即

$$P\left\{\mu > \bar{X} - \frac{S}{\sqrt{n}}t_\alpha(n-1)\right\} = 1-\alpha$$

於是 μ 的置信水準為 α 的單側置信下限為 $\bar{X} - \dfrac{S}{\sqrt{n}}t_\alpha(n-1)$。

將已知資料代入上式，程式如下：

```
from scipy.stats import t
import numpy as np
from sympy import init_printing,symbols,solve
init_printing()
mu=symbols('mu',real=True)
X=[1050,1100,1120,1250,1280]
#顯著性水準
alpha=0.05
#樣本平均值
meanX=np.mean(X)
#樣本標準差
S=np.std(X,ddof=1)
#樣本容量
n=len(X)
#單側置信下限
solve((meanX-mu)/(S/np.sqrt(n))-t(n-1).isf(alpha),mu)
```

運行結果如圖 19.20 所示。

$$[1064.89955998421]$$

▲圖 19.20

假設檢驗

▶ 20.1 假設檢驗方法

假設檢驗是統計推斷的另一種重要方法。我們可對整體的分佈或分佈中的某些參數提出假設,並根據樣本驗證假設,從而作出最終決策。

【例 20.1】某廠房用一台包裝機包裝糖果。袋裝糖的淨重是一個隨機變數,它服從正態分佈。當機器正常時,其平均值為 0.5kg,標準差為 0.015kg。某日開工後為檢驗包裝機是否正常,隨機地取出它所包裝的糖 9 袋,稱得淨重為(kg):

    0.497 0.506 0.518 0.524 0.498 0.511 0.52 0.515 0.512

問機器是否正常?

解 建立假設 $H_0 : \mu = 0.5$;$H_1 : \mu \neq 0.5$ 。H_0 為真時,觀察檢驗統計量的觀察值是否落在拒絕域中,檢驗程式以下:

```
import numpy as np
from scipy.stats import norm
X=[.497,.506,.518,.524,.498,.511,.52,.515,.512]
#樣本平均值
meanX=np.mean(X)
#假設整體平均值等於 0.5
mu=.5
#整體標準差
sigma=.015
#樣本容量
n=len(X)
#顯著性水準
alpha=0.05
#檢驗統計量觀察值
z=(meanX-mu)*np.sqrt(n)/sigma
#拒絕域臨界點
k=norm().isf(alpha/2)
#np.abs(z)<k 為真時，説明檢驗統計量的觀察值落在接受域
z,k,np.abs(z)<k
```

運行結果如圖 20.1 所示。

(2.244444444444471, 1.9599639845400545, False)

▲圖 20.1

註釋：若|z|<k，説明檢驗統計量的觀察值落在接受域中，應接受原假設 H_0；反之，若|z|≥k，説明檢驗統計量的觀察值落在拒絕域中，此時拒絕 H_0，接受 H_1。

從輸出結果可以看到，|z|<k 的傳回值為 False，説明 z 值沒有落在接受域中，我們拒絕原假設 H_0，認為這天包裝機工作不正常。

上述假設檢驗中的備擇假設 $H_1 : \mu \neq 0.5$，表示 μ 可能大於 0.5，也可能小於 0.5，稱為雙邊備擇假設，對應的假設檢驗稱為雙邊假設檢驗。現在例 20.1 的基礎上，繪製雙邊假設檢驗的示意圖，程式如下：

```
import matplotlib.pyplot as plt
fig,ax=plt.subplots(1,1,figsize=(6,6))
#繪製標準正態分佈的機率密度曲線
x=np.linspace(-5,5,501)
y1=norm.pdf(x)
ax.plot(x,y1,'w')


#繪製拒絕域與接受域


#借助拒絕域臨界點-k 與 k 將繪圖區域分為左，中，右三部分
x_left=np.linspace(-5,-k,100)
x_middle=np.linspace(-k,k,300)
x_right=np.linspace(k,5,100)
y_left=norm.pdf(x_left)
y_middle=norm.pdf(x_middle)
y_right=norm.pdf(x_right)
#左右兩側區域填滿紅色，表示拒絕域，中間區域填滿綠色，代表接受域
ax.fill_between(x_left,y_left,color='r'\
                ,label='Rejection Region')
ax.fill_between(x_middle,y_middle,color='g'\
                ,alpha=0.5,label='Acceptance Region')
ax.fill_between(x_right,y_right,color='r')
#繪製 z 值輔助線
#plot 繪圖中取了水平座標相同的 50 個點，當點足夠稠密時，會連成一條線，
norm.pdf(z)-0.005 修飾了繪圖效果，使直線的頂端不超出上方的機率密度曲線
ax.plot([z]*50,np.linspace(0,norm.pdf(z)-0.005,50)\
        ,'b',lw=3,label='Sample z-Value')

ax.set_title('2 sides z test')
ax.legend()
plt.show()
```

執行結果如圖 20.2 所示。

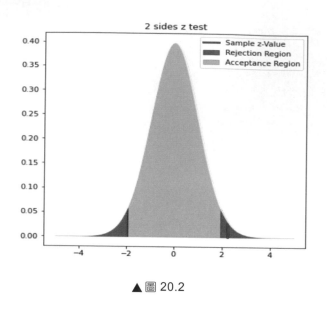

▲圖 20.2

註釋：

（1）fill_between(x,y1,y2=0)用於填充兩條水平曲線之間的區域，其水平曲線由（x,y1）與（x,y2）確定，y2 預設為 0；

（2）紅色區域是雙邊檢驗的拒絕域（左右兩側的面積各為 $\alpha/2$），綠色區域是接受域，藍色實線表示檢驗統計量的觀察值。從圖中可以看到，檢驗統計量的觀察值是落在了拒絕域中。

與雙邊檢驗相對，有時我們只關心整體平均值是否增大，例如檢驗假設

$$H_0 : \mu \leq 0.5 \ ; \ H_1 : \mu > 0.5$$

這樣的假設檢驗稱為右邊檢驗，其拒絕域只取右側（面積為 α），即 $z \geq z_\alpha$。同理，有時需檢驗假設

$$H_0 : \mu \geq 0.5 \ ; \ H_1 : \mu < 0.5$$

這樣的假設檢驗稱為左邊檢驗，其拒絕域只取左側（面積為 α），即 $z \leq -z_\alpha$。右邊檢驗與左邊檢驗統稱為單邊檢驗。

【例 20.2】供應商從生產商購買牛奶。供應商懷疑生產商在牛奶中摻水以謀利。透過測定牛奶的冰點，可以檢驗出牛奶是否摻水。天然牛奶的冰點溫度近似服從正態分佈，平均值 μ_0 = -0.545 ℃ ，標準差 σ=0.008 ℃。牛奶摻水可使冰點溫度升高而接近於水的冰點溫度（0℃）。測得生產商提交的 5 批牛奶的冰點溫度，其平均值為 $\bar{x} = -0.535\ ℃$ ，問是否可以認為生產商在牛奶中摻了水圖

解 由題意提出假設

$$H_0 : \mu \le \mu_0 = -0.545 \ ; \ H_1 : \mu > \mu_0$$

這裡我們只關心整體平均值是否增大，這是單邊檢驗中的右邊檢驗問題，其拒絕域只取右側。

比較檢驗統計量的觀察值與拒絕域的臨界值，程式如下：

```
#樣本平均值
meanX=-0.535
#整體平均值，標準差
mu,sigma=-0.545,0.008
#不同的顯著性水準
alpha=[0.05,0.0025]
#樣本容量
n=5
#檢驗統計量觀察值
z=(meanX-mu)*np.sqrt(n)/sigma
#不同顯著性水準下的拒絕域臨界值
k=[norm().isf(a) for a in alpha]
#單邊檢驗，z<k 為真時，檢驗統計量觀察值落在接受域中
z,k,z<k
```

運行結果如圖 20.3 所示。

```
(2.7950849718747395,
 [1.6448536269514729, 2.8070337683438042],
 array([False,  True]))
```

▲ 圖 20.3

註釋：這裡顯著性水準 α 取了兩個不同的值。可以看到，當 α=0.05 時，z>k，需拒絕 H_0，認為牛奶商在牛奶中摻了水，而當 α=0.0025 時，z<k，接受 H_0，認為牛奶商沒摻水。不同的顯著性水準可能造成完全相反的結論，實際應用中應結合具體問題，並同時考慮對應的功效進行選取。

◉ 20.2 常態整體平均值的假設檢驗

20.2.1 單一整體 $N(\mu,\sigma^2)$ 均值 μ 的檢驗

整體方差 σ^2 已知時，關於 μ 的檢驗採用 Z 檢驗法，可參看上節兩個例子。若整體方差 σ^2 未知，關於 μ 的檢驗則需採用 t 檢驗法，我們來看一個例子：

【例 20.3】某元件的壽命 X（以 h 計）服從正態分佈 $N(\mu,\sigma^2)$，μ, σ^2 均未知。現測得 16 只元件的壽命如下：

$$159\ 280\ 101\ 212\ 224\ 379\ 179\ 264$$
$$222\ 362\ 168\ 250\ 149\ 260\ 485\ 170$$

問是否有理由認為元件的平均壽命大於 225h？

解 按題意需檢驗

$$H_0 : \mu \le \mu_0 = 225 \ ; \ H_1 : \mu > 225$$

這是單邊檢驗中的右邊檢驗問題，檢驗程式如下：

```
import numpy as np
from scipy.stats import t
X=[159,280,101,212,224,379,179,264,
   222,362,168,250,149,260,485,170]
#樣本平均值，標準差，容量
meanX=np.mean(X)
S=np.std(X,ddof=1)
```

```
n=len(X)
#顯著性水準
alpha=0.05
mu=225
#檢驗統計量的觀察值
t_value=(meanX-mu)*np.sqrt(n)/S
#拒絕域的臨界點
k=t(n-1).isf(alpha)
t_value,k,t_value<k
```

運行結果如圖 20.4 所示。

(0.6685176967463559, 1.7530503556925552, True)

▲ 圖 20.4

註釋：該右邊檢驗的拒絕域為 $t \geq t_\alpha(n-1)$。

從輸出結果可以看到，t_value<k，即檢驗統計量的觀察值落在接受域中，故接受 H_0，認為元件的平均壽命不大於 225h。

20.2.2 兩個常態整體平均值差的檢驗

當兩個常態整體方差均為已知時，我們可採用 Z 檢驗法檢驗兩整體平均值差的假設問題。由於實際情況中，整體的方差往往是未知的，這裡我們僅討論兩常態整體方差未知（相等）的情況下，平均值差的假設檢驗。

【例 20.4】用兩種方法（A 和 B）測定冰自-0.72℃轉變為 0℃的水的融化熱（以 cal/g 計）。測得以下的資料：

方法 A：　　　79.98　80.04　80.02　80.04　80.03　80.03

　　　　　　　80.04　79.97　80.05　80.03　80.02　80.00　80.02

方法 B：　　　80.02　79.94　79.98　79.97　79.97　80.03　79.95　79.97

設這兩個樣本相互獨立，且分別來自常態整體 $N(\mu_1, \sigma^2)$ 和 $N(\mu_2, \sigma^2)$，

μ_1,　μ_2,　σ^2 均未知。試檢驗假設（取顯著性水準 $\alpha=0.05$）

解 由題意提出假設

$$H_0 : \mu_1\text{-}\mu_2 \leq 0 \; ; \; H_1 : \mu_1\text{-}\mu_2 > 0$$

畫出對應方法 A 和方法 B 的箱線圖，程式如下：

```
import matplotlib.pyplot as plt
A=[79.98,80.04,80.02,80.04,80.03,80.03,
    80.04,79.97,80.05,80.03,80.02,80.00,80.02]
B=[80.02,79.94,79.98,79.97,79.97,80.03,79.95,79.97]
plt.boxplot([A,B],labels=['A','B'])
plt.show()
```

運行結果如圖 20.5 所示。

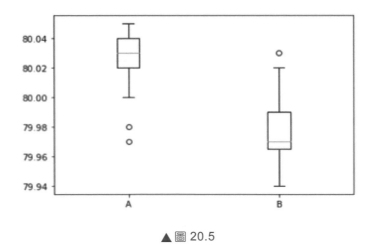

▲圖 20.5

從圖形來看，這兩種方法所得到的結果是有明顯差異的，現在來檢驗上述假設，程式如下：

```
#兩樣本容量
n1,n2=len(A),len(B)
#兩樣本平均值
meanA,meanB=np.mean(A),np.mean(B)
```

```
#兩樣本方差
SA2,SB2=np.var(A,ddof=1),np.var(B,ddof=1)
Sw2=((n1-1)*SA2+(n2-1)*SB2)/(n1+n2-2)
Sw=np.sqrt(Sw2)
#兩整體平均值差，顯著性水準
sub_mu,alpha=0,0.05
#檢驗統計量觀察值
t_value=(meanA-meanB-sub_mu)/Sw/np.sqrt(1/n1+1/n2)
#拒絕域臨界值
k=t(n1+n2-2).isf(alpha)
t_value,k,t_value<k
```

運行結果如圖 20.6 所示。

> (3.472244847094969, 1.7291328115213678, False)

▲ 圖 20.6

註釋：該右邊檢驗的拒絕域為 $t \geq t_\alpha(n_1+n_2-2)$ 。

從輸出結果可以看到 t_value>k，檢驗統計量的觀察值落在拒絕域中，故拒絕 H_0，可認為方法 A 比方法 B 測得的融化熱要大。

20.2.3 基於成對資料的檢驗

有時為了比較兩種產品、兩種儀器、兩種方法之間的差異，我們常在相同的條件下做對比試驗，得到一批成對的觀察值，然後分析觀察資料作出推斷。這種方法稱為逐對比較法。

【例 20.5】有兩台光譜儀 I_x, I_y，用來測量材料中某種金屬的含量，為鑑定它們的測量結果有無顯著的差異，製備了 9 件試塊（它們的成分、金屬含量、均勻性等均各不相同），現在分別用這兩台儀器對每一試塊測量一次，得到 9 對觀察值如表 20.1 所示。

表 20.1

$x(\%)$	0.20	0.30	0.40	0.50	0.60	0.70	0.80	0.90	1.00
$y(\%)$	0.10	0.21	0.52	0.32	0.78	0.59	0.68	0.77	0.89
$d = x - y(\%)$	0.10	0.09	-0.12	0.18	-0.18	0.11	0.12	0.13	0.11

問能否認為這兩台儀器的測量結果有顯著的差異（取 $\alpha = 0.01$）？

解　由於兩台儀器是對相同的試塊進行測量，所以本題中的資料是成對的。 $D_i = X_i - Y_i$ 可看作來自同一常態整體 $N(\mu_D, \sigma_D^2)$ 的樣本，其中 μ_D, σ_D^2 未知，檢驗假設：

$$H_0 : \mu_D = 0 \text{ ; } H_1 : \mu_D \neq 0$$

檢驗程式如下：

```
x=[0.2,0.3,0.4,0.5,0.6,0.7,0.8,0.9,1.0]
y=[0.1,0.21,0.52,0.32,0.78,0.59,0.68,0.77,0.89]
d=np.array(x)-np.array(y)
#兩樣本差的平均值，標準差，容量
mean_d=np.mean(d)
S_d=np.std(d,ddof=1)
n=len(d)
#顯著性水準
alpha=0.01
#檢驗統計量觀察值
t_value=mean_d*np.sqrt(n)/S_d
#拒絕域臨界值
k=t(n-1).isf(alpha/2)
t_value,k,abs(t_value)<k
```

運行結果如圖 20.7 所示。

(1.4672504626906, 3.3553873313333966, True)

▲圖 20.7

註釋：該雙邊檢驗的拒絕域為 $|t| \geq t_{\alpha/2}(n-1)$ 。

從輸出結果可以看到，檢驗統計量的觀察值落在接受域中，故接受 H_0，認為兩台儀器的測量結果無顯著差異。

【例 20.6】做以下實驗以比較人對紅光或綠光的反應時間（以 s 計）。實驗在點亮紅光或綠光的同時，啟動計時器，要求受試者見到紅光或綠光點亮時，就按下按鈕，切斷計時器，這就能測得反應時間。測量的結果如表 20.2 所示。

表 20.2

紅光 (x)	0.30	0.23	0.41	0.53	0.24	0.36	0.38	0.51
綠光 (y)	0.43	0.32	0.58	0.46	0.27	0.41	0.38	0.61
$d = x - y$	-0.13	-0.09	-0.17	0.07	-0.03	-0.05	0.00	-0.10

問能否認為這兩台儀器的測量結果有顯著的差異（取 α=0.01）？

解 我們先作圖觀察資料，程式如下：

```
import matplotlib.pyplot as plt
x=np.array([.3,.23,.41,.53,.24,.36,.38,.51])
y=np.array([.43,.32,.58,.46,.27,.41,.38,.61])
plt.boxplot([x,y],labels=['x','y'])
plt.show()
```

執行結果如圖 20.8 所示。

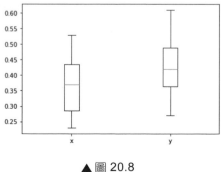

▲ 圖 20.8

從圖上可以看到人對紅光的反應時間要比綠光的反應時間少，是否真的如此，需做進一步的檢驗。設 $D_i = X_i - Y_i$ 是來自同一常態整體 $N(\mu_D, \sigma_D^2)$ 的樣本，其中 μ_D, σ_D^2 未知，檢驗假設：

$$H_0 : \mu_D \geq 0 \ ; \ H_1 : \mu_D < 0$$

檢驗程式如下：

```
x=np.array([.3,.23,.41,.53,.24,.36,.38,.51])
y=np.array([.43,.32,.58,.46,.27,.41,.38,.61])
d=x-y
n=len(d)
S_d=np.std(d,ddof=1)
#檢驗統計量觀察值
t_value=np.mean(d)*np.sqrt(n)/S_d
alpha=0.05
#-t(n-1).isf(alpha)為左邊檢驗的臨界值
t_value,-t(n-1).isf(alpha)
```

及結果如圖 20.9 所示。

$$(-2.311250817605121, \ -1.8945786050613054)$$

▲ 圖 20.9

註釋：該左邊檢驗的拒絕域為 $t \leq -t_\alpha(n-1)$。

從輸出結果可以看到，$t\_value < -t_\alpha(n-1)$，檢驗統計量觀察值落在左邊檢驗的拒絕域中，故拒絕 H_0，認為人對紅光的反應時間小於對綠光的反應時間，也就是人對紅光的反應要比綠光快。

◑ 20.3 常態整體方差的假設檢驗

本節透過兩個例子來討論常態整體方差的假設檢驗問題。

20.3.1 單一常態整體的情況

【例 20.7】某電池廠生產的某種型號的電池,其壽命(以 h 計)長期以來服從方差 σ^2=5000 的正態分佈,現有一批這種電池,從它的生產情況來看,壽命的波動性有所改變。現隨機取 26 顆電池,測出其壽命的樣本方差 $s^2 = 9200$。問根據這一資料能否推斷這批電池的壽命的波動性較以往的有顯著的變化(取 α=0.02)?

解 由題意提出假設

$$H_0 : \sigma^2 = 5000 \;\; ; \;\; H_1 : \sigma^2 \neq 5000$$

這是雙邊檢驗,取 χ^2 檢驗統計量,檢驗程式如下:

```
from scipy.stats import chi2
#整體方差,樣本方差
sigma2,S2=5000,9200
#樣本容量
n=26
#顯著性水準
alpha=0.02
#卡方檢定統計量觀察值
Ch2=(n-1)*S2/sigma2
#判斷檢驗統計量觀察值是否落在拒絕域
Ch2>=chi2(n-1).isf(alpha/2) or Ch2<=chi2(n-1).isf(1-alpha/2)
```

運行結果如圖 20.10 所示。

True

▲ 圖 20.10

註釋：該雙邊檢驗的拒絕域為 $\chi^2 \geq \chi^2_{\alpha/2}(n-1)$ 或 $\chi^2 \leq \chi^2_{1-\alpha/2}(n-1)$。

從輸出結果可以看到，檢驗統計量的觀察值落在拒絕域中，故拒絕 H_0，認為這批電池壽命的波動性較以往的有顯著的變化。

20.3.2　兩個常態整體的情況

【例 20.8】用兩種方法（A 和 B）測定冰自-0.72℃轉變為 0℃的水的融化熱（以 cal/g 計）。測得以下的資料：

方法 A：　79.98　80.04　80.02　80.04　80.03　80.03
　　　　　　80.04　79.97　80.05　80.03　80.02　80.00　80.02
方法 B：　80.02　79.94　79.98　79.97　79.97　80.03　79.95　79.97

設這兩個樣本相互獨立，且分別來自常態整體 $N(\mu_A, \sigma_A^2)$ 和 $N(\mu_B, \sigma_B^2)$，試檢驗 $H_0: \sigma_A^2 = \sigma_B^2$ 和 $H_1: \sigma_A^2 \neq \sigma_B^2$，以說明我們在例 20.4 中假設 $\sigma_A^2 = \sigma_B^2$ 是合理的。（取顯著性水準 α=0.01）

解　這是雙邊檢驗，取 F 檢驗統計量，檢驗程式如下：

```
import numpy as np
from scipy.stats import f
A=[79.98,80.04,80.02,80.04,80.03,80.03,
   80.04,79.97,80.05,80.03,80.02,80.00,80.02]
B=[80.02,79.94,79.98,79.97,79.97,80.03,79.95,79.97]
#兩樣本方差
S2_A,S2_B=np.var(A,ddof=1),np.var(B,ddof=1)
#兩樣本容量
n1,n2=len(A),len(B)
#顯著性水準
alpha=0.01
#判斷檢驗統計量觀察值是否落在拒絕域
S2_A/S2_B>=f(n1-1,n2-1).isf(alpha/2) \
or S2_A/S2_B<=f(n1-1,n2-1).isf(1-alpha/2)
```

運行結果如圖 20.11 所示。

False

▲圖 20.11

註釋： 該雙邊檢驗的拒絕域為 $F \geq F_{\alpha/2}(n_1-1,n_2-1)$ 或 $F \leq F_{1-\alpha/2}(n_1-1,n_2-1)$。

從輸出結果可以看到，檢驗統計量的觀察值沒有落在拒絕域中，故接受 H_0，認為兩整體方差相等。

● 20.4 置信區間與假設檢驗之間的關係

置信區間與假設檢驗之間有著明顯的聯繫。對雙邊檢驗來說，若顯著性水準為 α 的假設檢驗：$H_0:\theta=\theta_0$；$H_1:\theta \neq \theta_0$ 的接受域為 $\underline{\theta}(x_1,\cdots,x_n) < \theta_0 < \overline{\theta}(x_1,\cdots,x_n)$，則 $(\underline{\theta}(X_1,\cdots,X_n),\overline{\theta}(X_1,\cdots,X_n))$ 即為參數 θ 的置信水準為 $1-\alpha$ 的置信區間。反之，設 $(\underline{\theta}(X_1,\cdots,X_n),\overline{\theta}(X_1,\cdots,X_n))$ 是參數 θ 的置信水準為 $1-\alpha$ 的置信區間，則 $\underline{\theta}(x_1,\cdots,x_n) < \theta_0 < \overline{\theta}(x_1,\cdots,x_n)$ 即為顯著性水準為 α 的雙邊檢驗：$H_0:\theta=\theta_0$ 和 $H_1:\theta \neq \theta_0$ 的接受域。

還可驗證，置信水準為 $1-\alpha$ 的單側置信區間 $(-\infty,\overline{\theta}(X_1,\cdots,X_n))$ 與顯著性水準為 α 的左邊檢驗問題有類似的對應關係；置信水準為 $1-\alpha$ 的單側置信區間 $(\underline{\theta}(X_1,\cdots,X_n),+\infty)$ 與顯著性水準為 α 的右邊檢驗問題有類似的對應關係。

【例 20.9】設 $X \sim N(\mu,1)$，μ 未知，$\alpha=0.05$，$n=16$，且由一樣本算得 $\overline{x}=5.20$，求參數 μ 的置信水準為 0.95 的置信區間，程式如下：

```
import numpy as np
from scipy.stats import norm
#整體標準差
sigma=1
#樣本平均值，容量，顯著性水準
meanX,n,alpha=5.2,16,0.05
```

```
ME=sigma/np.sqrt(n)*norm.isf(alpha/2)
#置信上下限
lower_limit=meanX-ME
upper_limit=meanX+ME
lower_limit,upper_limit
```

運行結果如圖 20.12 所示。

$$(4.710009003864987, 5.6899909961350135)$$

▲圖 20.12

現在考慮雙邊檢驗 $H_0 : \mu = 5.5$ ；$H_1 : \mu \neq 5.5$ 。由於 $5.5 \in (4.71, 5.69)$，故接受 H_0。

【例 20.10】 資料如上例 20.9 。試求右邊檢驗問題 $H_0 : \mu \leq \mu_0$ ；$H_1 : \mu > \mu_0$ 的接受域，並求 μ 的單側置信下限（ $\alpha = 0.05$ ）。

解 求檢驗問題的接受域，程式如下：

```
from sympy import symbols,init_printing,solve
init_printing()
sigma=1
meanX,n,alpha=5.2,16,0.05
#設整體平均值為 mu_0
mu_0=symbols('mu_0',real=True)
z=(meanX-mu_0)*np.sqrt(n)/sigma
#z<norm().isf(alpha)為接受域，故 solve 解出的 mu_0 為可接受原假設的最小整體平均值
solve(z-norm().isf(alpha),mu_0)
```

運行結果如圖 20.13 所示。

$$[4.78878659326212]$$

▲圖 20.13

註釋：solve(z-norm().isf(alpha),mu_0)是從 $z = \dfrac{5.2 - \mu_0}{1/\sqrt{16}} = z_{0.05}$ 中解出 μ_0。

故檢驗問題的接受域為 $\mu_0 > 4.79$，這樣就得到 μ 的單側置信區間 $(4.79, \infty)$，單側置信下限為 4.79。

▶ 20.5 樣本容量的選取

在假設檢驗的過程中可能會犯兩類錯誤，一類是原假設 H_0 為真時拒絕 H_0，這類「棄真」錯誤稱為第 I 類錯誤；另一類是當 H_0 不真時接受 H_0，稱這類「取偽」錯誤為第 II 類錯誤，我們希望犯兩類錯誤的機率都很小。之前我們進行假設檢驗時，總是預先給定顯著性水準以控制犯第 I 類錯誤的機率，此時犯第 II 類錯誤的機率則依賴於樣本容量。本節以單一常態整體平均值的 Z 檢驗法為例，介紹如何選取樣本容量使犯第 II 類錯誤的機率控制在預先給定的限度之內。

我們把 $\beta(\theta) = P_\theta(\text{接受} H_0)$ 稱為某檢驗法 C 的施行特徵函數或 OC 函數，其圖形稱為 OC 曲線。繪製 OC 曲線，程式如下：

```
#右邊檢驗問題
import numpy as np
import matplotlib.pyplot as plt
from scipy.stats import norm
#整體標準差
sigma=3
#樣本平均值，容量
meanX,n=1.3,10
#顯著性水準
alpha=0.05
#整體平均值
u=np.linspace(0,5)
#假設中的常數
u0=1
```

```
#右邊檢驗的拒絕域臨界值
z_alpha=norm().isf(alpha)
#OC 函數值
beta=norm().cdf(z_alpha-(u-u0)*np.sqrt(n)/sigma)
#OC 曲線
plt.plot(u,beta,label='beta(mu)')
#整體平均值 u=u0 時的垂直輔助線
plt.vlines(u0,0,norm().cdf(z_alpha),colors='g'\
           ,label='u={}'.format(u0))
#水平輔助線，u=u0 時的 OC 函數值
plt.hlines(norm().cdf(z_alpha),0,u0,colors='r'\
           ,linestyles='dashed',label='beta({})={}'\
           .format(u0,1-alpha))
plt.xlim(0)
plt.ylim(0)
plt.xlabel('u')
plt.ylabel('beta(u)')
plt.title('OC Curve')
plt.legend()
plt.show()
```

運行結果如圖 20.14 所示。

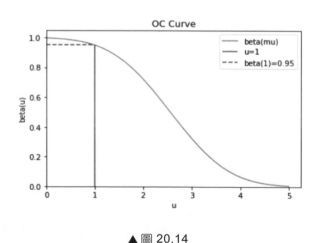

▲圖 20.14

註釋：
（1）右邊檢驗 $H_0 : \mu \le \mu_0$ ； $H_1 : \mu > \mu_0$ 的 OC 函數為

$$\beta(\mu) = P_\mu(接受H_0) = P_\mu(\frac{\overline{X} - \mu_0}{\sigma / \sqrt{n}} < z_\alpha)$$

$$= P_\mu(\frac{\overline{X} - \mu}{\sigma / \sqrt{n}} < z_\alpha - \frac{\mu - \mu_0}{\sigma / \sqrt{n}}) = \Phi(z_\alpha - \frac{\mu - \mu_0}{\sigma / \sqrt{n}})$$

（2）左邊檢驗與雙邊檢驗的 OC 曲線可類似繪製。

當真值 $\mu \in H_1$ 時， $\beta(\mu)$ 即為犯第 II 類錯誤的機率。從輸出圖形可以看到，當 $\mu > \mu_0$ 且在 μ_0 附近時 $\beta(\mu)$ 的值很大，即犯第 II 類錯誤的機率很大。這是我們不能控制的，但我們可以使 $\mu \ge \mu_0 + \delta(\delta > 0$ 為取定的值$)$ 時犯第 II 類錯誤的機率不超過給定的 β ，只需樣本容量 n 滿足條件

$$\sqrt{n} \ge \frac{(z_\alpha + z_\beta)\sigma}{\delta}$$

【例 20.11】設有一大批產品，產品品質指標 $X \sim N(\mu, \sigma^2)$。以 μ 小者為佳，廠方要求所確定的驗收方案對高品質的產品（ $\mu \le \mu_0$ ）能以高機率 $1-\alpha$ 為買方所接受。買方則要求低質產品（ $\mu \ge \mu_0 + \delta, \delta > 0$ ）能以高機率 $1-\beta$ 被拒絕。 α, β 由廠方與買方協商舉出。並採取一次抽樣以確定該批產品是否為買方所接受。問應怎樣安排抽樣方案。已知 μ_0=120， δ=20 ，且由工廠長期經驗知 σ^2=900 。又經商定 α, β 均取為 0.05。

解 提出假設

$$H_0 : \mu \le \mu_0 ； H_1 : \mu > \mu_0$$

這是右邊檢驗，確定樣本容量 n，程式如下：

```
alpha,beta=0.05,0.05
delta,sigma=20,30
sqrt_n=(norm().isf(alpha)+norm().isf(beta))*sigma/delta
#樣本容量的最小值，這裡取了上取整數
n=np.ceil(sqrt_n**2)
n
```

運行結果如圖 20.15 所示。

25.0

▲圖 20.15

註釋：ceil() 是上取整數函數，ceil(x)傳回大於等於 x 的最小整數。

將 n=25 代入 Z 檢驗的拒絕域，可確定樣本平均值的範圍，程式如下：

```
u0=120
#拒絕原假設的最小樣本平均值
least_meanX=norm().isf(alpha)*sigma/np.sqrt(n)+u0
least_meanX
```

執行結果如圖 20.16 所示。

129.86912176170884

▲圖 20.16

註釋：當 $\bar{x} \geq 129.87$ 時，買方就拒絕這批產品；$\bar{x} < 129.87$ 時，買方接受這批產品。

◑20.6　分佈擬合檢驗

當整體分佈未知時，我們需根據樣本資訊來檢驗關於整體分佈的假設，本節透過實例來介紹 χ^2 擬合檢驗法。

20.6.1　單一分佈的 χ^2 擬合檢驗法

【例 20.12】表 20.3 列出了某一地區在夏季的月中由 100 個氣象站報告的雷暴雨的次數：

表 20.3

i	0	1	2	3	4	5	≥ 6
f_i	22	37	20	13	6	2	0
A_i	A_0	A_1	A_2	A_3	A_4	A_5	A_6

其中 f_i 是報告雷暴雨次數為 i 的氣象站數。試用 χ^2 擬合檢驗法檢驗雷暴雨的次數 X 是否服從平均值 $\lambda=1$ 的卜松分佈（取顯著性水準 $\alpha=0.05$）。

解 依題意，需檢驗假設

$$H_0 : P\{X = i\} = \frac{e^{-1}}{i!}, i = 0, 1, 2, \cdots.$$

在 H_0 為真時，X 所有可能取的值為 $\Omega=\{0,1,2,\cdots\}$，將 Ω 分成兩兩互不相交的子集 $A_0, A_1, \cdots, A_6$，計算其發生的機率 p_i 以及 np_i。程式如下：

```python
import numpy as np
from scipy.stats import poisson,chi2
freq=[22,37,20,13,6,2,0]
n=sum(freq)
#參數為 1 的卜松分佈設定值為 0 到 5 所對應的機率
p=[poisson(1).pmf(i) for i in range(len(freq)-1)]
#1-sum(p)為卜松分佈設定值大於等於 6 的機率，將其增加入串列中
p.append(1-sum(p))
#將串列 p 轉為 array 陣列形式，以使用 array 陣列的廣播機制
p=np.array(p)
#n*p 對陣列 p 中的每一個元素均乘以 n
print('n*p={}'.format(n*p))
```

運行結果如圖 20.17 所示。

```
n*p=[36.78794412 36.78794412 18.39397206  6.13132402  1.532831    0.3065662
 0.05941848]
```

▲ 圖 20.17

注意：χ^2 擬合檢驗法在使用時需保證 n 不能小於 50。

從輸出結果可以看到，n*p 中後三項的值均小於 5，因此我們合併後四組，使 n*p 中每一項的值均大於或等於 5，程式如下：

```
#hstack 用於水平方向拼接陣列，freq[:3]表示串列 freq 中的前三項，sum(freq[3:])
是後四項的和
freq=np.hstack((freq[:3],np.array(sum(freq[3:]))))
p=np.hstack((p[:3],np.array(sum(p[3:]))))
freq,p
```

運行結果如圖 20.18 所示。

```
(array([22, 37, 20, 21]),
 array([0.36787944, 0.36787944, 0.18393972, 0.0803014 ]))
```

▲圖 20.18

註釋：hstack()用於水平方向拼接陣列。

計算 χ^2 檢驗統計量的觀察值以及拒絕域的臨界點，程式如下：

```
#卡方檢定統計量的觀察值
Chi_2=sum(freq**2/(n*p))-n
#chi2(len(freq)-1).isf(0.05)表示拒絕域的臨界點
Chi_2,chi2(len(freq)-1).isf(0.05)
```

運行結果如圖 20.19 所示。

```
(27.034114984935727, 7.814727903251178)
```

▲圖 20.19

可見，χ^2=27.03>7.815，檢驗統計量觀察值落在拒絕域中，故拒絕 H_0，認為樣本不是來自平均值 λ=1 的卜松分佈。

【例 20.13】在研究牛的毛色與牛角的有無，這樣兩對性狀分離現象時，用黑色無角牛與紅色有角牛雜交，子二代出現黑色無角牛 192 頭，黑色有角牛 78 頭，紅色無角牛 72 頭，紅色有角牛 18 頭，共 360 頭，問這兩對性狀是否符合孟德爾遺傳規律中 9：3：3：1 的遺傳比例？

解 以 X 記各種牛的序號，依題意，需檢驗假設：H_0：X 的分佈律為

X	1	2	3	4
p_i	9/16	3/16	3/16	1/16

檢驗程式如下：

```
#實際頻數
freq=np.array([192,78,72,18])
#理論頻率
p=np.array([9/16,3/16,3/16,1/16])
#p*sum(freq)最小為 22.5>5,無需合併
Chi_2=sum(freq**2/(sum(freq)*p))-sum(freq)
Chi_2,chi2(len(freq)-1).isf(0.1)
```

運行結果如圖 20.20 所示。

$$(3.377777777777794, 6.2513886311703235)$$

▲圖 20.20

可見，χ^2=3.38<6.251，檢驗統計量觀察值沒有落在拒絕域中，故接受 H_0，認為兩性狀符合遺傳規律中 9：3：3：1 的遺傳比例。

20.6.2 分佈族的 χ^2 擬合檢驗

【例 20.14】在一實驗中，每隔一定時間觀察一次由某種鈾所放射的到達計數器上的 α 粒子數 X，共觀察了 100 次，得結果如表 20.4 所示。

表 20.4

i	0	1	2	3	4	5	6	7	8	9	10	11	≥12
f_i	1	5	16	17	26	11	9	9	2	1	2	1	0
A_i	A_0	A_1	A_2	A_3	A_4	A_5	A_6	A_7	A_8	A_9	A_{10}	A_{11}	A_{12}

其中 f_i 是觀察到有 i 個 α 粒子的次數。從理論上考慮，知 X 應服從卜松分佈

$$P\{X = i\} = \frac{\lambda^i e^{-\lambda}}{i!}, i = 0,1,2,\cdots$$

問是否符合實際（取顯著性水準 α=0.05）？

解 依題意，需檢驗假設

$$H_0 : P\{X = i\} = \frac{\lambda^i e^{-\lambda}}{i!}, i = 0,1,2,\cdots$$

檢驗程式如下：

```
#實際頻數
freq=np.array([1,5,16,17,26,11,9,9,2,1,2,1,0])
n=sum(freq)
#100 次觀察所得總的粒子數
#為便於計算，這裡將粒子數'>=12'改寫為'=12'
particle_number=np.dot(freq,np.arange(len(freq)))
#卜松分佈參數 lambda 的最大似然估計，420/100
lambda_hat=particle_number/n
#合併n*p 小於 5 的組(前兩組，後五組)
merge_p=[sum([poisson(lambda_hat).pmf(i) for i in range(2)])]
merge_f=[sum(freq[:2])]
merge_p+=[poisson(lambda_hat).pmf(i) for i in range(2,8)]
merge_f+=list(freq[2:8])
merge_p+=[sum([poisson(lambda_hat).pmf(i) for i in range(8,13)])]
merge_f+=[sum(freq[8:])]
#將串列轉化為 np.array 形式
fi=np.array(merge_f)
npi=np.array(merge_p)*n
#檢驗統計量觀察值
Chi_2=sum(fi**2/npi)-n
#理論分佈中待估參數的個數
r=1
#合併後的組數
```

```
k=len(fi)
alpha=0.05
#判斷檢驗統計量觀察值是否落在接受域中
Chi_2<chi2(k-r-1).isf(alpha)
```

運行結果如圖 20.21 所示：

True

▲ 圖 20.21

註釋：

（1）該題檢驗程式佔用一個單元格,當我們用的變數名稱和前面的例子一樣時(例如：freq)，一個例題或一段完整功能的程式佔用一個單元格就非常必要。如果需要觀察中間資料可以在下一個單元格中執行，例如：想合併 n*p 小於 5 的組，可以在下一個單元格中輸入程式：np.array([poisson (lambda_hat).pmf(i) for i in range(13)])*100，以觀察資料。

（2）由於 H_0 中的參數 λ 未具體舉出，需先估計 λ。

從輸出結果可以看到，檢驗統計量觀察值沒有落在拒絕域中，故接受 H_0，認為樣本來自卜松分佈整體。

【例 **20.15**】自 1965 年 1 月 1 日至 1971 年 2 月 9 日共 2231 天中，全世界記錄到裡氏震級 4 級和 4 級以上地震計 162 次，統計如表 20.5 所示。

表 20.5

相繼兩次地震間隔天數 x	0~4	5~9	10~14	15~19	20~24	25~29	30~34	35~39	≥40
出現的頻數	50	31	26	17	10	8	6	6	8

試檢驗相繼兩次地震間隔的天數 X 服從指數分佈（$\alpha=0.05$）。

```
from datetime import datetime as dt
from scipy.stats import expon
#dt 獲取日期和時間資訊
dt1=dt(1965,1,1)
```

```
dt2=dt(1971,2,10)
#計算天數差值，共 2231 天
total_days=(dt2-dt1).days
#實際頻數
f=np.array([50,31,26,17,10,8,6,6,8])
#指數分佈中參數 theta 的最大似然估計值
theta_estimate=total_days/sum(f)


#計算每組的機率，組限取 0，4.5，9.5，…，44.5
p=[expon(scale=theta_estimate).cdf(i) for i in \
      [0]+list(np.arange(4.5,44.6,5))]
pi=[p[i+1]-p[i] for i in range(len(p)-1)]
#最後一組的機率修正為 X 大於等於 39.5 的機率
pi[len(pi)-1]=1-sum(np.array(pi)[0:-1])


#合併組(後兩組)，索引[-1]，[-2]分別表示串列最後一位及倒數第二位元素
#合併後每組理論機率
merge_pi=pi[:-2]+[pi[-2]+pi[-1]]
#合併後每組實際頻數
merge_f=np.array(list(f)[:-2]+[f[-1]+f[-2]])
#合併後每組理論頻數
npi=np.array(merge_pi)*sum(f)
#檢驗統計量觀察值
Chi_2=sum(merge_f**2/npi)-sum(f)
alpha=0.05
#組數，理論分佈中待估參數個數
k,r=len(merge_f),1
Chi_2,chi2(k-r-1).isf(alpha)
```

運行結果如圖 20.22 所示。

(1.5635664523391881, 12.59158724374398)

▲圖 20.22

註釋：datetime() 可獲得日期和時間資訊。

從輸出結果可以看到，檢驗統計量觀察值沒有落在拒絕域中，故接受 H_0，認為 X 服從指數分佈。

【例 20.16】 下面列出了 84 個伊特拉斯坎（Etruscan）人男子的頭顱的最大寬度（mm）

141 148 132 138 154 142 150 146 155 158 150 140 147 148
144 150 149 145 149 158 143 141 144 144 126 140 144 142
141 140 145 135 147 146 141 136 140 146 142 137 148 154
137 139 143 140 131 143 141 149 148 135 148 152 143 144
141 143 147 146 150 132 142 142 143 153 149 146 149 138
142 149 142 137 134 144 146 147 140 142 140 137 152 145

試檢驗它們是否來自常態整體 X（取顯著性水準 $\alpha=0.1$）。

解 需檢驗假設 H_0：X 的機率密度為

$$f(x) = \frac{1}{\sqrt{2\pi}} e^{-\frac{(x-\mu)^2}{2\sigma^2}}, -\infty < x < \infty$$

檢驗程式如下：

```
from scipy.stats import norm
X=[141,148,132,138,154,142,150,146,155,158,150,140,147, 148,144,150,
149,145,149,158,143,141,144,144,126,140,144,142,141,140,145,135,147,
146,141,136,140,146,142,137,148,154,137,139,143,140,131,143,141,149,
148,135,148,152,143,144,141,143,147,146,150,132,142,142,143,153,149,
146,149,138,142,149,142,137,134,144,146,147,140,142,140,137,152,145]
#正態分佈平均值及標準差的最大似然估計值
mu,sigma=norm.fit(X)
#將 X 可能設定值分為"<134.5,134.5~139.5,139.5~144.5,144.5~149.5,>149.5"
幾個組
#每組對應的實際頻數
fi=np.array([5,10,33,24,12])

#計算每組的理論頻數
```

```
p=[norm(loc=mu,scale=sigma).cdf(i) for i in \
      np.arange(134.5,149.6,5)]
pi=[p[0]]+[p[i+1]-p[i] for i in range(len(p)-1)]
pi=pi+[1-sum(np.array(pi))]
n=84
npi=n*np.array(pi)    #每組理論頻數

#檢驗統計量觀察值
Chi_2=sum(fi**2/npi)-n
#組數，理論分佈中待估參數的個數
k,r=len(fi),2
alpha=0.1
Chi_2,chi2(k-r-1).isf(alpha)
```

運行結果如圖 20.23 所示。

$$(3.671415717603111, 4.605170185988092)$$

▲ 圖 20.23

從輸出結果可以看到，檢驗統計量觀察值沒有落在拒絕域中，故接受 H_0，認為資料來自正態分佈整體。

本節最後，我們介紹一下樣本的偏度與峰度計算方法。以例 20.16 中的資料為例，程式如下：

```
from scipy.stats import skew,kurtosis
X=[141,148,132,138,154,142,150,146,155,158,
   150,140,147,148,144,150,149,145,149,158,
   143,141,144,144,126,140,144,142,141,140,
   145,135,147,146,141,136,140,146,142,137,
   148,154,137,139,143,140,131,143,141,149,
   148,135,148,152,143,144,141,143,147,146,
   150,132,142,142,143,153,149,146,149,138,
   142,149,142,137,134,144,146,147,140,142,
   140,137,152,145]
#skew 與 kurtosis 分別用來計算樣本偏度和樣本峰度
```

```
s,k=skew(X),kurtosis(X,fisher=False)
s,k
```

運行結果如圖 20.24 所示。

(-0.13612781023846643, 3.3705078876140915)

▲ 圖 20.24

註釋：

（1）skew() 與 kurtosis() 分別用來計算樣本偏度和樣本峰度。

（2）skew() 計算樣本偏度採用的是 Fisher-Pearson 偏態係數公式，即 $G_1 = B_3 / B_2^{3/2}$，其中 B_k 是樣本 k 階中心距，正態分佈的偏度為 0。

（3）樣本峰度指樣本 4 階中心矩與樣本方差平方的商，即 $G_2 = B_4 / B_2^2$，正態分佈的峰度為 3。當 kurtosis() 中參數 fisher 設定為 True 時，傳回的是 Fisher 定義下的峰度，即 $G_2\text{-}3$，此時正態分佈的峰度為 0。

◉ 20.7 秩和檢驗

秩和檢驗是非參數統計中一種常用的檢驗方法。本節介紹 Wilcoxon 秩和檢驗法，它可用來檢驗兩組測量值所在整體的分佈位置有無顯著差異。當兩組樣本的樣本容量 $n_1, n_2 \leq 10$ 時，可透過查秩和臨界值表確定檢驗拒絕域的臨界點，這種情況這裡不再討論，我們僅看 $n_1, n_2 \geq 10$ 的情況。

【例 20.17】某商店為確定向公司 A 或公司 B 購買某種商品，將 A，B 公司以往各次進貨的次品率進行比較，資料如表 20.6：

表 20.6

A	7.0	3.5	9.6	8.1	6.2	5.1	10.4	4.0	2.0	10.5			
B	5.7	3.2	4.2	11	9.7	6.9	3.6	4.8	5.6	8.4	10.1	5.5	12.3

兩樣本獨立，問兩公司的商品的品質有無顯著差異？設兩公司的商品的次品率的密度至多只差一個平移，取顯著性水準 $\alpha = 0.05$。

解　設公司 A，B 的商品次品率整體平均值分別為 μ_A, μ_B，依題意，需檢驗

$$H_0 : \mu_A = \mu_B, H_1 : \mu_A \neq \mu_B.$$

檢驗程式如下：

```
from scipy.stats import ranksums,norm
alpha=0.05
A=[7.0,3.5,9.6,8.1,6.2,5.1,10.4,4,2,10.5]
B=[5.7,3.2,4.2,11,9.7,6.9,3.6,4.8,5.6,8.4,10.1,5.5,12.3]
#ranksums 接收兩組樣本值，傳回Wilcoxon 秩和檢驗的檢驗統計量觀察值 z 以及 p 值
（雙側）
z,p=ranksums(A,B)
#判斷檢驗統計量觀察值是否落在拒絕域中
abs(z)>=norm().isf(alpha/2)
```

運行結果如圖 20.25 所示。

False

▲ 圖 20.25

註釋：ranksums() 接收兩組樣本值，傳回 Wilcoxon 秩和檢驗的檢驗統計量觀察值 z 以及 p 值（雙側）。

從輸出結果可以看到，$|z| < z_{\alpha/2}$，故接受 H_0，認為兩個公司商品的品質無顯著的差別。

【例 20.18】兩位化驗員各自讀取得某種液體黏度如下：

化驗員 A：82　73　91　84　77　98　81　79　87　85
化驗員 B：80　76　92　86　74　96　83　79　80　75　79

設資料可以認為分別來自僅平均值可能有差異的兩個整體，試在 $\alpha = 0.05$ 下，檢驗假設

$$H_0 : \mu_1 = \mu_2, \ H_1 : \mu_1 > \mu_2$$

其中 μ_1, μ_2 分別為兩整體的平均值。

解 這是右邊檢驗問題，檢驗程式如下：

```
alpha=0.05
a=[82,73,91,84,77,98,81,79,87,85]
b=[80,76,92,86,74,96,83,79,80,75,79]
z,p=ranksums(a,b)
#右邊檢驗的拒絕域為右側
z>norm().isf(alpha)
```

運行結果如圖 20.26 所示。

$$\textsf{False}$$

▲ 圖 20.26

從輸出結果可以看到，檢驗統計量的觀察值沒有落在拒絕域中，故接受 H_0，認為兩位化驗員所測得的資料無顯著差異。

● 20.8 假設檢驗問題的 p 值法

以上討論的假設檢驗方法稱為臨界值法。本節簡單介紹以下另一種檢驗方法，即 p 值檢驗法，在現代電腦軟體中，一般都舉出檢驗問題的 p 值。先來看一個例子。

【例 **20.19**】 設整體 $X \sim N(\mu, \sigma^2)$ ， μ 未知， $\sigma^2 = 100$ ，現有樣本 $x_1, x_2, \cdots, x_{52}$ ，算得 $\bar{x} = 62.75$ 。現在來檢驗假設

$$H_0 : \mu \leq \mu_0 = 60 \ ; \ H_1 : \mu > 60$$

使用 Z 檢驗法，計算檢驗統計量的觀察值並舉出對應的 p 值。程式如下：

```
import numpy as np
from scipy.stats import norm
#檢驗統計量觀察值
z0=(62.75-60)*np.sqrt(52)/10
#z>z0 的機率，即右邊檢驗的 p 值
p=norm().sf(z0)
z0,p
```

運行結果如圖 20.27 所示。

$$(1.983053201505194, 0.023680743614172484)$$

▲圖 20.27

註釋：

（1）sf() 表示生存函數，sf(x)=1-cdf(x)。

（2）對該右邊檢驗來說，$p = P\{Z \geq z_0\}$，即標準常態曲線下位於 z_0 右邊的尾部面積。

若顯著性水準 $\alpha \geq p$，則意味檢驗統計量的觀察值 z_0 落在拒絕域內，因而拒絕 H_0；若顯著性水準 $\alpha < p$，則意味檢驗統計量的觀察值 z_0 不落在拒絕域內，因而接受 H_0。可以説，假設檢驗問題的 p 值是由檢驗統計量的樣本觀察值得出的原假設可被拒絕的最小顯著性水準。

【例 20.20】用 p 值法檢驗本章例 20.2 的檢驗問題

$$H_0 : \mu \leq \mu_0 = -0.545; H_1 : \mu > \mu_0, \alpha=0.05$$

解 程式如下：

```
#檢驗統計量觀察值
z0=(-0.535-(-.545))*5**.5/.008
#p 值
p=norm().sf(z0)
z0,p
```

運行結果如圖 20.28 所示。

$$(2.7950849718747395, 0.002594303776157767)$$

▲圖 20.28

從輸出結果可以看到 $p < \alpha$，故拒絕 H_0。

【**例 20.21**】用 p 值法檢驗本章例 20.3 的檢驗問題

$$H_0 : \mu \le \mu_0 = 225; H_1 : \mu > 225, \alpha=0.05$$

解 該題用 t 檢驗法。這裡我們直接呼叫 scipy 中提供的用於 t 檢驗的函數，程式如下：

```
from scipy.stats import ttest_1samp
alpha=0.05
X=[159,280,101,212,224,379,179,264,
   222,362,168,250,149,260,485,170]
#t 檢驗統計量的樣本觀察值以及雙邊 t 檢驗的 p 值
t_value,two_sides_p=ttest_1samp(X,225)
#該題要求的 p 值
p=two_sides_p/2
p,alpha
```

運行結果如圖 20.29 所示。

$$(0.2569800715875837, 0.05)$$

▲圖 20.29

註釋：

（1）ttest_1samp 用於單一常態整體平均值的雙邊 t 檢驗，傳回 t 檢驗統計量的樣本觀察值以及雙邊 t 檢驗的 p 值。ttest_1samp(X,225)中 X 是樣本值，225 是待檢驗的整體平均值。

（2）由於 ttest_1samp 傳回的是雙邊 t 檢驗的 p 值，而本題是單邊檢驗中的右邊檢驗問題，故傳回值 two_sides_p 需除以 2，才是該題要求的 p 值。

從輸出結果可以看到，$p > \alpha$ ，故接受 H_0。

scipy 中關於 t 檢驗的函數還有 ttest_ind、ttest_rel，分別用於兩個常態整體方差相等，平均值差的雙邊檢驗以及基於成對資料的雙邊檢驗，具體使用方法可在單元格中輸入 "ttest_ind？"、"ttest_rel？" 查看。

方差分析及回歸分析

實際中，經常會遇到多個樣本平均值比較的問題，方差分析是處理這類問題的一種常用的統計方法。

▶ 21.1 單因素的方差分析

單因素方差分析假設所有的樣本相互獨立，且都來自同方差的正態分佈整體。

【例 21.1】設有三台機器，用來生產規格相同的金屬薄板。取樣，測量薄板的厚度精確至千分之一公分。得結果如表 21.1 所示。

表 21.1

機器 I	機器 II	機器 III
0.236	0.257	0.258
0.238	0.253	0.264
0.248	0.255	0.259
0.245	0.254	0.267
0.243	0.261	0.262

表中資料可看成來自三個不同整體的樣本值。將各個整體的平均值依次記為 μ_1, μ_2, μ_3 ，檢驗假設（ $\alpha=0.05$ ）：

$$H_0 : \mu_1 = \mu_2 = \mu_3$$
$$H_1 : \mu_1, \mu_2, \mu_3 不全相等$$

解 該題的試驗指標是薄板的厚度，機器為因素，不同的三台機器是因素的三個不同水準。我們先繪製箱線圖來觀察資料，程式如下：

```
import numpy as np
import matplotlib.pyplot as plt
datas=np.array([[.236,.238,.248,.245,.243],
        [.257,.253,.255,.254,.261],
        [.258,.264,.259,.267,.262]])
levels=list('123')
plt.boxplot(list(datas),labels=levels)
plt.show()
```

執行結果如圖 21.1 所示。

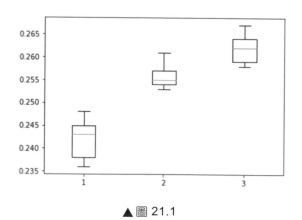

▲圖 21.1

註釋：datas 是一個 3 行 5 列的二維陣列，每一行代表一個水準。

從箱線圖可以看出，水平間的平均值是有差異的，這種差異是否有統計學意義，需做進一步的檢驗。檢驗程式如下：

```
from scipy.stats import f
meanX=datas.mean()  #資料的總平均值
ST=np.sum((datas-meanX)**2)  #總變差
meanXj=np.mean(datas,axis=1)  #不同水平下的樣本平均值
nj=len(datas[0])  #各水平下的試驗次數（均為 5）
n=len(datas)*len(datas[0])  #總的試驗次數
s=len(datas)  #水平個數
SA=sum(nj*meanXj**2)-n*meanX**2  #效應平方和
SE=ST-SA  #誤差平方和
print('SA:{},\nSE:{},\ns-1:{},\nn-s:{}.\n'.format(SA,SE,s-1,n-s))
f_alpha=f(s-1,n-s).isf(0.05)  #拒絕域臨界點
testVal=SA/(s-1)/(SE/(n-s))  #檢驗統計量的觀察值
print('f_alpha={},\ntestValue={}.'.format(f_alpha,testVal))
f_alpha<testVal
```

執行結果如圖 21.2 所示。

```
SA:0.0010533333333332395,
SE:0.000192000000000009617,
s-1:2,
n-s:12.

f_alpha=3.8852938346523933,
testValue=32.916666666647245.

True
```

▲圖 21.2

註釋：np.mean(datas,axis=1)表示按行取平均值，得到的是不同水平下的
樣本平均值。

從輸出結果可以看到，檢驗統計量的觀察值大於拒絕域臨界點，故拒絕
H_0，認為各台機器生產的薄板厚度有顯著的差異。

單因素實驗的方差分析也可使用一些封裝好的函數或方法。先來看 scipy
中的 f_oneway() 函數，直接呼叫 f_oneway()，程式如下：

```
from scipy.stats import f_oneway
data1=[.236,.238,.248,.245,.243]
data2=[.257,.253,.255,.254,.261]
data3=[.258,.264,.259,.267,.262]
f_oneway(data1,data2,data3)
```

運行結果如圖 21.3 所示。

```
F_onewayResult(statistic=32.91666666666668, pvalue=1.3430546820459112e-05)
```

▲ 圖 21.3

註釋：f_oneway() 接收各組的樣本觀察值，傳回檢驗統計量觀察值以及對應的 p 值。從輸出結果來看，$p < 0.05$，即檢驗統計量的觀察值落在拒絕域中。

再來看 statsmodels，statsmodels 中提供了有著更詳細輸出結果的方差分析的實現。我們先引入資料，程式如下：

```
#使用 statsmodels.stats.anova
datas=np.array([[.236,.238,.248,.245,.243],
        [.257,.253,.255,.254,.261],
        [.258,.264,.259,.267,.262]])
```

轉化資料格式，程式如下：

```
import pandas as pd
df=pd.DataFrame()
levels=list('123')
for i in [0,1,2]:
    df[levels[i]]=datas[i]
df
```

運行結果如圖 21.4 所示。

	1	2	3
0	0.236	0.257	0.258
1	0.238	0.253	0.264
2	0.248	0.255	0.259
3	0.245	0.254	0.267
4	0.243	0.261	0.262

▲圖 21.4

也可將寬資料轉化為長資料，程式如下：

```
df_melt=df.melt()
df_melt.columns=['Level','Value']
df_melt
```

運行結果如圖 21.5 所示。

	Level	Value
0	1	0.236
1	1	0.238
2	1	0.248
3	1	0.245
4	1	0.243
5	2	0.257
6	2	0.253
7	2	0.255
8	2	0.254
9	2	0.261
10	3	0.258
11	3	0.264
12	3	0.259
13	3	0.267
14	3	0.262

▲圖 21.5

註釋：melt() 方法用於將寬資料轉化為長資料。

最後，建立線性模型並進行方差分析，程式如下：

```
from statsmodels.formula.api import ols
from statsmodels.stats.anova import anova_lm
model=ols('Value~Level',data=df_melt).fit()
anova_result=anova_lm(model)
anova_result
```

運行如圖 21.6 所示。

	df	sum_sq	mean_sq	F	PR(>F)
Level	2.0	0.001053	0.000527	32.916667	0.000013
Residual	12.0	0.000192	0.000016	NaN	NaN

▲圖 21.6

註釋：

（1）statsmodels 是用於統計分析的套件，它提供了許多不同模型估計的類別和函數，可用於統計學資料探索和檢驗。

（2）ols()方法可基於給定公式和資料框建立模型。

（3）anova_lm()傳回線性模型的方差分析表，該表中除了包含檢驗統計量的觀察值以及對應的 p 值外，還包含自由度、平方和、均方等其他資訊。

【例 21.2】求例 21.1 中的未知參數 $\sigma^2, \mu_j, \delta_j$ (j=1,2,3) 的點估計以及平均值差的置信水準為 0.95 的置信區間。（σ^2 是各整體方差，$\delta_j = \mu_j - \mu$，μ 為總平均）

解 程式如下：

```
from scipy.stats import t
sigma2_estimate=SE/(n-s)
print('sigma2_estimate is {:.6f}.'.format(sigma2_estimate))
```

```
mus=np.mean(datas,axis=1) #不同水準的樣本平均值
print('estimate mu1={:.3f},estimate mu2={:.3f}\
      estimate mu3={:.3f}.'.format(mus[0],mus[1],mus[2]))
print('estimate deltas is {}.'.format(np.mean(datas,axis=1)-
np.mean(datas)))
#平均值差的置信區間
sub_mu=[mus[0]-mus[1],mus[0]-mus[2],mus[1]-mus[2]]
ME=t(n-s).isf(0.05/2)*np.sqrt(SE/(n-s)*2/5)
np.round([(sub_mu[i]-ME,sub_mu[i]+ME) for i in [0,1,2]],3)
```

運行結果如圖 21.7 所示。

```
sigma2_estimate is 0.000016.
estimate mu1=0.242,estimate mu2=0.256        estimate mu3=0.262.
estimate deltas is [-0.01133333  0.00266667  0.00866667].

array([[-0.02 , -0.008],
       [-0.026, -0.014],
       [-0.012, -0.   ]])
```

▲圖 21.7

註釋：這裡使用了例 21.1 程式中的某些變數值。

【例 21.3】 表 21.2 列出了隨機選取的、用於某電子裝置的四種類型的電路的響應時間（以毫秒計）：

表 21.2

類型 I	類型 II	類型 III	類型 IV
19	20	16	18
22	21	15	22
20	33	18	19
18	27	26	
15	40	17	

設四種類型電路的響應時間的整體均為常態，且各整體的方差相同，但參數均未知。又設各樣本相互獨立，試取顯著性水準 $\alpha=0.05$ 檢驗各類型電路的回應時間是否有顯著差異。

解 程式如下：

```
import pandas as pd
from statsmodels.formula.api import ols
from statsmodels.stats.anova import anova_lm
df=pd.DataFrame()
df['1']=[19,22,20,18,15]
df['2']=[20,21,33,27,40]
df['3']=[16,15,18,26,17]
df['4']=[18,22,19,None,None]
df_melt=df.melt()
df_melt.columns=['Type','Value']
model=ols('Value~Type',data=df_melt).fit()
anova_res=anova_lm(model)
anova_res
```

運行結果如圖 21.8 所示。

	df	sum_sq	mean_sq	F	PR(>F)
Type	3.0	318.977778	106.325926	3.764067	0.035866
Residual	14.0	395.466667	28.247619	NaN	NaN

▲ 圖 21.8

從輸出結果可以看到，$p < 0.05$，即檢驗統計量的觀察值落在拒絕域中，故拒絕 H_0，認為各類型電路的響應時間有顯著差異。

▶ 21.2 雙因素的方差分析

雙因素方差分析假設各水準搭配下的樣本相互獨立，且都來自同方差的正態分佈整體。雙因素方差分析有等重複試驗的方差分析以及無重複試驗的方差分析兩種情況，我們嘗試建構出這兩種情況通用的函數，首先引入需要用到的函數庫，程式如下：

```
import pandas as pd
import numpy as np
from scipy.stats import f
```

自訂雙因素方差分析函數程式如下：

```python
#定義雙因素方差分析函數
def anova_2_factor(datas,factor_names=['A','B'],repeat_type=1):
    """
    parameters:
        datas:list--dimention is r*s*t or r*s
        factor_names:default=['A','B']
        repeat_type:0--no repeat(Dimention of datas is r*s),
                    1--repeat(Dimention of datas is r*s*t),
                    defualt:1
    return:
        A DataFrame contains basic information like ST,SE,SA,SB,F,P_
value
        and so on.
    """
    #無重複試驗時資料為二維陣列，為便於統一運算，將資料轉為三維陣列形式
    if repeat_type==0:
        datas=np.expand_dims(datas,axis=2)
    r,s,t=len(datas),len(datas[0]),len(datas[0][0])
    #總平均值
    meanX=np.mean(datas)
    #各水準搭配的平均值
    meanX_ij=np.mean(datas,axis=2)
    #'A'因素各水準的平均值
    meanX_i=np.mean(meanX_ij,axis=1)
    #'B'因素各水準的平均值
    meanX_j=np.mean(meanX_ij,axis=0)
    #總變差
    ST=np.sum((datas-meanX)**2)
    #等重複試驗的誤差平方和
    SE=np.sum((datas-np.expand_dims(meanX_ij,axis=2))**2)
    #因素 A 效應平方和
```

```
    SA=s*t*np.sum((meanX_i-meanX)**2)
#因素 B 效應平方和
    SB=r*t*np.sum((meanX_j-meanX)**2)
#等重複試驗的互動效應平方和
    SAB=ST-SE-SA-SB
#無重複實驗的誤差平方和
    if repeat_type==0:
        SE=ST-SA-SB
#建立資料框
    df=pd.DataFrame(columns=['平方和','自由度','均方','F 比','P 值'])
    if repeat_type==1:   #設定等重複試驗時的行資料
        #因素 A 的"平方和,自由度,均方,F 比,P 值"
        df.loc[factor_names[0]]=SA,r-1,SA/(r-1),SA*r*s*(t-1)/SE/(r-
1),\
            f(r-1,r*s*(t-1)).sf(SA*r*s*(t-1)/SE/(r-1))
        #因素 B 的"平方和,自由度,均方,F 比,P 值"
        df.loc[factor_names[1]]=SB,s-1,SB/(s-1),SB*r*s*(t-1)/SE/(s-
1),\
            f(s-1,r*s*(t-1)).sf(SB*r*s*(t-1)/SE/(s-1))
        #因素 A 與 B 互動效應的"平方和,自由度,均方,F 比,P 值"
        df.loc[factor_names[0]+'X'+factor_names[1]]=SAB,(r-1)*(s-
1),\
            SAB/(r-1)/(s-1),SAB*r*s*(t-1)/SE/(r-1)/(s-1),\
            f((r-1)*(s-1),r*s*(t-1)).sf(SAB*r*s*(t-1)/SE/(r-1)/(s-1))
        #誤差的"平方和,自由度,均方"
        df.loc['E']=SE,r*s*(t-1),SE/r/s/(t-1),None,None
        #總平方和與自由度
        df.loc['T']=ST,r*s*t-1,None,None,None
    else:   #設定無重複試驗時的行資料
        #因素 A 的"平方和,自由度,均方,F 比,P 值"
        df.loc[factor_names[0]]=SA,r-1,SA/(r-1),SA*(s-1)/SE,\
            f(r-1,(r-1)*(s-1)).sf(SA*(s-1)/SE)
        #因素 B 的"平方和,自由度,均方,F 比,P 值"
        df.loc[factor_names[1]]=SB,s-1,SB/(s-1),SB*(r-1)/SE,\
            f(s-1,(r-1)*(s-1)).sf(SB*(r-1)/SE)
        #誤差的"平方和,自由度,均方"
```

```
        df.loc['E']=SE,(r-1)*(s-1),SE/(r-1)/(s-1),None,None
        #總平方和與自由度
        df.loc['T']=ST,r*s-1,None,None,None
    return df
```

註釋：expand_dims()函數用於擴張陣列的維數，舉例來說，對一個(4,3)的二維陣列 x，expand_dims(x,axis=2)將 x 變成(4,3,1)的三維陣列。

接下來，透過幾個例子，測試一下函數 def anova_2_factor()。

【**例 21.4**】一火箭使用四種燃料，三種推進器作射程試驗。每種燃料與每種推進器的組合各發射火箭兩次，得射程如表 21.3 所示。

表 21.3

燃料（A）	推進器（B）		
	B_1	B_2	B_3
A_1	58.2 52.6	56.2 41.2	65.3 60.8
A_2	49.1 42.8	54.1 50.5	51.6 48.4
A_3	60.1 58.3	70.9 73.2	39.2 40.7
A_4	75.8 71.5	58.2 51.0	48.7 41.4

假設符合雙因素方差分析模型所需的條件，試在顯著性水準 0.05 下，檢驗不同燃料、不同推進器下的射程是否有顯著差異圖互動作用是否顯著圖

解 程式如下：

```
#等重複試驗時，資料用三維陣串列示
data=[
        [[58.2,52.6],[56.2,41.2],[65.3,60.8]],
        [[49.1,42.8],[54.1,50.5],[51.6,48.4]],
        [[60.1,58.3],[70.9,73.2],[39.2,40.7]],
        [[75.8,71.5],[58.2,51.0],[48.7,41.4]]
    ]
#呼叫方差分析函數，傳回方差分析表
anova_2_factor(data)
```

執行結果如圖 21.9 所示。

	平方和	自由度	均方	F比	P值
A	261.675000	3.0	87.225000	4.417388	0.025969
B	370.980833	2.0	185.490417	9.393902	0.003506
AXB	1768.692500	6.0	294.782083	14.928825	0.000062
E	236.950000	12.0	19.745833	NaN	NaN
T	2638.298333	23.0	NaN	NaN	NaN

▲圖 21.9

從輸出結果可以看到，因素 A、因素 B 以及互動作用 A×B 的 p 值均小於 0.05，故認為不同燃料或不同推進器下的射程有顯著差異，互動作用的效應也是高度顯著的。

【例 21.5】在某金屬材料的生產過程中，對熱處理溫度（因素 B）與時間（因素 A）各取兩個水準，產品強度的測定結果（相對值）如表 21.4 所示。

表 21.4

A	B	
	B_1	B_2
A_1	38.0 38.6	47.0 44.8
A_2	45.0 43.8	42.4 40.8

設各水準搭配下強度的整體服從正態分佈且方差相同。各樣本獨立。問熱處理溫度、時間以及這兩者的互動作用對產品強度是否有顯著的影響（取 $\alpha=0.05$）。

解 程式如下：

```
x=[
    [[38,38.6],[47,44.8]],
    [[45,43.8],[42.4,40.8]]
```

```
]
anova_2_factor(x)
```

運行結果如圖 21.10 所示。

	平方和	自由度	均方	F比	P值
A	1.62	1.0	1.62	1.408696	0.300945
B	11.52	1.0	11.52	10.017391	0.034020
AXB	54.08	1.0	54.08	47.026087	0.002367
E	4.60	4.0	1.15	NaN	NaN
T	71.82	7.0	NaN	NaN	NaN

▲圖 21.10

從輸出結果可以看到，因素 A 的 p 值大於 0.05，認為時間對強度的影響不顯著；因素 B 以及互動作用 A×B 的 p 值均小於 0.05，認為溫度與互動作用對強度的影響顯著。

【例 21.6】下面舉出了在某 5 個不同地點、不同時間空氣中的顆粒狀物（以 mg/m^3 計）的含量的資料，如表 21.5 所示。

表 21.5

因素 A（時間）	因素 B（地點）				
	1	2	3	4	5
1975 年 10 月	76	67	81	56	51
1976 年 1 月	82	69	96	59	70
1976 年 5 月	68	59	67	54	42
1976 年 8 月	63	56	64	58	37

設本題符合雙因素無重複實驗模型中的條件，試在顯著性水準 0.05 下檢驗：在不同時間下顆粒狀物含量的平均值有無顯著差異，在不同地點下顆粒狀物含量的平均值有無顯著差異。

解 程式如下：

```
#無重複試驗時，資料用二維陣串列示
data=[
    [76,67,81,56,51],
    [82,69,96,59,70],
    [68,59,67,54,42],
    [63,56,64,58,37]
]
#repeat_type 預設為 1，無重複試驗時需設為 0
anova_2_factor(data,factor_names=['時間','地點'],repeat_type=0)
```

運行結果如圖 21.11 所示。

	平方和	自由度	均方	F比	P值
時間	1182.95	3.0	394.316667	10.722411	0.001033
地點	1947.50	4.0	486.875000	13.239293	0.000234
E	441.30	12.0	36.775000	NaN	NaN
T	3571.75	19.0	NaN	NaN	NaN

▲ 圖 21.11

從輸出結果可以看到，因素時間與地點的 p 值均小於 0.05，故認為不同時間下顆粒狀物含量的平均值有顯著差異，也認為不同地點下顆粒狀物含量的平均值有顯著差異。

▶ 21.3 一元線性回歸

回歸分析是研究相關關係的一種數學工具，當回歸分析只涉及兩個變數時，稱為一元回歸分析，它透過建立兩變數之間的數學運算式，幫助我們從一個變數的設定值去估計另一個變數的設定值。當兩變數之間的數學運算式是直線方程式時，對應的一元回歸分析就稱為一元線性回歸分析。

【**例 21.7**】為研究某一化學反應過程中，溫度 X(℃)對產品得到率 Y(%) 的影響，測得資料如表 21.6 所示。

表 21.6

溫度 X(℃)	100	110	120	130	140	150	160	170	180	190
得率 Y(%)	45	51	54	61	66	70	74	78	85	89

繪製資料的散點圖，程式如下：

```
import matplotlib.pyplot as plt
X=[100,110,120,130,140,150,160,170,180,190]
y=[45,51,54,61,66,70,74,78,85,89]
plt.scatter(X,y,color='r')
plt.show()
```

運行結果如圖 21.12 所示。

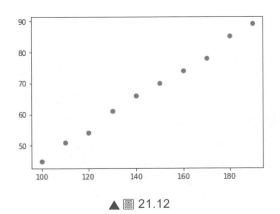

▲圖 21.12

從散點圖大致看出變數 X 與 Y 之間具有線性函數 $Y = a + bX$ 的形式，因此，建立兩變數之間的線性回歸模型，並傳回截距 a 以及回歸係數 b 的估計值。程式如下：

```
import numpy as np
from sklearn import linear_model
#將資料轉為一列
```

```
dataX=np.array(X).reshape(-1,1)
#建立線性回歸模型
reg=linear_model.LinearRegression()
#使用線性回歸模型擬合數據
reg.fit(dataX,y)
#輸出截距與回歸係數
a,b=reg.intercept_,reg.coef_
a,b
```

運行結果如圖 21.13：

$$(-2.7393939393939775, array([0.4830303]))$$

▲ 圖 21.13

註釋：

（1）sklearn 是 python 重要的機器學習函數庫，它支持分類、回歸、降維和聚類等機器學習演算法。sklearn 中的 linear_model 模組提供多種線性模型，這裡使用的 LinearRegression 指線性回歸模型。

（2）fit() 方法用於擬合對應的線性模型。fit(X,y) 中參數 X 是訓練集（必須是二維陣列，每一行對應一個樣本，每一串列示一個特徵），參數 y 是目標值。程式 dataX=np.array(X).reshape(-1,1) 實現了從一維陣列 X 到二維陣列 dataX 的轉換，reshape(-1,1) 中的 1 指明只有 1 列，-1 表示行數可根據實際情況自動生成。

（3）intercept_ 與 coef_ 分別用來獲取截距與回歸係數。

最後，我們來看一下回歸方程式的擬合效果，程式如下：

```
plt.scatter(X,y,color='r')
plt.plot(X,a+b*np.array(X))
plt.show()
```

運行結果如圖 21.14 所示。

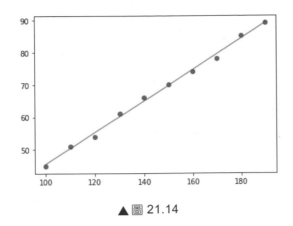

▲ 圖 21.14

直觀來看，散點基本都落在回歸直線上，說明回歸方程式擬合效果不錯。

實際問題中，有些實測值的散點並不像上例那樣呈直線關係，不能直接使用一元線性回歸來處理，但某些情況下，我們可透過適當的變數變換，將它化成一元線性回歸來處理。

【例 21.8】表 21.7 是某年美國二手轎車價格的調查資料，今以 X 表示轎車的使用年數，Y 表示對應的平均價格（美金），求 Y 關於 X 的回歸方程式。

表 21.7

年數 X	1	2	3	4	5	6	7	8	9	10
均價 Y	2651	1943	1494	1087	765	538	484	290	226	204

解 作散點圖，程式如下：

```
import matplotlib.pyplot as plt
X=list(range(1,11))
y=[2651,1943,1494,1087,765,538,484,290,226,204]
plt.scatter(X,y)
plt.show()
```

運行結果如圖 21.15 所示。

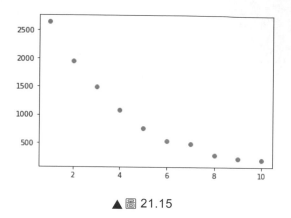

▲圖 21.15

看起來兩變數之間呈指數關係，取 $Y' = \ln Y$ ，再作變數 X, Y' 之間的散點圖。程式如下：

```
import numpy as np
y_prime=np.log(y)
plt.scatter(X,y_prime,color='r')
plt.show()
```

執行結果如圖 21.16 所示。

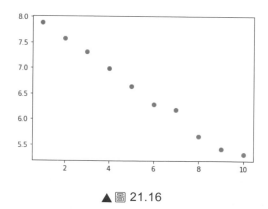

▲圖 21.16

大致呈直線關係。我們對變數 X 與 Y' 進行一元線性回歸，程式如下：

```
from sklearn import linear_model
reg=linear_model.LinearRegression()
```

```
reg.fit(np.array(X).reshape(-1,1),y_prime)
a,b=reg.intercept_,reg.coef_
a,b
```

運行結果如圖 21.17 所示。

$$(8.164584995567543, array([-0.29768045]))$$

▲圖 21.17

得到 X 與 Y' 之間的回歸方程式 $\hat{y}'=8.164585-0.29768x$。代回原變數,得曲線回歸方程式

$$y = 3514.26e^{-0.29768x}.$$

最後看一下回歸方程式擬合效果,程式如下:

```
plt.scatter(X,y)
#y=np.e**(y_prime)=np.e**(a+b*X)實現資料的逆變換
plt.plot(X,np.e**(a+b*X),'r')
plt.show()
```

執行結果如圖 21.18 所示。效果還不錯。

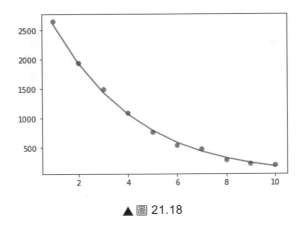

▲圖 21.18

○21.4 多元線性回歸

在實際中，還會遇到一個因變數與兩個或兩個以上引數相關關係的問題，
這就要用到多元回歸分析。本節僅討論多元回歸分析中的多元線性回歸，
來看一個例子。

【例 21.9】下面舉出了某種產品每件平均單價 Y（元）與批次 X（件）之
間的關係的一組資料，如表 21.8 所示。

表 21.8

x	20	25	30	35	40	50	60	65	70	75	80	90
y	1.81	1.7	1.65	1.55	1.48	1.4	1.3	1.26	1.24	1.21	1.2	1.18

畫出散點圖，程式如下：

```
import matplotlib.pyplot as plt
X=[20,25,30,35,40,50,60,65,70,75,80,90]
y=[1.81,1.7,1.65,1.55,1.48,1.4,1.3,1.26,1.24,1.21,1.2,1.18]
plt.scatter(X,y)
plt.show()
```

執行結果如圖 21.19 所示。

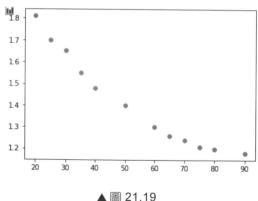

▲ 圖 21.19

我們選取模型 $Y = b_0 + b_1 X + b_2 X^2 + \varepsilon, \varepsilon \sim N(0, \sigma^2)$ 來擬合它，現在來求回歸方程式。程式如下：

```
import numpy as np
from sklearn import linear_model
squareX=[x**2 for x in X]
data=np.array([X,squareX]).T
reg=linear_model.LinearRegression()
reg.fit(data,y)
a,b=reg.intercept_,reg.coef_
a,b
```

運行結果如圖 21.20 所示。

```
(2.1982662875745147, array([-0.02252236,  0.00012507]))
```

▲圖 21.20

註釋：np.array([X,squareX]).T 表示對陣列 np.array([X,squareX])取轉置，轉置後 X 與 squareX 位於兩列。

從傳回值可得回歸方程式 $\hat{y} = 2.19826629 - 0.02252236x + 0.00012507x^2$。再來看回歸方程式的擬合效果，程式如下：

```
plt.scatter(X,y)
X=np.array(X)
plt.plot(X,a+b[0]*X+b[1]*X**2,'r')
plt.show()
```

運行結果如圖 21.21 所示。

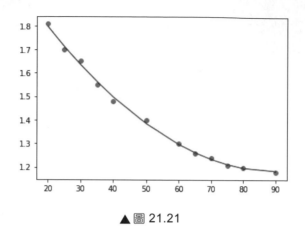

▲ 圖 21.21

註釋：X=np.array(X)將串列 X 轉化為 numpy 中的 array 形式，目的是使用 numpy 中陣列運算的廣播機制。

從輸出結果來看，回歸方程式的擬合效果還不錯。

第四部分
作業研究

本部分結合「作業研究」中的線性規劃、非線性規劃、動態規劃、圖與網路計畫及排隊論等內容，詳細介紹 scipy 的最佳化模組 optimize，並對動態規劃、圖與網路計畫及排隊論中的一些特定問題舉出了電腦求解的方法。

線性規劃與單純形法

scipy.optimize 模組提到了許多數值優化演算法。

linprog*(c,A_ub=None,b_ub=None,A_eq=None,b_eq=None,bounds=None,m ethod='interior-point',callback=None,options=None,x0=None)* 用於求解以下形式的線性規劃問題：

$$\min z = CX$$

$$\begin{cases} A_{ub}X \le b_{ub} \\ A_{eq}X = b_{eq} \\ l \le X \le u \end{cases}$$

其中 X 是決策變數向量，C，b_{ub}，b_{eq}，l，u 是向量，A_{ub}，A_{eq} 是矩陣。

主要參數：

C：價值向量；

A_{ub}：不等式限制條件的係數矩陣；

b_{ub}：不等式限制條件的資源向量；

A_{eq}：等式限制條件的係數矩陣；

b_{eq}：等式限制條件的資源向量；

bounds：[(min,max)，(min,max)，…，(min,max)]序列，規定每一個決策變數的最小值與最大值，預設所有決策變數均是非負變數，即*(0,None)*。當所有決策變數具有相同的最小值與最大值時，只需寫一個元組*(min,max)*即可。

method：表示三種求解演算法，即內點法、單純形法、修正單純形法，預設是內點法，可以根據問題需要更改，本書主要使用單純形法。

x_0：初始基本可行解，目前此參數僅在修正單純形法時使用。

傳回值：

con：等式限制條件的差值向量，即 $b_{eq} - A_{eq}X$；

fun：目標函數的最佳值，通常用字母 z 表示；

message：演算法退出狀態的描述；

nit：所有階段中執行的迭代總數；

slack：鬆弛變數向量，即 $b_{ub} - A_{ub}X$；

status：演算法退出時的狀態整數，用 0、1、2、3、4 分別代表：最佳化成功終止、達到最大迭代限制、問題無可行解、問題具有無界解、遇到數值困難。

success：True 或 False，當演算法成功找到最佳解時為 True；

x：限制條件下目標函數最小化的決策變數值。

【例 22.1】 某工廠安排生產 I、II 兩種產品，已知生產單位產品所需的裝置台時及 A、B 兩種原材料的消耗如表 22.1 所示。

表 22.1

資源/產品	產品 I	產品 II	現有條件
裝置	1 台時/件	2 台時/件	8 台時
原材料 A	4kg/件	0	16kg
原材料 B	0	4kg/件	12kg

該工廠每生產一件 I 產品可獲利 2 元，每生產一件 II 產品可獲利 3 元，問如何安排計畫使該工廠利潤最大？

解 首先根據題意，寫出問題對應的數學模型：

目標函數：$\min z = -2x_1 - 3x_2$ $(\Leftrightarrow \max z = 2x_1 + 3x_2)$

$$滿足限制條件：\begin{cases} x_1 + 2x_2 \le 8 \\ 4x_1 + 0x_2 \le 16 \\ 0x_1 + 4x_2 \le 12 \\ x_1, x_2 \ge 0 \end{cases}$$

程式如下：

```
from scipy optimize import linprog
import numpy as np
#價值向量，當目標函數為求最大值時，需要先求出目標函數相反數的最小值
c=np.array([2,3])
c=-c
#不等式係數矩陣
A_ub=np.array([[1,2],[4,0],[0,4]])
#資源向量
b_ub=np.array([8,16,12])
#method='simplex'為單純形法
result=linprog(c,A_ub=A_ub,b_ub=b_ub,method='simplex')
#輸出結果
Result
```

執行結果如圖 22.1 所示。

```
      con: array([], dtype=float64)
      fun: -14.0
  message: 'Optimization terminated successfully.'
      nit: 3
    slack: array([0., 0., 4.])
   status: 0
  success: True
        x: array([4., 2.])
```

▲ 圖 22.1

如果想詳細了解 linprog()的用法，可以新建一個單元格，執行 "linprog?"
就可以看到這個函數的詳細說明。

程式如下：

```
linprog?
```

執行結果如圖 22.2 所示。

```
Signature:
linprog(
    c,
    A_ub=None,
    b_ub=None,
    A_eq=None,
    b_eq=None,
    bounds=None,
    method='interior-point',
    callback=None,
    options=None,
    x0=None,
)
```

▲圖 22.2

最後，回到原題目本身，求最大值，目標函數值應為-result.fun。

程式如下：

```
result.success,result.x,-result.fun.round(3)
```

運行結果如圖 22.3 所示。

```
(True, array([4., 2.]), 14.0)
```

▲圖 22.3

【例 22.2】求解線性規劃問題：

$$\min z = -3x_1 + x_2 + x_3$$

$$\begin{cases} x_1 - 2x_2 + x_3 \leq 11 \\ -4x_1 + x_2 + 2x_3 \geq 3 \\ -2x_1 + x_3 = 1 \\ x_1, x_2, x_3 \geq 0 \end{cases}$$

解 程式如下：

```
c=np.array([-3,1,1])
a_ub=np.array([[1,-2,1],[4,-1,-2]])
b_ub=np.array([11,-3])
#等式約束的係數矩陣
a_eq=np.array([[-2,0,1]])
#等式約束的資源向量
b_eq=np.array([1])
result=linprog(c,A_ub=a_ub,b_ub=b_ub,A_eq=a_eq, b_eq=b_eq,method='si
mplex')
result.success,result.x,result.fun.round(3)
```

運行結果如圖 22.4 所示。

```
(True, array([4., 1., 9.]), -2.0)
```

▲ 圖 22.4

註釋：

（1）我們直接呼叫 linprog()函數就可以了；無需增加人工變數，這和手工求解不一樣。

（2）約束不等式方向必須為：$\sum a_i x_i \leq b_j$，注意第二個約束不等式的處理方法。

【例 22.3】合理利用線材問題。現需做 100 套鋼架，每套用長為 2.9m，2.1m 和 1.5m 的元鋼各一根。已知原料長 7.4m，問應如何下料，使用的原材料最省。

解 有幾種套裁方案，可以採用：

$$方案 1：1×2.9+0×2.1+3×1.5 \text{ 剩餘}：0$$
$$方案 2：2×2.9+0×2.1+1×1.5 \text{ 剩餘}：0.1$$
$$方案 3：1×2.9+2×2.1+0×1.5 \text{ 剩餘}：0.3$$
$$方案 4：1×2.9+1×2.1+1×1.5 \text{ 剩餘}：0.9$$
$$方案 5：0×2.9+3×2.1+0×1.5 \text{ 剩餘}：1.1$$
$$方案 6：0×2.9+2×2.1+2×1.5 \text{ 剩餘}：0.2$$
$$方案 7：0×2.9+1×2.1+3×1.5 \text{ 剩餘}：0.8$$

方案 1 到方案 7 的決策變數分別記為 x_1 到 x_7。

程式如下：

```
c=np.array([0,0.1,0.3,0.9,1.1,0.2,0.8])
a_eq=np.array([
            [1,2,1,1,0,0,0],
            [0,0,2,1,3,2,1],
            [3,1,0,1,0,2,3]
            ])
b_eq=np.array([100,100,100])
result=linprog(c,A_eq=a_eq,b_eq=b_eq,method='simplex')
result.success,result.x,result.fun.round(3)
```

運行結果如圖 22.5 所示。

```
(True, array([30., 10., 50.,  0.,  0.,  0.,  0.]), 16.0)
```

▲圖 22.5

當按照方案 1 下料 30 根，方案 2 下料 10 根，方案 3 下料 50 根時，用料最省，剩餘料頭為 16m。

【**例 22.4**】配料問題。某化工廠要用三種原材料 C、P、H 混合調配出三種不同規格的產品 A、B 與 D。已知產品的規格要求、產品單價、每天能供應的原材料數量及原材料單價分別以下表 22.2 和表 22.3 所示。該廠應如何安排生產，使利潤收入為最大？

表 22.2

產品名稱	規格要求	單價/（元/kg）
A	C≥50%,P≤25%	50
B	C≥25%,P≤50%	35
D	不限	25

表 22.3

原材料名稱	每天最多供應量/kg	單價/(元/kg)
C	100	65
P	100	25
H	60	35

分析：設 A_C 為產品 A 中原材料 C 的數量(kg)，同理，A_P 為產品 A 中原材料 P 的數量(kg)，A_H 為產品 A 中原材料 H 的數量(kg)，則：$A_C + A_P + A_H = A$。由於 $A_C \geq 50\% \times A$，所以：$A_C + A_P + A_H \leq 2A_C$，即：

$$-A_C + A_P + A_H \leq 0$$

同理，由規格要求中其他三個不等式可以得到以下三個約束：

$$-A_C + 3A_P - A_H \leq 0$$
$$-3B_C + B_P + B_H \leq 0$$
$$-B_C + B_P - B_H \leq 0$$

記 $(A_C，A_P，\cdots，D_H)$ 為 $(x_1，x_2，\cdots，x_9)$，結合原材料限制及利潤資料資訊：

目標函數 $\max z = -15x_1 + 25x_2 + 15x_3 - 30x_4 + 10x_5 - 40x_7 - 10x_9$

約束方程式：

$$\begin{cases} -x_1 + x_2 + x_3 \leq 0 \\ -x_1 + 3x_2 - x_3 \leq 0 \\ -3x_4 + x_5 + x_6 \leq 0 \\ -x_4 + x_5 - x_6 \leq 0 \\ x_1 + x_4 + x_7 \leq 100 \\ x_2 + x_5 + x_8 \leq 100 \\ x_3 + x_6 + x_9 \leq 60 \\ \forall x_i \geq 0 \end{cases}$$

解 程式如下：

```
c=np.array([-15,25,15,-30,10,0,-40,0,-10])
c=-c
a_ub=np.array([[-1,1,1,0,0,0,0,0,0],
               [-1,3,-1,0,0,0,0,0,0],
               [0,0,0,-3,1,1,0,0,0],
               [0,0,0,-1,1,-1,0,0,0],
               [1,0,0,1,0,0,1,0,0],
               [0,1,0,0,1,0,0,1,0],
               [0,0,1,0,0,1,0,0,1]])
b_ub=np.array([0,0,0,0,100,100,60])
result=linprog(c=c,A_ub=a_ub,b_ub=b_ub,method='simplex')
result
```

運行結果如圖 22.6 所示。

```
  con: array([], dtype=float64)
      fun: -500.0
  message: 'Optimization terminated successfully.'
      nit: 9
    slack: array([ 0.,  0.,  0.,  0.,  0.,  0., 10.])
   status: 0
  success: True
        x: array([100.,  50.,  50.,   0.,   0.,   0.,   0.,  50.,   0.])
```

▲圖 22.6

註釋：

（1）生產 200kg 的 A，其中原材料 C、P、H 的數量分別為 100、50、50kg。

（2）50kg 的產品 D，其中僅用原材料 P，但原材料 P 價格和產品 D 價格相等，均為 25 元／千克，不產生利潤。故僅生產 200kg 產品 A 即可，利潤為 500 元/天。

【例 22.5】某快遞公司下設一個快件分揀部，處理每天到達的快件。根據統計資料可預測每天各時段快件數量如表 22.4 所示。

表 22.4

時段	到達快件數	時段	到達快件數
10:00 前	5000	14:00~15:00	3000
10:00~11:00	4000	15:00~16:00	4000
11:00~12:00	3000	16:00~17:00	4500
12:00~13:00	4000	17:00~18:00	3500
13:00~14:00	2500	18:00~19:00	2500

資源限制：

（1）快件分揀由機器操作，分揀效率為 500 件／小時，每台機器操作時需要配一名職工，共有 11 台機器。

（2）在分揀部，一部分是全日制職工，每天上班 8 小時，上班時間分別是：10：00~18：00、11：00~19：00、12：00~20：00，每人每天薪水為 150 元；另一部分是非全日制職工，每天上班 5 小時，上班分別為：

13：00~18：00，14：00~19：00，15：00~20：00，每人每天薪水為 80 元。

（3）12:00 之前到達的快件必須在 14：00 以前處理完；15:00 以前到達的快件必須在 17:00 以前處理完；全部快件必須在 20:00 以前處理完。

問：該分揀部要完成快件處理任務，應設多少名全日制及非全日制職工，並使總的薪水支出為最少？

解 用 x_1，x_2，x_3 分別表示 10：00~18：00，11：00~19：00，12：00~20：00 上班的全日制職工，x_4，x_5，x_6 分別表示 13：00~18：00，14：00~19：00，15：00~20：00 上班的非全日制職工。

程式如下：

```
c=np.array([150,150,150,80,80,80])
a_ub=np.array([
            [500,0,0,0,0,0],
            [1000,500,0,0,0,0],
            [1500,1000,500,0,0,0],
            [2000,1500,1000,500,0,0],
            [2500,2000,1500,1000,500,0],
            [3000,2500,2000,1500,1000,500],
            [3500,3000,2500,2000,1500,1000],
            [4000,3500,3000,2500,2000,1500],
            [4000,4000,3500,2500,2500,2000],
            [-4000,-4000,-4000,-2500,-2500,-2500],
            [-2000,-1500,-1000,-500,0,0],
            [-3500,-3000,-2500,-2000,-1500,-1000],
            [1,1,1,1,1,1]
            ])
b_ub=np.array([5000,9000,12000,16000,18500,21500,25500,\
            30000,33500,-36000,-12000,-21500,11])
result=linprog(c,A_ub=a_ub,b_ub=b_ub,method='simplex')
result.success,result.x,result.fun.round(3)
```

執行結果如圖 22.7 所示。

```
(True, array([2., 2., 5., 0., 0., 0.]), 1350.0)
```

▲圖 22.7

註釋：

當 10：00~18：00 時段的全日制職工為 2 人，11：00~19：00 時段的全日制職工為 2 人，12：00~20：00 時段的全日制職工為 5 人時，總薪水日支出最少，為 1350 元。

【例 22.6】連續投資問題。某部門在今後五年內考慮給下列專案投資，已知：

專案 A，從第 1 年至第 4 年每年年初需要投資，並於次年年末收回本利 115%；

專案 B，第 3 年年初需要投資，到第 5 年年末收回本利 125%，但規定最大投資額不超過 4 萬元；

專案 C，第 2 年年初需要投資，到第 5 年年末收回本利 140%，但規定最大投資額不超過 3 萬元；

專案 D，5 年內每年年初可購買公債，於當年年末歸還，並附加利息 6%。

現部門有資金 10 萬元，問它應如何確定給這些專案每年的投資額，使到第 5 年年末所獲資本利潤最大？

分析：設投資額度表如表 22.5 所示。

表 22.5

專案	第 1 年	第 2 年	第 3 年	第 4 年	第 5 年
A	x_{11}	x_{12}	x_{13}	x_{14}	
B			x_{23}		
C		x_{32}			
D	x_{41}	x_{42}	x_{43}	x_{44}	x_{45}

線性模型如下：

$$\max z = 1.15x_{14} + 1.25x_{23} + 1.4x_{32} + 1.06x_{45}$$

$$\begin{cases} x_{11} + x_{41} = 100000 \\ 1.06x_{41} - x_{12} - x_{32} - x_{42} = 0 \\ 1.15x_{11} + 1.06x_{42} - x_{13} - x_{23} - x_{43} = 0 \\ 1.15x_{12} + 1.06x_{43} - x_{14} - x_{44} = 0 \\ 1.15x_{13} + 1.06x_{44} - x_{45} = 0 \\ x_{23} \leq 40000 \\ x_{32} \leq 30000 \end{cases}$$

結果用矩陣的形式來表示。

程式如下：

```
#建構價值向量
c=np.zeros(20)
c[3]=1.15
c[7]=1.25
c[11]=1.4
c[19]=1.06
c=-c

#建構等式約束矩陣
a_eq=np.zeros((5,20))

# x11+x41=100000
a_eq[0][0]=1.0
a_eq[0][15]=1.0

# 1.06*x41-x12-x32-x42=0
a_eq[1][15]=1.06
a_eq[1][1]=-1.0
a_eq[1][11]=-1.0
a_eq[1][16]=-1.0
```

```
# 1.15*x11+1.06*x42-x13-x23-x43=0
a_eq[2][0]=1.15
a_eq[2][16]=1.06
a_eq[2][2]=-1
a_eq[2][7]=-1
a_eq[2][17]=-1

# 1.15*x12+1.06*x43-x14-x44=0
a_eq[3][1]=1.15
a_eq[3][17]=1.06
a_eq[3][3]=-1
a_eq[3][18]=-1

# 1.15*x13+1.06*x44-x45=0
a_eq[4][2]=1.15
a_eq[4][18]=1.06
a_eq[4][19]=-1

#等式約束資源向量
b_eq=np.array([100000,0,0,0,0])

#不等式約束矩陣
a_ub=np.zeros((2,20))
a_ub[0][7]=1
a_ub[1][11]=1

#不等式約束資源向量
b_ub=np.array([40000,30000])

#求解
result=linprog(c=c,A_ub=a_ub,b_ub=b_ub,A_eq=a_eq,\
    b_eq=b_eq,method='simplex')
print('fun={},and X is:'.format(-result.fun.round(0)))
np.round(result.x,0).reshape((4,5))
```

運行結果如圖 22.8 所示。

```
fun=143750.0,and X is:

(array([[34783., 39130.,     0., 45000.,     0.],
        [    0.,     0., 40000.,     0.,     0.],
        [    0., 30000.,     0.,     0.,     0.],
        [65217.,     0.,     0.,     0.,     0.]]),)
```

▲圖 22.8

對偶理論和靈敏度分析

本章透過例題展開對偶理論和靈敏度分析的介紹。

【例 23.1】寫出原問題：$\max z = 2x_1 + 3x_2$

$$\begin{cases} x_1 + 2x_2 \leq 8 \\ 4x_1 \leq 16 \\ 4x_2 \leq 12 \\ x_1, x_2 \geq 0 \end{cases}$$

的對偶問題，並求解。

解 將資源與價值的角色調換一下，原問題的對偶問題為：

$$\min z = 8y_1 + 16y_2 + 12y_3$$

$$\begin{cases} y_1 + 4y_2 \geq 2 \\ 2y_1 + 4y_3 \geq 3 \\ y_1, y_2, y_3 \geq 0 \end{cases}$$

程式如下：

```
import numpy as np
from scipy.optimize import linprog
import matplotlib.pyplot as plt
```

```
c=np.array([2,3])
c=-c
A=np.array([[1,2],[4,0],[0,4]])
b=np.array([8,16,12])
#取 A 為 A 的負矩陣的轉置
A=(-A).T
result=linprog(c=b,A_ub=A,b_ub=c,method='simplex')
result.success,result.x.round(3),result.fun.round(3)
```

運行結果如圖 23.1 所示。

```
(True, array([1.5  , 0.125, 0.   ]), 14.0)
```

▲圖 23.1

註釋：此例 23.1 對應於第 22 章的例 22.1，這説明裝置台時的邊際貢獻為 1.5，原材料 A 的邊際貢獻為 0.125，而原材料 B 的邊際貢獻為 0。這在以貴重的生產裝置為主導的市場競爭中，廠方的感受尤其明顯，此時，原材料的供應可能屬於買方市場（供大於需）。

【例 23.2】分別求原問題 $\min z = 2x_1 + 3x_2 - 5x_3 + x_4$

$$\begin{cases} x_1 + x_2 - 3x_3 + x_4 \geq 5 \\ 2x_1 + 2x_3 - x_4 \leq 4 \\ x_2 + x_3 + x_4 = 6 \\ x_1 \leq 0; x_2, x_3 \geq 0; x_4 \text{ 無約束} \end{cases}$$

的解和其對偶問題的解。

解 首先求原問題的解，程式如下：

```
c=np.array([2,3,-5,1])
A_ub=np.array([
            [-1,-1,3,-1],
            [2,0,2,-1]
          ])
b_ub=np.array([-5,4])
```

```
A_eq=np.array([[0,1,1,1]])
b_eq=np.array([6])
result=linprog(c=c,A_ub=A_ub,b_ub=b_ub,\
                A_eq=A_eq,b_eq=b_eq,\
    bounds=[(None,0),(0,None),(0,None),(None,None)])
result.success,result.x.round(3),result.fun.round(3)
```

運行結果如圖 23.2 所示。

```
(True, array([-1.,  0.,  0.,  6.]), 4.0)
```

▲圖 23.2

註釋：參數 A_ub，b_ub 為約束中的不等式，A_eq,b_eq 為約束中的等式，bounds 為變數的設定值區間串列。

其對偶問題為：$\max z = 5y_1 + 4y_2 + 6y_3$

$$\begin{cases} y_1 + 2y_2 \geq 2 \\ y_1 + y_3 \leq 3 \\ -3y_1 + 2y_2 + y_3 \leq -5 \\ y_1 - y_2 + y_3 = 1 \\ y_1 \geq 0, y_2 \leq 0, y_3 \text{ 無約束} \end{cases}$$

程式如下：

```
c=np.array([5,4,6])
c=-c
A_ub=np.array([[-1,-2,0],[1,0,1],[-3,2,1]])
b_ub=np.array([-2,3,-5])
A_eq=np.array([[1,-1,1]])
b_eq=np.array([1])
result=linprog(c=c,A_ub=A_ub,b_ub=b_ub,\
    A_eq=A_eq,b_eq=b_eq,\
    bounds=[(0,None),(None,0),(None,None)])
result.success,result.x.round(3),-result.fun.round(3)
```

執行結果如圖 23.3 所示。

```
(True, array([ 2., -0., -1.]), 4.0)
```

▲ 圖 23.3

註釋：這裡 linprog（）函數沒有使用參數 method='simplex'，而是使用了預設的 "interior-point" (內點法)，有時我們可以根據問題的具體要求，調整此參數，例如：我們希望變數結果為整數，但輸出的為小數，此時需要調整一些參數去碰碰運氣，例如 method 或 bounds 參數。

【**例 23.3**】已知原問題 $\max z = x_1 + x_2$

$$\begin{cases} -x_1 + x_2 + x_3 \leq 2 \\ -2x_1 + x_2 - x_3 \leq 1 \\ x_1, x_2, x_3 \geq 0 \end{cases}$$

試用對偶理論證明上述問題無最佳解。

解　首先用 *linprog()* 解原問題，程式如下：

```
c=np.array([1,1,0])
C=-c
A_ub=np.array([[-1,1,1],[-2,1,-1]])
b_ub=np.array([2,1])
#價值向量是 linprog 函數的必填參數，既可以寫成 c=C,也可以直接寫為 C
result_1=linprog(C,A_ub=A_ub,b_ub=b_ub)
result_1.success,result_1.x,-result_1.fun
```

運行結果如圖 23.4 所示。

```
(False,
 array([3.69202533e+09, 1.50247736e+09, 1.07300027e+09]),
 5194502688.953184)
```

▲ 圖 23.4

註釋：

由結果可以看到，success 為 False，這說明在規定搜尋步數內，結果沒有收斂，即滿足約束的變數可以很容易找到，但目標函數卻無限制的增大。也即：有可行解，但無最佳解。

其對偶問題可以在原問題的基礎上做以下調換，程式如下：

```
result_2=linprog(c=b_ub,A_ub=A_ub.T,b_ub=c)
result_2.success,result_2.x.round(3),result_2.fun
```

運行結果如圖 23.5 所示。

```
(True, array([0., 0.]), 5.103354446526835e-10)
```

▲圖 23.5

註釋：雖然 success 傳回的值為 True，但實際上，*linprog()*函數從(0，0)開始搜尋（前進），它始終找不到滿足約束的其他值（例如（0，0.001）），然後傳回（0，0）：最後，等搜尋步數用完後，很無奈的傳回了[0.,0.]這個結果，這裡的 success=True 很有欺騙性，我們要多加注意。它不會認錯而做這樣的傳回：success=False，x=array[None，None]，fun=None。

【例 23.4】下面我們以第 22 章的例 22.1 為例對靈敏度加以分析，從可用資源 b、價值係數 c 及技術係數 A 的變化分別討論。

首先，討論可用資源 b 的變化。

目標函數： $\min z = -2x_1 - 3x_2 \ (\Leftrightarrow \max z = 2x_1 + 3x_2)$

$$
限制條件：\begin{cases} x_1 + 2x_2 \le 8 \\ 4x_1 + 0x_2 \le 16 \\ 0x_1 + 4x_2 \le 12 \\ x_1, x_2 \ge 0 \end{cases}
$$

由對偶理論知道，裝置的台時數邊界貢獻最大，現在討論增加裝置台時數對目標函數的影響。我們將把限制條件中第一個不等式右邊的 8 逐步增大，並觀察目標函數的變化。

程式如下：

```
c=np.array([-2,-3])
A_ub=np.array([[1,2],[4,0],[0,4]])
b_ub=np.array([8,16,12])
device_lim=[]
profit=[]
for i in range(8):
    device_lim.append(b_ub[0])
    profit.append(-linprog(c,A_ub=A_ub,b_ub=b_ub).fun)
    b_ub[0]+=1
plt.plot(device_lim,profit)
plt.xlabel('Available devices')
plt.ylabel('Profit')
plt.show()
```

執行結果如圖 23.6 所示。

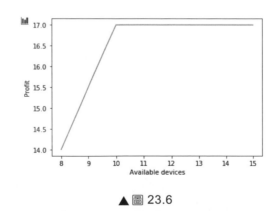

▲ 圖 23.6

註釋：由圖可以看出，當裝置的台時數為 8 至 10 時，目標函數由 14 增加至 17，和其邊際貢獻是一致的，但當繼續增加台時數時，目標函數由於受其他資源的限制（原材料），而沒有繼續增加。

接下來討論價值係數 c 的變化。

對於價值係數 c_2 的變化，我們將 c_2 的範圍擴充至[0，10]，觀察變數的輸出。

程式如下：

```
c=np.array([-2,0])
A_ub=np.array([[1,2],[4,0],[0,4]])
b_ub=np.array([8,16,12])
for _ in range(11):
    result=linprog(c=c,A_ub=A_ub,b_ub=b_ub)
    print('c2={}\tx={}\tfun={}'.format(-c[1],\
        result.x.round(3),-result.fun.round(3)))
    c[1]-=1
```

執行結果如圖 23.7 所示。

```
c2=0     x=[4.      1.192] fun=8.0
c2=1     x=[4. 2.]        fun=10.0
c2=2     x=[4. 2.]        fun=12.0
c2=3     x=[4. 2.]        fun=14.0
c2=4     x=[2.921 2.539]  fun=16.0
c2=5     x=[2. 3.]        fun=19.0
c2=6     x=[2. 3.]        fun=22.0
c2=7     x=[2. 3.]        fun=25.0
c2=8     x=[2. 3.]        fun=28.0
c2=9     x=[2. 3.]        fun=31.0
c2=10    x=[2. 3.]        fun=34.0
```

▲圖 23.7

註釋：當產品 II 的利潤超過 4 時，我們需要調整生產方案。

最後，討論技術係數 A 的變化。

第 22 章例 22.1 續：現有一種新品 III，每件需要原材料 A，B 各為 6kg，3kg，使用裝置 2 台時，每件獲利 5 元；問該廠是否應該生產該產品和生產多少？

程式如下：

```
c=[-2,-3,-5]
A_ub_new=np.array([[1,2,2],[4,0,6],[0,4,3]])
b_ub=np.array([8,16,12])
result=linprog(c,A_ub=A_ub_new,b_ub=b_ub,method='simplex')
result.x.round(3),-result.fun.round(3)
```

運行結果如圖 23.8 所示。

$$(array([1. , 1.5, 2.]), 16.5)$$

▲圖 23.8

註釋：這說明安排生產產品 III 是有利的，在資源不變的情況下，比原來多盈利 2.5（元）。

【例 23.5】討論參數線性規劃問題，當參數 $t \geq 0$ 時，
$$\max z(t) = (3+2t)x_1 + (5-t)x_2$$

$$\begin{cases} x_1 \leq 4 \\ 2x_2 \leq 12 \\ 3x_1 + 2x_2 \leq 18 \\ x_1, x_2 \geq 0 \end{cases}$$

的最佳解的變化。

解 首先令參數 t 為 0 至 9 的整數，分析最佳解的大致變化。

程式如下：

```
A=np.array([[1,0],[0,2],[3,2]])
b=np.array([4,12,18])
for t in range(10):
    c=np.array([-3-2*t,t-5])
    result=linprog(c,A_ub=A,b_ub=b)
    print(t,result.x.round(3),-result.fun.round(3))
```

運行結果如圖 23.9 所示。

```
0 [2. 6.] 36.0
1 [2. 6.] 34.0
2 [4. 3.] 37.0
3 [4. 3.] 42.0
4 [4. 3.] 47.0
5 [4.    1.537] 52.0
6 [4. 0.] 60.0
7 [4. 0.] 68.0
8 [4. 0.] 76.0
9 [4. 0.] 84.0
```

▲圖 23.9

註釋：當參數 t 在（1, 2）和（4, 6）之間設定值時，最佳解發生變化；當參數 t 大於 6 時，最佳解不再變化。

下面對參數 t 進一步細化，描繪參數 t 與目標函數之間的關係。

程式如下：

```
import matplotlib.pyplot as plt
tt=[]
funs=[]
A=np.array([[1,0],[0,2],[3,2]])
b=np.array([4,12,18])
for t in np.linspace(0,7,100):
    c=np.array([-3-2*t,t-5])
    result=linprog(c,A_ub=A,b_ub=b)
    if result.success:
        tt.append(t)
        funs.append(-result.fun)
plt.plot(tt,funs)
plt.xlabel('t')
plt.ylabel('z')
plt.title('Curve to describe z=z(t)')
plt.show()
```

運行結果如圖 23.10 所示。

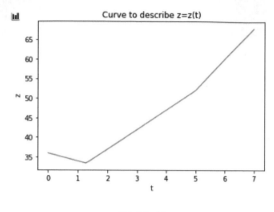

▲圖 23.10

【例 23.6】討論當參數 $t \geq 0$ 時，線性規劃問題 $\max z = x_1 + 3x_2$

$$\begin{cases} x_1 + x_2 \leq 6 - t \\ -x_1 + 2x_2 \leq 6 + t \\ x_1, x_2 \geq 0 \end{cases}$$

的最佳解變化。

解 程式如下：

```
import matplotlib.pyplot as plt
tt=[]
funs=[]
c=np.array([-1,-3])
A=np.array([[1,1],[-1,2]])
for t in np.linspace(0,10,100):
    b=np.array([6-t,6+t])
    result=linprog(c,A_ub=A,b_ub=b)
    if result.success:
        tt.append(t)
        funs.append(-result.fun)
plt.plot(tt,funs)
```

```
plt.xlabel('t')
plt.ylabel('z')
plt.title('z=z(t)')
plt.show()
```

運行結果如圖 23.11 所：

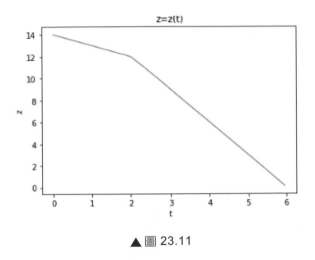

▲ 圖 23.11

註釋：本例僅舉出了參數 t 與目標函數的關係。注意當參數 $t > 6$ 時，沒有對應的影像，這說明，當參數 $t > 6$ 時，線性規劃問題無可行解。

運輸問題

本章我們使用 scipy.optimize.linprog()和 pulp.LpProblem().solve()兩種方法來解決運輸問題。

首先匯入需要的函數程式庫，程式如下：

```
from scipy.optimize import linprog
import pulp
import numpy as np
```

【例 24.1】首先，以第 22 章的例 22.1 為例，說明這種方法。

解 使用 pulp 求解此線性規劃問題。程式如下：

```
c=[2,3]
A=[[1,2],[4,0],[0,4]]
b=[8,16,12]
#新建一個線性規劃問題，LpMaximize 指明為求最大值
m=pulp.LpProblem(sense=pulp.LpMaximize)
#增加變數
x=[pulp.LpVariable(f'x{i}',lowBound=0) for i in [1,2]]
#目標函數
m+=pulp.lpDot(c,x)
```

```
#增加約束
for i in range(len(A)):
    m+=(pulp.lpDot(A[i],x)<=b[i])
#求解
m.solve()
#顯示目標函數及對應變數值
pulp.value(m.objective),[pulp.value(var) for var in x]
```

運行結果如圖 24.1 所示。

$$(14.0, [4.0, 2.0])$$

▲圖 24.1

註釋：

（1）定義問題 m=pulp.LpProblem(),如果求目標函數的最小值，不用寫入參數；如果為求最大值，需要參數 sense=-1 或 sense=pulp.LpMaximize。

（2）定義變數串列，如果變數的數量較多，例如 10 個變數，可以這樣定義 x：

x=[pulp.LpVariable(f'x{i}',lowBound=0) for i in range(1,11)]

（3）為問題 m 增加目標函數：m+=pulp.lpDot(c,x)。

（4）為問題 m 增加約束，根據約束的 "≤"、"≥"、"="，在程式中分別使用"<="、">="、"=="。

運輸問題為線性規劃問題，描述為：已知有 m 個生產地點 $A_i, i=1,2,...,m$，可供應某種物資，其供應量分別記為 $a_i, i=1,2,...,m$；有 n 個銷地 $B_j, j=1,2,...,n$，其需要量分別記為 $b_j, j=1,2,...,n$；從 A_i 到 B_j 運輸單位物資的運價為 c_{ij}；求在產銷不平衡(產 $\geq$ 銷)的條件下，使總運費最小(考慮到產銷不平衡的適用面更廣，這裡不討論產銷平衡的特殊情況)。

設 x_{ij} 為從 A_i 到 B_j 的運量，其對應的數學模型為：

$$\min z = \sum_{i=1}^{m} \sum_{j=1}^{n} c_{ij} x_{ij}$$

$$\begin{cases} \sum_{j=1}^{n} x_{ij} \le a_i, i = 1, 2, ..., m \\ \sum_{i=1}^{m} x_{ij} = b_j, j = 1, 2, ..., n \\ x_{ij \ge 0} \end{cases}$$

這是一個包含 $m \times n$ 個變數， $m + n$ 個約束的線性規劃問題。

撰寫自訂函數 transport_linprog()函數，程式如下：

```
#使用 linprog()函數求運輸問題
def transport_linprog(costs,supply,demand):
    m=len(supply)
    n=len(demand)
    A_ub=np.zeros((m,m*n))
    for row in np.arange(m):
        for col in np.arange(row*n,row*n+n):
            A_ub[row][col]=1
    A_eq=np.zeros((n,m*n))
    for row in np.arange(n):
        for col in np.arange(m):
            A_eq[row][row+n*col]=1
    c=np.ravel(costs)
    result=linprog(c,A_ub=A_ub,b_ub=supply,A_eq=A_eq,\
                   b_eq=demand,method='simplex')
    #以字典的形式傳回結果
    return {'success':result.success,'fun':result.fun.round(3),\
            'x':result.x.round(3).reshape((m,n))}
```

註釋：

（1）兩個迴圈分別產生兩個 0-1 矩陣，對應著模型中兩個約束的係數矩
陣。

（2）c=np.ravel(costs)將運輸費用矩陣 costs 變成一維陣列 c。

【例 24.2】某公司加工銷售某產品，下設三個加工廠。這三個加工廠每日
的產量（噸）分別為：$A_1:7, A_2:4, A_3:9$；該公司把這些產品分別運往四
個銷售點，各個銷售點的日銷量分別為：$B_1:3, B_2:6, B_3:5, B_4:6$，其運價

矩陣 $C_{ij} = \begin{pmatrix} 3 & 11 & 3 & 10 \\ 1 & 9 & 2 & 8 \\ 7 & 4 & 10 & 5 \end{pmatrix}$，其中 c_{ij} 表示從 A_i 運至 B_j 的單位運價。

解 呼叫自訂函數 transport_linprog()，程式如下：

```
c=[[3,11,3,10],[1,9,2,8],[7,4,10,5]]
supply=[7,4,9]
demand=[3,6,5,6]
result=transport_linprog(c,supply,demand)
#顯示結果
print(result['success'])
print(result['fun'])
print(result['x'])
```

運行結果如圖 24.2 所示。

```
True
85.0
[[0. 0. 5. 2.]
 [3. 0. 0. 1.]
 [0. 6. 0. 3.]]
```

▲圖 24.2

我們希望使用 pulp 函數庫來解決這個問題，正如你將看到的：pulp 和
scipy.optimize 各有自己的內部演算法以及可選參數，自訂函數
transport_pulp() 如下：

```
#使用 pulp 求解運輸問題
def  transport_pulp(costs,supply,demand,cat=pulp.LpContinuous):
#提供給使用人的函數基本資訊描述
"""
===============================================
 作業研究之運輸問題：
 參數：
 costs:運輸單價表
 supply:（各點）可供應量
 demand:（各點）需求量
 cat=pulp.LpContinuous(default),pulp.LpInteger or pulp.Binary
  ===============================================
  傳回：
  {'fun':fun ,'x':x }
  ===============================================
  """
  rows=len(costs)
    cols=len(costs[0])
    problem=pulp.LpProblem('trans_p',sense=pulp.LpMinimize)
    var=[[pulp.LpVariable(f'x{i}{j}',lowBound=0,cat=cat) for j in \
        range(cols)] for i in range(rows)]
    problem += sum([pulp.lpDot(costs[row],var[row]) for row in \
        range(rows)])
    for row in range(rows):
        problem += (pulp.lpSum(var[row]) <= supply[row])
    for col in range(cols):
        problem += (pulp.lpSum([var[row][col] for row in range(rows)])\
            == demand[col])
    problem.solve()
    fun=pulp.value(problem.objective)
    x=[[pulp.value(var[row][col]) for col in range(cols)] for row in \
        range(rows)]
    return {'fun':fun,'x':x}
```

註釋：

（1）三對雙引號內的內容為函數註釋.當別人呼叫這個函數時，可以透過
    在單元格中執行 "transport_pulp?" 以了解這個函數的功能、參數及傳
    回值。

（2）變數的參數 cat=pulp.LpContinuous 為預設值（連續值），但如果是以下兩種情況：①變數的性質必須為整數；②變數僅為 0 和 1，例如一個儲藏大型裝置的倉庫，由於受裝卸能力的限制，每天至多出庫 1 台裝置.此時就需要調整參數 cat，以匹配實際問題。

【例 24.3】問題如上例。

解 程式如下：

```
c=[[3,11,3,10],[1,9,2,8],[7,4,10,5]]
supply=[7,4,9]
demand=[3,6,5,6]
result=transport_pulp(c,supply,demand)
print(result['fun'])
print(np.array(result['x']))
```

執行結果結果如圖 24.3 所示。

```
85.0
[[2. 0. 5. 0.]
 [1. 0. 0. 3.]
 [0. 6. 0. 3.]]
```

▲圖 24.3

註釋：與上例相比，目標函數的結果一致，但運送方案稍有區別。這說明 linprog()和 pulp.LpProblem().solve()的內部演算法不一樣。我們應該為不同的方案而欣慰！

下面討論較為複雜的產銷不平衡問題。

【例 24.4】設有三個化肥廠(A，B，C)供應四個地區(I，II，III，IV)的農用化肥。假設等量的化肥在這些地區使用效果相同。各化肥廠年產量，各地區年需要量及各化肥廠到各地區運送單位化肥的運價如表 24.1 所示。試求出總的運費最節省的化肥調撥方案。

表 24.1

化肥廠	需求地區				產量
	I	II	III	IV	
A	16	13	22	17	50
B	14	13	19	15	60
C	19	20	23	-	50
最低需求	30	70	0	10	
最高需求	50	70	30	不限	

解 這個問題比前幾個例子稍微複雜一些,首先排除這兩個干擾項:

(1) *C* 廠至地區 IV 的單位運費為 "-",可能 *C* 至這個地區沒有路,或運送成本特別高。

此時,我們可以指定一個較大的數字作為此運送單價,例如 10000。程式在搜尋時,如果試圖為此運送路線增加 0.1 個單位的運量,則會造成總運送成本提高 1000,程式一定會退回原來的搜尋位置,調換搜尋方向;

(2) 地區 IV 的最高需求不限,但由於 *A*,*B*,*C* 三個廠的總產量才 160,扣掉 I、II、III 的最低需求,最多能為地區 IV 提供的運量為 60。

我們將中間表格顯示出來,如表 24.2 所示。

表 24.2

化肥廠	需求地區				產量
	I	II	III	IV	
A	16	13	22	17	50
B	14	13	19	15	60
C	19	20	23	10000	50
最低需求	30	70	0	10	
最高需求	50	70	30	60	

下面解決最低需求與最高需求的問題,目標是轉為「產≥銷」的模型。

這裡舉例使用「產=銷」的特殊情形：四個地區的最高需求之和為 210，$A，B，C$ 三個廠的總產量為 160，我們虛擬一個 D 廠，其產量為 50；由於 I，IV 兩個銷售點的最低需求大於 0 且不等於最高需求，我們在這兩個銷售點附近分別虛擬一個銷售分點 I'、IV'，這兩個銷售分點的需求分別為 20、50，如表 24.3 所示。

表 24.3

化肥廠	需求地區						產量
	I	I'	II	III	IV	IV'	
A	16		13	22	17		50
B	14		13	19	15		60
C	19		20	23	10000		50
D							50
需求	30	20	70	30	10	50	

由於廠 D 根本不存在，所以我們不希望由 D 至 I，II，IV 銷售點的運送事件發生，所以將相關運費單價設為比較大的數值，這裡設為 10000，如表 24.4 所示。

表 24.4

化肥廠	需求地區						產量
	I	I'	II	III	IV	IV'	
A	16		13	22	17		50
B	14		13	19	15		60
C	19		20	23	10000		50
D	10000		10000		10000		50
需求	30	20	70	30	10	50	

銷售點 III 情況特殊一些，由於其最低需求為 0，所以它可以接受來自廠 A、B、C、D 的運送，而且由 D 至 III 的運費為 0；由虛擬廠到虛擬銷售

點的單位運費為 0；最後我們完善表格，如表 24.5 所示。

表 24.5

化肥廠	需求地區						產量
	I	I'	II	III	IV	IV'	
A	16	16	13	22	17	17	50
B	14	14	13	19	15	15	60
C	19	19	20	23	10000	10000	50
D	10000	0	10000	0	10000	0	50
需求	30	20	70	30	10	50	

以此表格，分別呼叫 transport_linprog()和 transport_pulp()。程式如下：

```
M=10000
c=[[16,16,13,22,17,17],[14,14,13,19,15,15],[19,19,20,23,M,M],\
    [M,0,M,0,M,0]]
supply=[50,60,50,50]
demand=[30,20,70,30,10,50]
result_1=transport_linprog(c,supply,demand)
print('By trandport_linprog:\nfun:{}\nx:{}'.format(result_1['fun'],\
    np.array(result_1['x'])))
result_2=transport_pulp(c,supply,demand)
print('\n\nBy trandport_pulp:\nfun:{}\nx:{}'.format(result_2['fun'],\
    np.array(result_2['x'])))
```

運行結果如圖 24.4 所示。

```
By trandport_linprog:
fun:2460.0
x:[[ 0.  0. 50.  0.  0.  0.]
 [ 0.  0. 20.  0. 10. 30.]
 [30. 20.  0.  0.  0.  0.]
 [ 0.  0.  0. 30.  0. 20.]]


By trandport_pulp:
fun:2460.0
x:[[ 0.  0. 50.  0.  0.  0.]
 [ 0.  0. 20.  0. 10. 30.]
 [30. 20.  0.  0.  0.  0.]
 [ 0.  0.  0. 30.  0. 20.]]
```

▲ 圖 24.4

註釋：兩種演算法得到的結果一致，方案滿足了 I 的最高需求 50、II 的最低(高)需求 70、III 的最低需求 0 及為 IV 提供運量 40；進一步，電腦程式只對你舉出的約束和目標函數負責，它不會做某種權衡，例如這裡它滿足了 I 的最高需求 50，但對 III 僅滿足了其最低需求 0。

【例 24.5】 某廠按合約規定必須於當年每個季末分別提供 10、15、25、20 台同一規格的裝置 A。已知該廠各季的生產能力及生產每台裝置 A 的成本，如表 24.6 所示。如果生產出來的裝置當季不交貨，每積壓一個季，每台需儲存、維護等費用 0.15 萬元。要求在完成合約的情況下，作出使該廠全年生產（包括儲存、維護）費用最小的決策。

表 24.6

季	生產能力/台	單位成本/萬元
I	25	10.8
II	35	11.1
III	30	11.0
IV	10	11.3

解 首先從表面看，此問題不像運輸問題，我們從限制條件開始分析：假設 $x_{ij}(i \le j)$ 為第 i 季生產的用於第 j 季末交貨的裝置台數，則根據生產能力可以容易得到不等式約束：

$$\begin{cases} x_{11} + x_{12} + x_{13} + x_{14} \le 25 \\ x_{22} + x_{23} + x_{24} \le 35 \\ x_{33} + x_{34} \le 30 \\ x_{44} \le 10 \\ x_{ij} \ge 0 \end{cases}$$

由合約規定，可以得到等式約束：

$$\begin{cases} x_{11} = 10 \\ x_{12} + x_{22} = 15 \\ x_{13} + x_{23} + x_{33} = 25 \\ x_{14} + x_{24} + x_{34} + x_{44} = 20 \\ x_{ij} \geq 0 \end{cases}$$

可以將每個季的生產廠房理解為產方，需按時交貨的合約專案理解為銷售點，這個問題就可以看作是一個產銷不平衡的運輸問題，將每台裝置的生產費用加上儲存、維護費理解為運費，表 24.7 為此運輸問題的詳細資訊。

表 24.7

產地	銷地				產量
	1 季交付	2 季交付	3 季交付	4 季交付	
I	10.8	10.8+0.15	10.8+0.3	10.8+0.45	25
II	10000	11.1	11.1+0.15	11.1+0.3	35
III	10000	10000	11.0	11.0+0.15	30
IV	10000	10000	10000	11.3	10
銷量	10	15	25	20	

下面使用 transport_pulp()函數解決此問題，程式如下：

```
M=10000
c=[[10.8,10.95,11.1,11.25],[M,11.1,11.25,11.4],\
    [M,M,11.0,11.15],[M,M,M,11.3]]
supply=[25,35,30,10]
demand=[10,15,25,20]
result=transport_pulp(c,supply,demand,\
    cat=pulp.LpInteger)
result['fun'],np.array(result['x'])
```

執行結果結果如圖 24.5 所示。

```
(773.0, array([[10., 10.,  0.,  5.],
               [ 0.,  5.,  0.,  0.],
               [ 0.,  0., 25.,  5.],
               [ 0.,  0.,  0., 10.]]))
```

▲圖 24.5

就我們可能遇到的問題的規模（變數和約束的個數），對電腦來講，大部分是小規模問題，下面的程式演示了由 30 個不等式約束和 45 個等式約束及規模為 $C_{30\times45}$ 的價值矩陣的求解問題，考慮到在函數 *transport_linprog()* 內部還要轉換成（30+45, 30×45）的稀疏矩陣，所以問題的規模已經比較大了。程式如下：

```
from time import time
start=time()
np.random.RandomState(0)
supply_num=30
demand_num=45
c=np.random.randint(0,10,size=(supply_num,demand_num))
supply=np.random.randint(20000,25000,size=supply_num)
demand=np.random.randint(10000,20000,size=demand_num)
result=transport_linprog(c,supply,demand)
#因為隨機性及主機執行速度原因，顯示的結果會有差別
print((time()-start))
print(result['success'])
```

執行結果如圖 24.6 所示。

```
0.9684271812438965
True
```

▲圖 24.6

線性目標規劃

在前幾章,我們所建立的模型均為在替定資源和價值時,求最小費用或最大利潤。但在現實情境中,如此理想或苛刻的情況是不多見的——產品及原材料的市場供需變化、工人連續加班所帶來的生產效率問題以及對裝置持續執行帶來的折舊問題等等,均需要我們為這些隱性問題預留一定的彈性空間。

首先透過例 25.1 來學習目標規劃的原理。

【例 25.1】某工廠生產 I、II 兩種產品,有關資料見如表 25.1 所示。

表 25.1

	產品 I	產品 II	擁有量
原材料/kg	2	1	11
裝置生產能力/小時	1	2	10
利潤/(元/件)	8	10	

試求獲利最大的方案。

解 其數學模型為 $\max z = 8x_1 + 10x_2$

$$\begin{cases} 2x_1 + x_2 \le 11 \\ x_1 + 2x_2 \le 10 \ , \\ x_1, x_2 \ge 0 \end{cases}$$

程式如下：

```
import numpy as np
from scipy.optimize import linprog
c=np.array([8,10])
A=np.array([[2,1],[1,2]])
b=np.array([11,10])
c=-c
result=linprog(c,A_ub=A,b_ub=b)
-result.fun.round(3),result.x.round(3)
```

執行結果如圖 25.1 所示。

$$(62.0, \ array([4., \ 3.]))$$

▲圖 25.1

註釋：當產品 I、II 的產量分別為 4、3 時，利潤達到最大值 62，此時原材料和裝置生產能力均被消耗完。

【例 25.2】如果決策人員還要考慮以下幾個因素（接例 25.1）。

（1）根據市場訊息，產品 I 的銷售量有下降的趨勢，故考慮產品 I 的產量不大於產品 II；

（2）超過計畫供應的原材料時，需要高價採購，會使成本大幅度增加；

（3）應盡可能充分利用裝置台時，但不希望加班；

（4）應盡可能達到並超過計畫利潤指標 56 元。

解 我們逐一處理上述四個因素：

（1）設超出 $(x_1 - x_2)$ 的部分為 d_1^+，不足的部分為 d_1^-，其中 $d_1^+, d_1^- \geq 0$，
　　　實際上二者必有一個為 0，從而我們得到第一個等式約束：
　　　$x_1 - x_2 + d_1^- - d_1^+ = 0$ ；

（2）設超出原材料使用的部分為 d_2^+，不足的部分為 d_2^-，從而得到第二
　　　個等式約束：$2x_1 + x_2 + d_2^- - d_2^+ = 11$ ；

（3）設超出台時的部分為 d_3^+，不足的部分為 d_3^-，從而得到第三個等式
　　　約束：$x_1 + 2x_2 + d_3^- - d_3^+ = 10$ ；

（4）同樣的方式可以得到第四個等式約束：$8x_1 + 10x_2 + d_4^- - d_4^+ = 56$ 。

這裡，我們的目標不是利潤或成本，而是最小化目標變數 d_1^+、d_2^+、
$d_3^- + d_3^+$（注意對第 3 個因素的描述）及 d_4^-，根據這四個因素的優先順
序，分別為其指定權重。在此，我們按順序為這四個因素分別指定權重
8、4、2、1。從而其數學模型為：

$$\min z = 8d_1^+ + 4d_2^+ + 2(d_3^- + d_3^+) + 1 \times d_4^-$$

$$\begin{cases} x_1 - x_2 + d_1^- - d_1^+ = 0 \\ 2x_1 + x_2 + d_2^- - d_2^+ = 11 \\ x_1 + 2x_2 + d_3^- - d_3^+ = 10 \\ 8x_1 + 10x_2 + d_4^- - d_4^+ = 56 \\ x_1, x_2, d_i^{\pm} \geq 0 \end{cases}$$

其解法程式如下：

```
c=np.array([0,0,0,8,0,4,2,2,1,0])
A_eq=np.array([
              [1,-1,1,-1,0,0,0,0,0,0],
              [2,1,0,0,1,-1,0,0,0,0],
              [1,2,0,0,0,0,1,-1,0,0],
              [8,10,0,0,0,0,0,0,1,-1]
              ])
b_eq=np.array([0,11,10,56])
```

```
result=linprog(c,A_eq=A_eq,b_eq=b_eq,method='simplex')
result.x.round(3),result.fun
```

運行結果如圖 25.2 所示。

$$(array([2., 4., 2., 0., 3., 0., 0., 0., 0., 0.]), 0.0)$$

▲圖 25.2

註釋：決策變數對應 $(x_1, x_2, d_1^-, d_1^+, d_2^-, d_2^+, d_3^-, d_3^+, d_4^-, d_4^+)$，目標函數的值為 0。

【例 25.3】 某電視機廠裝配黑白和彩色兩種電視機。每裝配一台電視機需佔用裝配線 1 小時，裝配線每週計畫開動 40 小時。預計市場每週彩色電視機的銷量是 24 台，每台可獲利 80 元；黑白電視機的銷量是 30 台，每台可獲利 40 元。該廠按預測的銷量指定生產計畫，其目標為：

第一優先順序：充分利用裝配線每週計畫開工 40 小時；
第二優先順序：允許裝配線加班；但加班時間每週儘量不超過 10 小時；
第三優先順序：裝配電視機的數量儘量滿足市場需要。因彩色電視機的利潤高，取其權係數為 2。

試建立這個問題的目標規劃模型，並求出黑白和彩色電視機的產量。

解 第一優先順序取權重 8，第二優先順序取權重 4，彩色和黑白電視機的權重分別為 2 和 1，設這四個權重的不足部分和超出部分分別為 $d_i^-, d_i^+, i = 1,2,3,4$，彩色和黑白電視機的產量分別為 x_1, x_2，則問題的數學模型為：

$$\min z = 8d_1^- + 4d_2^+ + 2d_3^- + d_4^-$$

$$\begin{cases} x_1 + x_2 + d_1^- - d_1^+ = 40 \\ x_1 + x_2 + d_2^- - d_2^+ = 50 \\ x_1 + d_3^- - d_3^+ = 24 \\ x_2 + d_4^- - d_4^+ = 30 \\ x_1, x_2, d_i^{\pm} \geq 0, i = 1,2,3,4 \end{cases}$$

程式如下：

```
c=np.array([0,0,8,0,0,4,2,0,1,0])
A_eq=np.array([
                [1,1,1,-1,0,0,0,0,0,0],
                [1,1,0,0,1,-1,0,0,0,0],
                [1,0,0,0,0,0,1,-1,0,0],
                [0,1,0,0,0,0,0,0,1,-1]
              ])
b_eq=np.array([40,50,24,30])
result=linprog(c,A_eq=A_eq,b_eq=b_eq)
result.x.round(3),result.fun.round(3)
```

運行結果如圖 25.3 所示。

```
(array([24., 26.,  0., 10.,  0.,  0.,  0.,  0.,  4.,  0.]), 4.0)
```

▲圖 25.3

註釋：黑白電視機的產量為 26 台，裝配線需開工 50 小時，這裡每台電視機的利潤並沒有參與計算，目標函數值為 4，是由黑白電視機的不足產能造成的。

【**例 25.4**】某單位領導在考慮本單位職工的升級調資方案時，依次遵守以下優先順序順序規定：

（1）不超過年工資總額 3000 萬元；

（2）提級時，每級的人數不超過定編規定的人數；

（3）II，III 級的升級面盡可能達到現有人數的 20%，且無越級提升。

此外，III 級不足編制的人數可錄用新職工，又 I 級的職工中有 10%要退休。有關資料整理於表 25.2，問該領導應如何擬定一個滿意的方案。

表 25.2

等級	薪水額（萬元/年）	現有人數/人	編制人數/人
I	10.0	100	120
II	7.5	120	150
III	5.0	150	150
合計		370	420

解

（1）這裡的方案是指 II、III 級晉升這 I、II 級的人數，以及錄用的新職工（III 級）的人數，分別設為 x_1、x_2、x_3；

（2）設年工資總額不足和超出的部分分別為 d_1^-、d_1^+，權重為 4；

（3）設 I、II、III 級不足及超出編制人數的部分分別為：d_2^-、d_2^+、d_3^-、d_3^+、d_4^-、d_4^+，權重為 2；

（4）設 II 級升至 I 級的不足及超出 24 個的部分分別為 d_5^-、d_5^+，III 級升至 II 級的不足及超出 30 個的部分分別為 d_6^-、d_6^+，權重為 1。

其對應的數學模型為：

$$\min z = 4d_1^+ + 2(d_2^+ + d_3^+ + d_4^+) + 1 \times (d_5^- + d_6^-)$$

$$\begin{cases} 2.5x_1 + 2.5x_2 + 5.0x_3 + d_1^- - d_1^+ = 450 \\ x_1 + d_2^- - d_2^+ = 30 \\ -x_1 + x_2 + d_3^- - d_3^+ = 30 \\ -x_2 + x_3 + d_4^- - d_4^+ = 0 \\ x_1 + d_5^- - d_5^+ = 24 \\ x_2 + d_6^- - d_6^+ = 30 \\ x_1, x_2, x_3, d_i^{\pm} \geq 0, i = 1, 2, ..., 6 \end{cases}$$

以上每個約束都是根據實際要求，經過化簡得到的，例如第一個年工資總額是由：

$$10.0(100 - 100 \times 10\% + x_1) + 7.5(120 - x_1 + x_2) + 5.0(150 - x_2 + x_3) + d_1^- - d_1^+ = 3000$$

得到的，其他類似。

程式如下：

```
priority=np.array([0,0,0,0,4,0,2,0,2,0,2,1,0,1,0])
left_x=np.array([
                [2.5,2.5,5],
                [1,0,0],
                [-1,1,0],
                [0,-1,1],
                [1,0,0],
                [0,1,0]
            ])
right_d=np.array([
                [1,-1,0,0,0,0,0,0,0,0,0,0],
                [0,0,1,-1,0,0,0,0,0,0,0,0],
                [0,0,0,0,1,-1,0,0,0,0,0,0],
                [0,0,0,0,0,0,1,-1,0,0,0,0],
                [0,0,0,0,0,0,0,0,1,-1,0,0],
                [0,0,0,0,0,0,0,0,0,0,1,-1]
            ])
#np.hstack((A,B))將兩個行數相同的陣列在水平方向上拼接
A_eq=np.hstack((left_x,right_d))
b_eq=np.array([450,30,30,0,24,30])
result=linprog(priority,A_eq=A_eq,b_eq=b_eq,method='simplex')
print(result.fun.round(3))
result.x.round(3)
```

運行結果如圖 25.4 所示。

```
0.0

array([24., 52., 52.,  0.,  0.,  6.,  0.,  2.,  0.,  0.,  0.,  0.,  0.,
        0., 22.])
```

▲圖 25.4

註釋：

（1）升至 I 級、II 級及新職工的人數分別為 24、52、52 時，年工資總額 3000 萬元恰好用完。這個方案偏向於對人才的培養，而不在乎當下的盈利；

（2）np.hstack((A,B))將兩個行數相同的矩陣在水平方向拼接，與此類似的還有 np.vstack((A,B))將兩個列數相同的矩陣在豎直方向上拼接。

用 pulp 再次解決這個問題，程式如下：

```
import pulp
m=pulp.LpProblem(sense=pulp.LpMinimize)
x=[pulp.LpVariable(f'x{i}',lowBound=0,cat=pulp.LpInteger)\
     for i in np.arange(1,16)]
m+=pulp.lpDot(priority,x)
for i in np.arange(6):
    m+=(pulp.lpDot(A_eq[i],x)==b_eq[i])
m.solve()
print(pulp.value(m.objective))
print([pulp.value(var) for var in x])
```

運行結果如圖 25.5 所示。

```
0.0
[24.0, 30.0, 0.0, 315.0, 0.0, 6.0, 0.0, 24.0,
 0.0, 30.0, 0.0, 0.0, 0.0, 0.0, 0.0]
```

▲ 圖 25.5

註釋：（1）III 級升至 II 級的人數和新職工的人數分別為 30 和 0，而年薪水不足 3000 萬的部分為 315 萬。這是一個注重當下盈利的方案，但 III 級員工缺口較大；

（2）決策人員如果對這兩種方案都不太滿意，可以重新調整目標的優先順序和權重。

【例 25.5】已知有三個產地分別給四個銷地供應某種產品，產、銷地之間的供需量和單位運價情況如表 25.3 所示。

表 25.3

產地	銷地				產量
	B_1	B_2	B_3	B_4	
A_1	5	2	6	7	300
A_2	3	5	4	6	200
A_3	4	5	2	3	400
銷量	200	100	450	250	900/1000

有關部門在研究調運方案時依次考慮以下七項目標，並規定其對應的優先等級：

P_1：B_4 是重點保證單位，必須全部滿足其需要；

P_2：A_3 向 B_1 提供的產量不少於 100；

P_3：每個銷地的供應量不小於其需要量的 80%；

P_4：所定調運方案的總運費不超過最小運費的調運按方案的 10%；

P_5：因路段的問題，儘量避免安排將 A_2 的產品運往 B_4；

P_6：給 B_1 和 B_3 供應率要相同；

P_7：力求總運費最省。

解 對於 P_4，需要首先求出最小運費，這是一個產銷不平衡的問題，我們使用 pulp 求解，程式如下：

```
# 首先求出此問題的最小運費
m=pulp.LpProblem()
c=[[5,2,6,7],[3,5,4,6],[4,5,2,3]]
production=[300,200,400]
requirement=[200,100,450,250]
x=[[pulp.LpVariable(f'{i}{j}',lowBound=0,cat=pulp.LpInteger) \
    for j in range(4)] for i in range(3)]
```

```
m+=sum([pulp.lpDot(c[row],x[row]) for row in range(3)])
for row in range(3):
    m+=(sum(x[row])==production[row])
x_T=np.array(x).T
for col in range(4):
    m+=(sum(x_T[col])<=requirement[col])
m.solve()
pulp.value(m.objective)
```

執行結果如圖 25.6 所示。

$$2950.0$$

▲圖 25.6

設 x_{ij} 為 A_i 至 B_j 的供應量,下面我們結合實際問題及目標逐一分析約束等式:

(1)由於這是一個產小於銷的問題,所以:

$$\sum_{j=1}^{4} x_{ij} = supply(A_i), i = 1, 2, 3$$,其中 $supply(A_i)$ 為 A_i 的產能;

(2)設 $d_i^-, d_i^+ (i = 1, 2, 3, 4)$ 分別為銷地 B_i 相對其需求不足和超出的部分,

從而有: $\sum_{j=1}^{3} x_{ji} + d_i^- - d_i^+ = demand(B_i), i = 1, 2, 3, 4$ 。其中

$demand(B_i)$ 為銷地 B_i 的銷量,注意這裡的 d_4^- 為 B_4 相對於其需求量

250 不足的部分;

(3)考慮優先順序 P_2 有: $x_{31} + d_5^- - d_5^+ = 100$;

(4)考慮優先順序 P_3 有:

$$\sum_{j=1}^{3} x_{ji} + d_{i+5}{}^- - d_{i+5}{}^+ = 0.8 \times demand(B_i), i = 1, 2, 3, 4$$;

(5)考慮優先順序 P_4 有: $\sum_{i=1}^{3} \sum_{j=1}^{4} c_{ij} x_{ij} + d_{10}{}^- - d_{10}{}^+ = 2950 \times 1.1$,其中 c_{ij} 為

A_i 至 B_j 的運送單價;

（6）考慮優先順序 P_5 有： $x_{24} + d_{11}^{\,-} - d_{11}^{\,+} = 0$ ；

（7）考慮優先順序 P_6 有： $\dfrac{x_{11} + x_{21} + x_{31}}{x_{13} + x_{23} + x_{33}} + d^- - d^+ = \dfrac{200}{450}$ ，將其近似為：

$$x_{11} + x_{21} + x_{31} - \frac{200}{450}(x_{13} + x_{23} + x_{33}) + d_{12}^{\,-} - d_{12}^{\,+} = 0 \ ;$$

（8）考慮優先順序 P_7 有： $\displaystyle\sum_{i=1}^{3}\sum_{j=1}^{4} c_{ij}x_{ij} + d_{13}^{\,-} - d_{13}^{\,+} = 2950$ 。

這裡總共有 16 個等式約束，38 個決策變數；將七個目標按照其順序分別設定權係數 64、32、16、8、4、2、1，目標函數為：

$$\min z = 64d_4^{\,-} + 32d_5^{\,-} + 16(d_6^{\,-} + d_7^{\,-} + d_8^{\,-} + d_9^{\,-}) + 8d_{10}^{\,+} + 4d_{11}^{\,+} + 2(d_{12}^{\,-} + d_{12}^{\,+}) + d_{13}^{\,+}$$

價值向量、資源係數矩陣及資源向量的程式如下：

```
#資源向量
c=np.zeros(38)
c[18]=64
c[20]=32
c[22]=16
c[24]=16
c[26]=16
c[28]=16
c[31]=8
c[33]=4
c[34]=2
c[35]=2
c[37]=1

#等式約束矩陣
A=np.zeros((16,38))
A[0][:4]=1
A[1][4:8]=1
A[2][8:12]=1
#A[3]
A[3][0]=1
```

```
A[3][4]=1
A[3][8]=1
A[3][12]=1
A[3][13]=-1
#A[4]
A[4][1]=1
A[4][5]=1
A[4][9]=1
A[4][14]=1
A[4][15]=-1
#A[5]
A[5][2]=1
A[5][6]=1
A[5][10]=1
A[5][16]=1
A[5][17]=-1
#A[6]
A[6][3]=1
A[6][7]=1
A[6][11]=1
A[6][18]=1
A[6][19]=-1
#A[7]
A[7][8]=1
A[7][20]=1
A[7][21]=-1
#A[8]
A[8][0]=1
A[8][4]=1
A[8][8]=1
A[8][22]=1
A[8][23]=-1
#A[9]
A[9][1]=1
A[9][5]=1
A[9][9]=1
A[9][24]=1
A[9][25]=-1
#A[10]
```

```
A[10][2]=1
A[10][6]=1
A[10][10]=1
A[10][26]=1
A[10][27]=-1
#A[11]
A[11][3]=1
A[11][7]=1
A[11][11]=1
A[11][28]=1
A[11][29]=-1
#A[12]
A[12][0:12]=[5,2,6,7,3,5,4,6,4,5,2,3]
A[12][30]=1
A[12][31]=-1
#A[13]
A[13][7]=1
A[13][32]=1
A[13][33]=-1
#A[14]
A[14][0]=1
A[14][4]=1
A[14][8]=1
A[14][2]=-200/450
A[14][6]=-200/450
A[14][10]=-200/450
A[14][34]=1
A[14][35]=-1
#A[15]
A[15][:12]=[5,2,6,7,3,5,4,6,4,5,2,3]
A[15][36]=1
A[15][37]=-1

#資源向量
b=np.array([300,200,400,200,100,450,250,100,\
    160,80,360,200,2950*1.1,0,0,2950])
```

求解的程式如下：

```
m=pulp.LpProblem()
x=[pulp.LpVariable(f'x{i}',lowBound=0,cat=pulp.LpInteger) \
    for i in range(38)]
m+=pulp.lpDot(c,x)
for i in np.arange(16):
    m+=(pulp.lpDot(A[i],x)==b[i])
m.solve()
result_x=[pulp.value(x[i]) for i in range(12)]
result_d=[pulp.value(x[i]) for i in range(12,38)]
result_x=np.array(result_x).reshape((3,4))
result_d=np.array(result_d).reshape((13,2))
print('x is:')
print(result_x)
print('====================')
print('d is:')
print(result_d)
print('==========')
print('z is:')
print(pulp.value(m.objective))
```

運行結果結果如圖 25.7 所示。

```
x is:
[[  0. 139. 161.   0.]
 [ 60.   0. 140.   0.]
 [100.   0.  50. 250.]]
====================
d is:
[[ 40.   0.]
 [  0.  39.]
 [ 99.   0.]
 [  0.   0.]
 [  0.   0.]
 [  0.   0.]
 [  0.  59.]
 [  9.   0.]
 [  0.  50.]
 [ 11.   0.]
 [  0.   0.]]
```

▲圖 25.7

註釋：這裡僅截取了一部分變數 x_{ij} 的輸出值，目標變數 z 的值為 436。注意：我們不能陷入「費用」或運量的陷阱，這裡明顯的有 B_2 的需求量為 100，但卻為其提供了 139。然而我們沒有為超出這個量的部分設定目標，請根據題目所給定的優先順序逐一對照，例如 P_6：$\dfrac{160}{200} \approx \dfrac{351}{450}$，一般靠後的優先順序項滿足的比較好的話，靠前的優先順序項一定被滿足的更好，最後一個優先順序總運費為 3234 元。

最後，用 linprog() 求解，和 pulp 加以比較，程式如下：

```
# linprog 求解
result=linprog(c,A_eq=A,b_eq=b)
res=np.array(result.x[:12]).round(0).reshape((3,4))
res,result.fun.round(0)
```

執行結果如圖 25.8 所示。

```
(array([[ 29., 136.,  70.,  65.],
        [ 31.,   0., 169.,   0.],
        [100.,   0., 115., 185.]]), 401.0)
```

▲圖 25.8

註釋：從對目標規劃的角度來講，這個解比 pulp 更好。

26

整數線性規劃

決策變數必須為整數的線性規劃問題，我們稱之為整數線性規劃。這類問題很普遍，本章使用 pulp 解決整數線性規劃問題。

首先匯入函數程式庫：

```
import pulp
import numpy as np
```

【例 26.1】某廠擬用貨櫃托運甲、乙兩種貨物，已知每箱的體積、重量、可獲利潤以及托運所受限制情況，如表 26.1 所示，問兩種貨物各托運多少箱，可使利潤最大圖

表 26.1

貨物	體積/(m³/箱)	重量/(100kg/箱)	利潤/(百元/箱)
甲	5	2	20
乙	4	5	10
托運限制	24m³	1300kg	

解 問題的數學模型為：

$$\max z = 20x_1 + 10x_2$$

$$\begin{cases} 5x_1 + 4x_2 \leq 24 \\ 2x_1 + 5x_2 \leq 13 \\ x_1, x_2 \geq 0 \text{ 且為整數} \end{cases}$$

其程式如下：

```
c=[20,10]
A=[[5,4],[2,5]]
b=[24,13]
m=pulp.LpProblem(sense=pulp.LpMaximize)
#參數 cat='Integer'指明變數的解為整數
var=[pulp.LpVariable(f'x{i}',lowBound=0,cat='Integer') \
    for i in range(len(c))]
m+=pulp.lpDot(c,var)
for i in range(len(A)):
    m+=(pulp.lpDot(A[i],var)<=b[i])
m.solve()
pulp.value(m.objective),[pulp.value(x) for x in var]
```

執行結果如圖 26.1 所示。

$$(90.0, [4.0, 1.0])$$

▲ 圖 26.1

註釋：在定義變數時，將參數 cat 設定為 "Integer"，如果要求整數非負，將 lowBound 參數設定為 0。

【例 26.2】求解 $\max z = 40x_1 + 90x_2$

$$\begin{cases} 9x_1 + 7x_2 \leq 56 \\ 7x_1 + 20x_2 \leq 70 \\ x_1, x_2 \geq 0 \text{ 且為整數} \end{cases}$$

解 求解方法和例 26.1 一樣，程式如下：

```
c=[40,90]
A=[[9,7],[7,20]]
b=[56,70]
x=[pulp.LpVariable(f'x{i}',lowBound=0,cat='Integer') \
    for i in range(2)]
p=pulp.LpProblem(sense=pulp.LpMaximize)
p+=pulp.lpDot(c,x)
for i in range(2):
    p+=(pulp.lpDot(A[i],x)<=b[i])
p.solve()
pulp.value(p.objective),[pulp.value(var) for var in x]
```

運行結果如圖 26.2 所示。

$$(340.0, [4.0, 2.0])$$

▲圖 26.2

註釋：重複寫一類問題的程式是有必要的，除了擺脫別人的程式或參考書，我們希望透過更多的例子以累積經驗和發現問題。

下例是決策變數為 0-1 型整數線性規劃問題。

【**例 26.3**】 求

$$\max z = 3x_1 - 2x_2 + 5x_3$$

$$\begin{cases} x_1 + 2x_2 - x_3 \leq 2 \\ x_1 + 4x_2 + x_3 \leq 4 \\ x_1 + x_2 \leq 3 \\ 4x_1 + x_3 \leq 6 \\ x_1, x_2, x_3 = 0,1 \end{cases}$$

解 程式如下：

```
c=[3,-2,5]
A=[[1,2,-1],[1,4,1],[1,1,0],[4,0,1]]
b=[2,4,3,6]
#參數 cat='Binary'指明變數的解為 0 或 1
x=[pulp.LpVariable(f'x{i}',lowBound=0,cat='Binary') \
    for i in range(3)]
p=pulp.LpProblem(sense=pulp.LpMaximize)
p+=pulp.lpDot(c,x)
for i in range(len(A)):
    p+=(pulp.lpDot(A[i],x)<=b[i])
p.solve()
pulp.value(p.objective),[pulp.value(var) for var in x]
```

執行結果如圖 26.3 所示。

$$(8.0, [1.0, 0.0, 1.0])$$

▲圖 26.3

註釋：需要將決策變數的參數 cat 設定為 "Binary"。

最後，我們透過一個例子來學習指派問題，也屬於 0-1 規劃問題。

【例 26.4】有一份中文說明書，需譯成英、日、德、俄四種文字，分別記作 E、J、G、R。現有甲、乙、丙、丁四人。他們將中文說明書翻譯成不同語種的說明書所需時間如表 26.2 所示。

表 26.2

人員	翻譯任務			
	E	J	G	R
甲	2	15	13	4
乙	10	4	14	15
丙	9	14	16	13
丁	7	8	11	9

問：應該指派何人去完成何工作（每人恰完成一項工作），使所需時間最少？

解 設 $x_{ij} = \begin{cases} 1\ \text{當指派第}i\text{個人去完成}j\text{項任務} \\ 0\ \text{不指派第}i\text{個人去完成}j\text{項任務} \end{cases}$

則問題的數學模型為： $\min z = \sum_{i=1}^{4}\sum_{j=1}^{4} c_{ij}x_{ij}$

$$\begin{cases} \sum_i x_{ij} = 1, j = 1,2,3,4 \\ \sum_j x_{ij} = 1, i = 1,2,3,4 \\ x_{ij} = 0,1 \end{cases}$$

程式如下：

```
import numpy as np
num=4
c=[[2,15,13,4],[10,4,14,15],[9,14,16,13],[7,8,11,9]]
x=[[pulp.LpVariable(f'x{i}{j}',lowBound=0,cat='Binary') \
    for j in range(num)] for i in range(num)]
m=pulp.LpProblem(sense=pulp.LpMinimize)
m+=sum([pulp.lpDot(x[i],c[i]) for i in range(num)])
for row in range(num):
    m+=(sum(x[row])==1)
for col in range(num):
    m+=(sum([x[row][col] for row in range(num)])==1)
m.solve()
print(pulp.value(m.objective))
res=np.array([[pulp.value(x[i][j]) for j in range(num)] \
    for i in range(num)])
res
```

執行結果如圖 26.4 所示。

```
28.0

array([[0., 0., 0., 1.],
       [0., 1., 0., 0.],
       [1., 0., 0., 0.],
       [0., 0., 1., 0.]])
```

▲ 圖 26.4

註釋：我們將目標函數 $\displaystyle\sum_{i=1}^{4}\sum_{j=1}^{4}c_{ij}x_{ij}$ 轉化成矩陣 C 與 X 的對應行的內積的和。

無約束問題

從作業研究的角度來看的話，最佳解（近似最佳解或局部最佳解）及對應的決策變數是我們關注的焦點，而電腦底層是如何運算的，在此我們只做適度的觀察。

接下來這兩章我們主要學習一個函數：scipy.optimize.minimize()，minimize()是 scipy 經過最佳化後的函數。在解決非線性問題，包括無約束問題（本章）及有約束問題（下章）時，官方推薦使用此函數。

【例 27.1】某公司經營兩種產品，其中 A 產品每件售價 30 元，B 產品每件售價 450 元。根據統計，售出一件 A 產品需要的服務時間平均是 0.5 小時，B 產品是 $(2+0.25x_2)$ 小時，其中 x_2 是 B 產品的售出數量。已知該公司在這段時間內的總服務時間為 800 小時，試決定使其營業額最大的營業計畫。

解 設 x_1, x_2 為這兩種產品的經營數量，其數學模型為：

$$\max z = 30x_1 + 450x_2$$
$$\begin{cases} 0.5x_1 + 2x_2 + 0.25x_2^2 \le 800 \\ x, x \ge 0 \end{cases}$$

程式如下：

```
import numpy as np
from scipy.optimize import minimize
def f(x):return -30*x[0]-450*x[1]
cons=({'type':'ineq','fun':lambda x:np.array(\
    [-0.5*x[0]-2*x[1]-0.25*x[1]**2+800])})
result=minimize(f,x0=[0,0],bounds=((0,2000),\
    (0,None)),constraints=cons,method='SLSQP')
np.round(-result.fun,3),np.round(result.x,3)
```

執行結果如圖 27.1 所示。

$$(49815.0, array([1495.5,\quad 11.\ ]))$$

▲圖 27.1

註釋：

（1）目標函數 $f(x)$ 的引數 x 在這裡是一個串列，理解為 $x = [x_1, x_2]$，其中 x_1 =x[0]，x_2 =x[1]，由於求最小值，我們將目標函數乘以-1。

（2）約束是以字典形式舉出的元組，每一個約束形式為：

{'type':'ineq','fun':lambda x:np.array([-0.5*x[0]-2*x[1]-0.25*x[1]**2+800])}；

當約束為不等式時，一定要化為 fun ≥ 0 的形式，此時 "type" 的值為 "ineq"；當約束為等式形式時，"type" 的值為 "eq"，此時，將等式化為 fun=0 的形式。

（3）minimize()函數有幾個參數比較重要：

f：目標函數。

x0：設定函數搜尋的起點，選擇合適的起點有利於函數更快地找到最佳解。

bounds：各決策變數的設定值範圍，以元組((min,max),…,(min,max))的形式舉出。

constraints：約束元組，如果沒有約束，不寫。

method：選定函數所使用的搜尋演算法，如'BFGS'、'Newton-CG'、'SLSQP'等，除非對這些演算法非常了解，否則這個參數不用寫(預設)。實踐證明，預設的搜尋演算法優於指定的單一演算法，它會實驗幾個演算法，取結果最好的。

另外，除了第一個參數 f，其他參數都是可選的，寫入可不寫。

我們用高等數學中求多元函數最值的方法來驗證這個結果：如果總服務時間 800 小時沒有用完，表示可以用剩餘的時間創造更多的銷售，所以這裡將服務時間的不等式約束修改為等式約束：

$$L(x, y) = 30x + 450y + \lambda(0.5x + 2y + 0.25y^2 - 800)$$

$$\begin{cases} \dfrac{\partial L}{\partial x} = 30 + 0.5\lambda = 0 \\[2mm] \dfrac{\partial L}{\partial y} = 450 + 2\lambda + \dfrac{\lambda y}{2} = 0 \\[2mm] \varphi(x, y) = 0.5x + 2y + 0.25y^2 - 800 = 0 \end{cases}$$

我們由第一個等式順著往下推，很快可以得到 $y = 11, x = 1495.5$，目標函數的值為 49815。

最後，我們觀察參數 method 取不同值時的結果。程式如下：

```
methodnames=(None,'Nelder-Mead','Powell','CG','BFGS','Newton-CG',\
    'L-BFGS-B','TNC','COBYLA','SLSQP','trust-constr','dogleg',\
        'trust-ncg','trust-exact','trust-krylov')
for name in methodnames:
    try:
        result=minimize(f,x0=[0,0],bounds=((0,2000),(0,None)),\
            constraints=cons,method=name)
        if result.success:
            print('{}---x is {} and fun is {}'.\
```

```
            format(name,result.x,-result.fun))
    except:continue
```

如圖 27.2 所示。

```
None---x is [1495.49992907   11.00000473] and fun is 49815.00000226956
Powell---x is [1.37957402e+307 2.58792896e+000] and fun is inf
CG---x is [2.4046162e+07 3.6069243e+08] and fun is 163032978496.03558
BFGS---x is [1.93696391e+07 2.90549959e+08] and fun is 131328570942.30836
L-BFGS-B---x is [2.0000000e+03 2.8340758e+08] and fun is 127533470806.71347
TNC---x is [2.00000000e+03 1.01010101e+09] and fun is 454545514503.3749
SLSQP---x is [1495.49992907   11.00000473] and fun is 49815.00000226956
trust-constr---x is [1495.49999682   11.00000021] and fun is 49814.999998720006
```

▲ 圖 27.2

註釋：

（1）有些搜尋演算法是針對無約束問題的；

（2）此問題如果指定 method 參數時，只有 "SLSQP" 和 "trust-constr" 可以得到正確的解，如果不指定 method 參數，對於有約束問題，它會使用 "SLSQP" 演算法。

【例 27.2】求 $f(X) = (x_1 - 1)^2 + (x_2 - 1)^2$ 的極小值點。

解 對於無約束問題，method 參數一般設定為 "BFGS"，或不設定，程式如下：

```
def f(x,sign=1.0):
    return sign*((x[0]-1)**2+(x[1]-1)**2)
result=minimize(f,[-100,100],method='BFGS')
np.round(result.x,3),np.round(result.fun,3)
```

執行結果如圖 27.3 所示。

(array([1., 1.]), 0.0)

▲ 圖 27.3

【例 27.3】使用共軛梯度法求 $f(X) = \dfrac{3}{2}x_1^2 + \dfrac{1}{2}x_2^2 - x_1 x_2 - 2x_1$ 的極小值點。

解 程式如下：

```
def f(x,sign=1.0):
    return sign*(1.5*x[0]**2+0.5*x[1]**2-x[0]*x[1]-2*x[0])
result=minimize(f,[-100,100],method='CG')
np.round(result.fun,3),np.round(result.x,4)
```

運行結果如圖 27.4 所示。

$$(-1.0, \; array([1., \; 1.]))$$

▲圖 27.4

約束極值問題

【例 28.1】求解二次規劃：$\begin{cases} \max f(X) = 8x_1 + 10x_2 - x_1^2 - x_2^2 \\ 3x_1 + 2x_2 \le 6 \\ x_1, x_2 \ge 0 \end{cases}$。

解 程式如下：

```
import numpy as np
from scipy.optimize import minimize
def f(x,sign=1.0):return sign*(8*x[0]+10*x[1]-x[0]**2-x[1]**2)
cons=(
    {'type':'ineq','fun':lambda x:np.array([6-3*x[0]-2*x[1]])},
    {'type':'ineq','fun':lambda x:np.array([x[0]])},
    {'type':'ineq','fun':lambda x:np.array([x[1]])}
    )
result=minimize(f,[100,100],args=(-1.0,),constraints=cons)
x=result.x
x,f(x)
```

運行結果如圖 28.1 所示。

(array([0.30769233, 2.53846151]), 21.30769230769193)

▲ 圖 28.1

註釋：本例舉出了當目標函數為求極大值時的處理方法，其中 *minimize()* 函數的參數 args=(-1.0,)是指 f 的 sign 參數取-1.0。

【例 28.2】求解二次規劃：$\begin{cases} \max f(X) = 4x_1 + 4x_2 - x_1^2 - x_2^2 \\ x_1 + 2x_2 \leq 4 \end{cases}$。

解 程式如下：

```
def f(x,sign=1.0):return sign*(4*x[0]+4*x[1]-x[0]**2-x[1]**2)
cons=(
    {'type':'ineq','fun':lambda x:np.array([4-x[0]-2*x[1]])}
    )
result=minimize(f,[100,100],args=(-1.0,),constraints=cons)
result.x,np.round(result.fun,3)
```

運行結果如圖 28.2 所示。

(array([1.59999999, 1.2   ]), -7.2)

▲ 圖 28.2

【例 28.3】求非線性規劃 $\begin{cases} \min f(X) = \dfrac{1}{3}(x_1+1)^3 + x_2 \\ x_1 - 1 \geq 0 \\ x_2 \geq 0 \end{cases}$。

解 程式如下：

```
def f(x,sign=1.0):
    return sign*((x[0]+1)**3/3+x[1])
cons=({'type':'ineq','fun':lambda x:np.array([x[0]-1])},
      {'type':'ineq','fun':lambda x:np.array([x[1]])})
result=minimize(f,[50,-50],constraints=cons)
```

```
np.round(result.x,3),np.round(result.fun,3)
```

運行結果如圖 28.3 所示。

$$(array([1., 0.]), 2.667)$$

▲圖 28.3

非線性規劃小結：

（1）從科學計算的角度來看，非線性規劃的處理方法可以歸結為 minimize() 的使用，方法比較簡單；

（2）需要更多的實踐，處理參數 x_0、bounds 與 method 的設定，以便得到合理的極值點，不像線性規劃，非線性規劃對於明顯錯誤的結果，其結果中的欄位 success 也顯示為 True，需要我們對問題有初步的預判。

Chapter

29

動態規劃的基本方法

動態規劃中的一些問題和程式設計中的遞迴機制非常相似，我們可以透過對比來學習。接下來，我們首先學習函數的遞迴機制。

【例 29.1】 求 $n!$ 的值，其中 n 為正整數。

解 注意到 $\begin{cases} n! = n\times(n-1)! \\ 0!=1 \end{cases}$，這是將一個問題轉化為關於其子問題的問題。

程式如下：

```
def factorial(n):
    if n==0:return 1
    return n*factorial(n-1)
factorial(5)
```

運行結果如圖 29.1 所示。

```
120
```

▲圖 29.1

【例 29.2】已知 $I_n = \int_0^{\frac{\pi}{2}} \sin^n x\, dx = \frac{n-1}{n} \int_0^{\frac{\pi}{2}} \sin^{n-2} x\, dx = \frac{n-1}{n} I_{n-2} (n \geq 2)$，求 I_n。

解
$$\begin{cases} I_n = \dfrac{n-1}{n} I_{n-2} \\ I_0 = \dfrac{\pi}{2} \\ I_1 = 1 \end{cases}$$
，這也是將問題轉化為關於其子問題的問題。

程式如下：

```
import numpy as np
def I(n):
    if n==0:return np.pi/2
    if n==1:return 1
    return (n-1)*I(n-2)/n
I(1),I(2),I(3)
```

執行結果如圖 29.2 所示。

(1, 0.7853981633974483, 0.6666666666666666)

▲圖 29.2

【例 29.3】設有 n 階樓梯，如果每次只能跨 1 階或 2 階，問 10 階樓梯總共有多少走法？

解 設 $F(n)$ 為 n 階樓梯的所有走法，考慮到第一步只有兩種走法，跨 1 階或 2 階，所以有：$\begin{cases} F_n = F_{n-1} + F_{n-2} \\ F_1 = 1 \\ F_2 = 2 \end{cases}$ 同上，這是將問題轉化為關於其子問題的問題。

程式如下：

```
def F(n):
    if n<=2:return n
    return F(n-1)+F(n-2)
for i in range(1,11):
    print(F(i),end=';')
```

運行結果如圖 29.3 所示。

1;2;3;5;8;13;21;34;55;89;

▲圖 29.3

【例 29.4】已知組合公式：$C(n,m) = C(n-1,m) + C(n-1,m-1)$，求 $C(10,5)$。

解 首先，我們以 $C(5,3)$ 為例來研究其退出條件的設定：

$C(5,3) = C(4,3) + C(4,2)$

$=($ $C(3,3) + C(3,2)$ $)+($ $C(3,2) + C(3,1)$ $)$ ——注意 $C(3,3)$ 不能繼續分解

$=1 + 2 \times (C(2,2) + C(2,1)) + C(2,1) + C(2,0)$

$=1 + 2 \times (1 + C(1,1) + C(1,0)) + C(1,1) + C(1,0) + C(2,0)$

從而，我們發現退出的條件可以概括為兩個：$C(n,n) = 1$ 和 $C(n,0) = 1$，因為這兩種情況已經沒有子問題了。程式如下：

```
def C(n,m):
    if n==m or m==0:return 1
    return C(n-1,m)+C(n-1,m-1)
C(10,5)
```

執行結果如圖 29.4 所示。

252

▲圖 29.4

【例 29.5】最短距離問題。如圖 29.5 所示，給定一個線路網路，兩點之間連線上的數字表示兩點的距離。求一條由點 A 到點 G 的鋪管線路，使總距離最短。

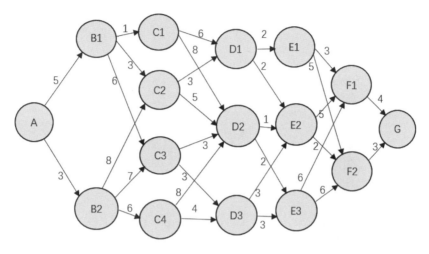

▲圖 29.5

解 本例總共有 16 個節點，首先建構一個 16×16 的陣列，初始元素（即距離）都為 100，如果兩個點之間沒有箭頭相連，則二者之間的距離為 100，如 AC_1，D_2G，不然單獨定義元素值如下所示。

```
a=np.ones((16,16))*100.0
a[0][1]=5
a[0][2]=3
a[1][3]=1
a[1][4]=3
a[1][5]=6
a[2][4]=8
a[2][5]=7
a[2][6]=6
a[3][7]=6
a[3][8]=8
a[4][7]=3
a[4][8]=5
```

```
a[5][8]=3
a[5][9]=3
a[6][8]=8
a[6][9]=4
a[7][10]=2
a[7][11]=2
a[8][11]=1
a[8][12]=2
a[9][11]=3
a[9][12]=3
a[10][13]=3
a[10][14]=5
a[11][13]=5
a[11][14]=2
a[12][13]=6
a[12][14]=6
a[13][15]=4
a[14][15]=3
```

撰寫遞迴函數 minDistance()，程式如下：

```
def minDistance(idxPoint,max_point_idx=15):
    if idxPoint>=max_point_idx:
        return 0
    b=[]
    for col in range(max_point_idx+1):
        if a[idxPoint][col]>99:
            continue
        b.append(a[idxPoint,col]+minDistance(col))
    return np.min(np.array(b))

minDistance(0)
```

執行結果如圖 29.6 所示。

18.0

▲圖 29.6

註釋：

（1）撰寫遞迴函數，首先要考慮程式在哪個地方退出。就本例來說，當計算到 G 點時就必須退出；

（2）寫出遞推式子，這裡以 A 點為例：

$$minDistance(A, G) = min(5 + minDistance(B_1, G), 3 + minDistance(B_2, G))$$

最後，我們隨機嘗試可能的路徑，當距離為 18 時，輸出這個路徑。程式如下：

```
points=['A','B1','B2','C1','C2','C3','C4','D1','D2','D3','E1','E2','
E3','F1','F2','G']
while True:
    B=np.random.randint(1,3)
    C=np.random.randint(3,7)
    D=np.random.randint(7,10)
    E=np.random.randint(10,13)
    F=np.random.randint(13,15)
    if a[0][B]+a[B][C]+a[C][D]+a[D][E]+a[E][F]+a[F][15]==18:
        print('The shortest path is:\tA->{}->{}->{}->{}->{}-
>G'.format(points[B],points[C],points[D],points[E],points[F]))
        break
```

運行結果如圖 29.7 所示。

The shortest path is: A->B1->C2->D1->E2->F2->G

▲圖 29.7

在非線性規劃的章節中，所選例題都是只有兩個變數 x_1、x_2，而下面的兩個例子都是含有 3 個變數的非線性規劃問題，其手工計算可以分階段的方法，將三元的非線性規劃轉為二元的非線性問題. 對於科學計算，我們直接使用 $minimize()$ 函數就可以了，沒必要用動態的方法。

【例 29.6】求非線性問題：$\begin{cases} \max z = x_1 x_2^2 x_3 \\ x_1 + x_2 + x_3 = 1 \\ x_1, x_2, x_3 \geq 0 \end{cases}$ 。

解 程式如下：

```
from scipy.optimize import minimize
def fun(x,sign=1.0):
    return sign*(x[0]*x[1]**2*x[2])
cons=({'type':'eq','fun':lambda x:np.array([x[0]+x[1]+x[2]-1])},
      {'type':'ineq','fun':lambda x:np.array([x[0]])},
      {'type':'ineq','fun':lambda x:np.array([x[1]])},
      {'type':'ineq','fun':lambda x:np.array([x[2]])})
result=minimize(fun,[0.3,0.3,0.3],args=(-1.0,),constraints=cons)
x=np.round(result.x,5)
x,fun(x)
```

運行結果如圖 29.8 所示。

```
(array([0.24923, 0.50153, 0.24923]), 0.015624080488528423)
```

▲圖 29.8

【例 29.7】求非線性問題：$\begin{cases} \max F = 4x_1^2 - x_2^2 + 2x_3^2 + 12 \\ 3x_1 + 2x_2 + x_3 \leq 9 \\ x_1, x_2, x_3 \geq 0 \end{cases}$ 。

解 注意，本例需要先轉換成標準形：$\begin{cases} \min f \\ allcons \geq 0 \end{cases}$ ，程式如下：

```
def fun(x,sign=1.0):
    return sign*(4*x[0]**2-x[1]**2+2*x[2]**2+12)
cons=({'type':'ineq','fun':lambda x:np.array([-3*x[0]-2*x[1]-
x[2]+9])},
      {'type':'ineq','fun':lambda x:np.array([x[0]])},
      {'type':'ineq','fun':lambda x:np.array([x[1]])},
```

```
        {'type':'ineq','fun':lambda x:np.array([x[2]])})
result=minimize(fun,[1,1,1],args=(-1.0,),constraints=cons)
x=np.round(result.x,3)
x,fun(x)
```

執行結果如圖 29.9 所示。

$$(array([-0.,\ -0.,\ \ 9.]),\ 174.0)$$

▲ 圖 29.9

註釋：儘量將 x_0 設定為內點，這裡設定的 x_0=[1, 1, 1]，一般不要設定為邊界點，特別要注意，[0, 0, 0]在這裡為駐點，但不是極值點，如果將 x_0 設定為[0, 0, 0]，程式如下：

```
def fun(x,sign=1.0):
    return sign*(4*x[0]**2-x[1]**2+2*x[2]**2+12)
cons=({'type':'ineq','fun':lambda x:np.array([-3*x[0]-2*x[1]-
x[2]+9])},
       {'type':'ineq','fun':lambda x:np.array([x[0]])},
       {'type':'ineq','fun':lambda x:np.array([x[1]])},
       {'type':'ineq','fun':lambda x:np.array([x[2]])})
result=minimize(fun,[0,0,0],args=(-1.0,),constraints=cons)
x=np.round(result.x,3)
x,fun(x)
```

運行結果如圖 29.10 所示。

$$(array([0.,\ 0.,\ 0.]),\ 12.0)$$

▲ 圖 29.10

註釋：*minimize()*函數就是尋找一個局部的駐點，而[0, 0, 0]就是一個駐點。所以，此時程式不做任何搜尋，直接傳回 fun([0, 0, 0])。

動態規劃應用舉例

【例 30.1】資源配置問題。某工業部門根據國家計畫的安排,擬將某種高效率的裝置五台,分配給所屬的甲、乙、丙三個工廠,各工廠若獲得這種裝置之後,可以為國家提供的盈利如表 30.1 所示。

表 30.1

裝置台數	工廠提供的盈利(萬元)		
	甲	乙	丙
0	0	0	0
1	3	5	4
2	7	10	6
3	9	11	11
4	12	11	12
5	13	11	12

問:這五台裝置如何分配給各工廠,才能使國家得到的盈利最大?

解 我們使用函數的遞迴機制解決此問題。

函數名稱為 $maxProfit(idx\_factory, useable\_device\_num)$,其中第一個

參數為工廠的編號,這裡的甲、乙、丙分別編為 0、1、2 號,第二個參數為編號為 *idx_factory* 的工廠的可用裝置數量;我們想求出 $maxProfit(0,5)$ 的值,有:

$$maxProfit(0,5) = max \begin{cases} 0 + maxProfit(1,5) \\ 3 + maxProfit(1,4) \\ 7 + maxProfit(1,3) \\ 9 + maxProfit(1,2) \\ 12 + maxProfit(1,1) \\ 13 + maxProfit(1,0) \end{cases}$$

右側的每一個式子都繼續往下遞迴。首先看最後一個,$13 + maxProfit(1,0)$,由於乙廠可用的裝置台數為 0,所以 $maxProfit(1,0)$ 沒有子問題,此時必須傳回 0;再看第一行資料,

$$maxProfit(1,5) = max \begin{cases} 0 + maxProfit(2,5) \\ 5 + maxProfit(2,4) \\ 10 + maxProfit(2,3) \\ 11 + maxProfit(2,2) \\ 11 + maxProfit(2,1) \\ 11 + maxProfit(2,0) \end{cases}$$

剩餘的行類似。

此時右側的值已經可以查出。首先求出最大利潤,程式如下:

```
#資源配置問題
import numpy as np
#盈利矩陣
profit=[[0,0,0],[3,5,4],[7,10,6],[9,11,11],[12,11,12],[13,11,12]]
#工廠編號
factory=[0,1,2]
#遞迴函數
def maxProfit(idx_factory,devices_num):
```

```
    #遞迴函數的退出條件
    if idx_factory>2 or devices_num<=0:
        return 0
    b=[]
    project=[]
    for i in range(devices_num+1):
        #呼叫自身(maxProfit())
        b.append(profit[i][idx_factory]+maxProfit(idx_factory+1,devi
ces_num-i))
    return np.max(np.array(b))
maxProfit(0,5)
```

運行結果如圖 30.1 所示。

21

▲圖 30.1

在求出最大利潤之後，我們確定分配方案，程式如下：

```
#分配方案
project=[]
leave_num=5
for i in range(3):
    for row in range(6):
        if maxProfit(i,leave_num)-maxProfit(i+1,leave_num-
row)==profit[row][i]:
            project.append(row)
            leave_num=leave_num-row
            break
project
```

運行結果如圖 30.2 所示。

[0, 2, 3]

▲圖 30.2

註釋：

（1）分配方案為：甲、乙、丙各 0、2、3 台，最大盈利為 0+10+11=21 萬元。

（2）此問題的規模較小，手工方法可以應付。但若問題規模較大，例如裝置台數為 15 台，待分配的工廠數為 10 個，這樣表 30.1 的規模為 16×10，手工方法就會受到限制，而使用程式的話，僅需修改一下 profit 串列及 maxProfit()的參數就可以了，程式如下：

```
#增補資源配置問題：調整參數，觀察執行遞迴函數對運算資源的佔用
from datetime import datetime
def maxProfit(idx_factory,devices_num):
    if idx_factory>9 or devices_num<=0:
        return 0
    b=[]
    project=[]
    for i in range(devices_num+1):
        b.append(profit[i][idx_factory]+maxProfit(idx_factory+1,devices_num-i))
    return np.max(np.array(b))
profit=np.zeros((16,20))
np.random.seed(0)
for row in range(1,16):
    for col in range(10):
        profit[row,col]=4*row+np.random.randint(3)*2-2
start=datetime.now()
print('maxProfit is {}.'.format(maxProfit(0,15)))
print('Run time is {}s.'.format((datetime.now()-start).seconds))
```

執行結果如圖 30.3 所示。

```
maxProfit is 72.0.
Run time is 11s.
```

▲圖 30.3

註釋：

遞迴函數非常消耗運算資源，這裡的行數或列數每增加 1，表示計算時間
會呈弱指數級增加。

最後我們觀察一下資料，如下：

```
profit
```

運行結果如圖 30.4 所示。

```
array([[ 0.,  0.,  0.,  0.,  0.,  0.,  0.,  0.,  0.,  0.,  0.,  0.,  0.,
         0.,  0.,  0.,  0.,  0.,  0.,  0.],
       [ 2.,  4.,  2.,  4.,  4.,  6.,  2.,  6.,  2.,  2.,  0.,  0.,  0.,
         0.,  0.,  0.,  0.,  0.,  0.,  0.],
       [ 6., 10.,  8., 10., 10.,  6.,  8.,  8.,  8.,  8.,  0.,  0.,  0.,
         0.,  0.,  0.,  0.,  0.,  0.,  0.],
       [10., 12., 10., 10., 12., 14., 10., 14., 10., 12.,  0.,  0.,  0.,
         0.,  0.,  0.,  0.,  0.,  0.,  0.],
       [16., 18., 14., 16., 16., 16., 14., 18., 14., 18.,  0.,  0.,  0.,
         0.,  0.,  0.,  0.,  0.,  0.,  0.],
       [22., 18., 22., 18., 18., 18., 20., 20., 22., 18.,  0.,  0.,  0.,
         0.,  0.,  0.,  0.,  0.,  0.,  0.],
       [22., 24., 22., 24., 26., 26., 22., 24., 24., 24.,  0.,  0.,  0.,
         0.,  0.,  0.,  0.,  0.,  0.,  0.],
       [28., 30., 30., 30., 26., 30., 28., 26., 28., 30.,  0.,  0.,  0.,
         0.,  0.,  0.,  0.,  0.,  0.,  0.],
       [30., 30., 34., 30., 30., 30., 30., 30., 30., 34.,  0.,  0.,  0.,
         0.,  0.,  0.,  0.,  0.,  0.,  0.],
       [34., 38., 36., 36., 36., 34., 36., 36., 36., 34.,  0.,  0.,  0.,
         0.,  0.,  0.,  0.,  0.,  0.,  0.],
       [40., 42., 38., 40., 42., 38., 42., 38., 40., 42.,  0.,  0.,  0.,
         0.,  0.,  0.,  0.,  0.,  0.,  0.],
       [46., 44., 42., 44., 44., 42., 46., 46., 46., 46.,  0.,  0.,  0.,
         0.,  0.,  0.,  0.,  0.,  0.,  0.],
       [48., 50., 50., 50., 50., 50., 46., 48., 50., 50.,  0.,  0.,  0.,
         0.,  0.,  0.,  0.,  0.,  0.,  0.],
       [52., 54., 52., 50., 54., 54., 50., 54., 50., 50.,  0.,  0.,  0.,
         0.,  0.,  0.,  0.,  0.,  0.,  0.],
       [58., 54., 58., 58., 58., 54., 54., 54., 56., 58.,  0.,  0.,  0.,
         0.,  0.,  0.,  0.,  0.,  0.,  0.],
       [58., 60., 62., 62., 62., 60., 58., 58., 58., 58.,  0.,  0.,  0.,
         0.,  0.,  0.,  0.,  0.,  0.]])
```

▲ 圖 30.4

求出分配方案，程式如下：

```
#分配方案
project=[]
leave_num=15
for i in range(10):
    for row in range(16):
        if maxProfit(i,leave_num)-maxProfit(i+1,leave_num-row)\
            ==profit[row][i]:
            project.append(row)
            leave_num=leave_num-row
            break
project
```

運行結果如圖 30.5 所示。

$$[0, 0, 0, 2, 2, 1, 0, 1, 5, 4]$$

▲ 圖 30.5

【例 30.2】機器負荷分配問題。某種機器可在高低兩種負荷下進行生產，設機器在高負荷下生產的產量函數為 $g = 8u_1$，其中 u_1 為投入生產的機器數量，年完好率 $a = 0.7$；而在低負荷下生產的產量函數為 $h = 5y$，其中 y 為投入生產的機器數量，年完好率為 $b = 0.9$。假設開始生產時完好的機器數量 $s_1 = 1000$ 台，試問：每年如何安排機器在高、低負荷下的生產，使在五年內生產的產品總產量最高？

解 設第 n 年年初時完好機器的數量為 x_n，

$$maxP(x_n, year\_idx) = 8x + 5(x_n - x) + maxP(x_n - 0.3x - 0.1(x_n - x), year\_idx + 1)$$

其中 x 為第 n 年用於高負荷生產的機器台數，程式如下：

```
#機器負荷問題的遞迴解法
from math import floor
def maxProduct(usable_machines,idx_year):
    if idx_year>4 or usable_machines<=0:return 0
```

```
    b=[]
    for high_nums in range(0,usable_machines+1,50):
        low_num=usable_machines-high_nums
        b.append(8*high_nums+low_num*5+maxProduct(usable_machines-
floor(0.3*high_nums)-floor(0.1*low_num),idx_year+1))
    return np.max(np.array(b))
maxProduct(1000,0)
```

運行結果如圖 30.6 所示。

23660

▲ 圖 30.6

註釋：

由於使用了取整數函數 floor()，所以實際結果與最佳解有一些出入。

下面，我們用線性規劃求出目標函數及決策變數的解。程式如下：

```
#機器負荷問題的線性規劃解法
from scipy.optimize import linprog
c=[8,5,8,5,8,5,8,5,8,5]
c=-np.array(c)
Aeq=[
    [1,1,0,0,0,0,0,0,0,0],
    [0.7,0.9,-1,-1,0,0,0,0,0,0],
    [0,0,0.7,0.9,-1,-1,0,0,0,0],
    [0,0,0,0,0.7,0.9,-1,-1,0,0],
    [0,0,0,0,0,0,0.7,0.9,-1,-1]
    ]
beq=[1000,0,0,0,0]
result=linprog(c,A_eq=Aeq,b_eq=beq)
np.round(-result.fun,0),np.round(result.x.reshape(5,2),0)
```

執行結果如圖 30.7 所示。

```
(23691.0,
 array([[   0., 1000.],
        [   0.,  900.],
        [ 810.,    0.],
        [ 567.,    0.],
        [ 397.,    0.]]))
```

▲ 圖 30.7

註釋：

（1）這裡將 result.x 保留整數，實際上 *linprog()*函數搜尋到誤差滿足要求
　　 就停止了。

（2）如果當前可用機器數為$567\times0.7=396.9$的話，取整數為 396。

【例 30.3】如果在例 30.2 的基礎上，增加條件：第五年度結束時，完好
的機器數量為 500 台。應如何安排生產圖

解 使用線性規劃的方法，程式如下：

```
#五年結束時完好機器量不少於 500 的解法
c=[8,5,8,5,8,5,8,5,8,5]
c=-np.array(c)
Aeq=[
    [1,1,0,0,0,0,0,0,0,0],
    [0.7,0.9,-1,-1,0,0,0,0,0,0],
    [0,0,0.7,0.9,-1,-1,0,0,0,0],
    [0,0,0,0,0.7,0.9,-1,-1,0,0],
    [0,0,0,0,0,0,0.7,0.9,-1,-1],
    [0.3,0.1]*5
    ]
beq=[1000,0,0,0,0,499]
result=linprog(c,A_eq=Aeq,b_eq=beq)
np.round(-result.fun,0),np.round(result.x.reshape(5,2),0)
```

執行結果如圖 30.8 所示。

```
(21818.0,
 array([[   0., 1000.],
        [   0.,  900.],
        [   0.,  810.],
        [   0.,  729.],
        [ 447.,  209.]]))
```

▲ 圖 30.8

註釋：

（1）為了保證有 500 台的剩餘，我們將這五年的機器損耗設定為 499 台，由結果可以看到，前 4 年均為低負荷生產，第 5 年年初時完好機器數量為 729×0.9=656 台，447×0.7=312，209×0.9=188，這樣恰好剩餘 500 台。

（2）儘管已經熟悉 linprog()的使用方法，但解決實際問題，依然需要一些技巧。

【例 30.4】生產計畫問題一。某工廠需要對一種產品制定今後四個時期的生產計畫。據估計在今後四個時期內，生產對於該產品的需求量如表 30.2 所示。

表 30.2

時期(k)	1	2	3	4
需求量(d_k)	2	3	2	4

假設該廠生產每批產品的固定成本為 3 千元，若不生產，固定成本為 0；每生產單位產品成本為 1 萬元；每個時期生產能力所允許的最大生產批次為不超過 6 個單位；每個時期末未售出的產品需花費儲存費 0.5 萬元。還假設在第一個時期的初始庫存為 0，第四個時期之末的庫存量也為 0。試問：該廠應該如何安排各個時期的生產與庫存，才能在滿足市場需要的條件下，使總成本最小？

解 我們將生產費用函數簡化為 $c(x) = \begin{cases} 0, x \le 0 \\ 3+x, x > 0 \end{cases}$,

將儲存費用函數簡化為 $h(x) = \begin{cases} 0, x \le 0 \\ 0.5x, x > 0 \end{cases}$,這裡 x 為整數。

如果當前庫存已經滿足當期需求：由於一旦開工就有固定成本 3 萬元，而且此時的開工還會造成儲存費的增加，所以這種情況不開工總是明智的；如果不同時期的單位生產成本相差很大，就不能作出這種假設；作出這個假設的原因是遞迴函數非常耗費運算資源，我們必須小心翼翼，以減少不必要的計算。程式如下：

```
#生產計畫問題一的遞迴解法
def c(x):return 0 if x<=0 else 3+x
def h(x):return 0 if x<=0 else 0.5*x
max_product=6
need=[2,3,2,4]
#遞迴函數
def minCost(idx_period,now_storage):
    if idx_period>3:return 0
    min_product=0 if now_storage>=need[idx_period] else need[idx_period]-now_storage
    b=[]
    for i in range(min_product,max_product+1):
        now_storage=i-need[idx_period]
        cost=c(i)+h(now_storage)+minCost(idx_period+1,now_storage)
        b.append(cost)
    return np.min(np.array(b))
minCost(0,0)
```

運行結果如圖 30.9 所示。

20.5

▲ 圖 30.9

下面用「笨拙」的巢狀結構迴圈舉出生產方案，程式如下：

```
#生產計畫問題一的解決方案
for x1 in range(7):
    for x2 in range(7):
        for x3 in range(7):
            for x4 in range(7):
                if c(x1)+c(x2)+c(x3)+c(x4)+h(x1-2)+h(x1+x2-5)+
h(x1+x2+x3-7)==20.5
and x1+x2+x3+x4==11 and x1>=2 and x1+x2>= 5 and x1+x2+x3>=7:
                    print(x1,x2,x3,x4)
                    break
```

執行結果如圖 30.10 所示。

$$5\ 0\ 6\ 0$$

▲ 圖 30.10

註釋：

7^4 次規模的加減乘除運算對於電腦毫無壓力，如果在滿足 if 的所有條件時，想查看是否還有其他方案，可以取消最後一行的 break 敘述（本題解唯一）。

就提高程式執行速度的目的，我們還可以參考以下的程式：

```
#生產計畫問題一的隨機模擬解決方法
import sys
minCost=100
for x1 in range(7):
    if x1<2:continue
    for x2 in range(7):
        if x1+x2<2+3:continue
        for x3 in range(7):
            if x1+x2+x3<2+3+2:continue
            for x4 in range(7):
                if x1+x2+x3+x4!=2+3+2+4:continue
```

```
            cost=c(x1)+c(x2)+c(x3)+c(x4)+h(x1-2)+h(x1+x2-
5)+h(x1+x2+x3-7)
            if cost<minCost:
                print(x1,x2,x3,x4,'Cost is:',cost)
                sys.stdout.flush()
                minCost=cost
```

執行結果如圖 30.11 所示。

```
2 3 2 4 Cost is: 23
2 3 6 0 Cost is: 22.0
2 5 0 4 Cost is: 21.0
5 0 6 0 Cost is: 20.5
```

▲圖 30.11

【例 30.5】生產計畫問題二。某廠房需要按月在月底供應一定數量的某種部件給總裝車間，由於生產條件的變化，該廠房在各月份中生產每單位這種部件所需耗費的工時不同，各月份所生產的部件量於當月月底前全部要存入倉庫以備後用。已知總裝車間的各個月份的需求量以及在加工廠房生產該部件每單位數量所需工時數如表 30.3 所示。

表 30.3

需求量 d_k	0	8	5	3	2	7	4
單位工時數 a_k	11	18	13	17	20	10	

設倉庫容量 $H=9$，生產開始時庫存量為 2，終期庫存量為 0，試製定一個半年的逐月生產計畫，既使得滿足需要和函數庫容量的限制，又使得生產這種部件的總耗費工時數為最少。

解 我們用整數規劃來解決這個問題：設 $x_i(1 \leq i \leq 6)$ 為每個月的生產量，

從需求的方面考慮有：$2+\sum_{i=1}^{n}x_i \geq \sum_{i=1}^{n}d_i, n=1,2,3,4,5,6$ ；

從庫存方面考慮有：$2+\sum\limits_{i=1}^{n}x_i-\sum\limits_{k=0}^{n-1}d_k\le 9, n=1,2,3,4,5,6$ ，程式如下：

```
#生產計畫問題二的線性規劃解決方法
import pulp
c=[11,18,13,17,20,10]
x=[pulp.LpVariable(f'x{i}',lowBound=0,cat='Integer') for i in range(
6)]
m=pulp.LpProblem()
m+=pulp.lpDot(c,x)
A=[
    [1,0,0,0,0,0],
    [1,1,0,0,0,0],
    [1,1,1,0,0,0],
    [1,1,1,1,0,0],
    [1,1,1,1,1,0],
    [1,1,1,1,1,1]
  ]
#庫存限制
b=[7,15,20,23,25,32]
#生產限制
d=[6,11,14,16,23,27]
for i in range(6):
    m+=(pulp.lpDot(A[i],x)<=b[i])
    m+=(pulp.lpDot(A[i],x)>=d[i])
m.solve()
print(pulp.value(m.objective))
print([pulp.value(var) for var in x])
```

運行結果如圖 30.12 所示。

```
357.0
[7.0, 4.0, 9.0, 3.0, 0.0, 4.0]
```

▲ 圖 30.12

背包問題。有人攜帶一個背包上山，包中最多可以攜帶物品重量為 a 公斤。設 x_i 為其所攜帶的第 i 種物品的件數，則背包問題的數學模型如下：

$$\max f = \sum_{i=1}^{n} c_i(x_i)$$

$$\begin{cases} \sum_{i=1}^{n} \omega_i x_i \leq a \\ x_i \geq 0 且為整數 \ (i = 1, 2, \cdots, n) \end{cases}$$

它是一個整數規劃問題。如果 x_i 只設定值為 0 或 1，又稱為 0-1 背包問題。

【例 30.6】試求背包問題：

$$\max f = 4x_1 + 5x_2 + 6x_3$$

$$\begin{cases} 3x_1 + 4x_2 + 5x_3 \leq 10 \\ x_1, x_2, x_3 \geq 0 且為整數 \end{cases}。$$

解 最為自然的方法是整數規劃，由於決策變數的設定值範圍非常有限，我們使用遍歷的方法逐一比較，程式如下：

```
#背包問題的隨機模擬解決方法
maxf=0
for x1 in (3,2,1,0):
    for x2 in (2,1,0):
        for x3 in (2,1,0):
            if 3*x1+4*x2+5*x3>10:
                continue
            f=4*x1+5*x2+6*x3
            if f>maxf:
                maxf=f
                print(x1,x2,x3,'maxf={}'.format(maxf))
```

執行結果如圖 30.13 所示。

```
3 0 0 maxf=12
2 1 0 maxf=13
```

▲圖 30.13

下面舉出此問題的整數規劃方法，程式如下：

```
#背包問題的線性規劃解決方法
c=[4,5,6]
x=[pulp.LpVariable(f'x{i}',lowBound=0,cat='Integer') for i in range(
3)]
w=[3,4,5]
a=10
m=pulp.LpProblem(sense=pulp.LpMaximize)
m+=pulp.lpDot(c,x)
m+=(pulp.lpDot(w,x)==a)
m.solve()
print(pulp.value(m.objective))
print([pulp.value(var) for var in x])
```

運行結果如圖 30.14 所示。

```
13.0
[2.0, 1.0, 0.0]
```

▲圖 30.14

【例 30.7】複合系統工作可靠性問題。某廠設計一種電子裝置，由三種原件 D_1, D_2, D_3 串聯而成，為了提高裝置的可靠性，相同原件之間可以並聯；要求在設計中所使用原件的費用不超過 105 元。這三種原件的價格和可靠性以下表 30.4 所示。

表 30.4

原件	單價/元	可靠性
D_1	30	0.9
D_2	15	0.8
D_3	20	0.5

試問應如何設計使裝置的可靠性最大。

解 首先使用遍歷的方法，由於每個原件至少要用一個，這樣剩餘費用為 105-30-15-20=40 元，所以 D_1, D_2, D_3 使用的最大使用量分別為：2、3、3，程式如下：

```
#複合系統工作可靠性問題的隨機模擬解決方法
maxReli=0.9*0.8*0.5
for d1 in (2,1):
    for d2 in (3,2,1):
        for d3 in (3,2,1):
            if 30*d1+15*d2+20*d3>105:
                continue
            Reli=(1-0.1**d1)*(1-0.2**d2)*(1-0.5**d3)
            if Reli>maxReli:
                maxReli=Reli
                print(d1,d2,d3,'reliable is {}'.format(maxReli))
```

運行結果如圖 30.15 所示。

```
2 1 1 reliable is 0.396
1 3 1 reliable is 0.4464
1 2 2 reliable is 0.648
```

▲ 圖 30.15

註釋：和使用遞迴函數相比，當決策變數的個數不多時，採用遍歷的方法效率比較高，而且容易理解。下面的遞迴函數的方法需要讀者認真閱讀。程式如下：

```
#複合系統工作可靠性問題的遞迴函數解決方法
minUse=[1,1,1]
maxUse=[2,3,3]
reliable=[0.9,0.8,0.5]
price=[30,15,20]
def maxReliable(idx_D,leaveMoney):
    if leaveMoney<0:return 0
```

```
    if idx_D>2:return 1
    b=[]
    for i in range(minUse[idx_D],maxUse[idx_D]+1,1):
        b.append((1-(1-reliable[idx_D])**i)*maxReliable(idx_D+1,
leaveMoney-i*price[idx_D]))
    return np.max(np.array(b))
maxReliable(0,105)
```

運行結果如圖 30.16 所示。

$$0.648$$

▲ 圖 30.16

註釋：遞迴法只能求出目標函數的最大值，但無法同時求出決策變數，下面的程式用來求可靠性為 0.648 時的決策變數值，程式如下：

```
#解決方案
x=[[1-0.1,1-0.1**2,0],[1-0.2,1-0.2**2,1-0.2**3],[1-0.5,1-0.5**2,1-
0.5**3]]
for i in range(3):
    for j in range(3):
        for k in range(3):
            if x[0][i]*x[1][j]*x[2][k]==0.648:
                print('{},{},{}'.format(i+1,j+1,k+1))
                break
```

執行結果如圖 30.17 所示。

$$1,2,2$$

▲ 圖 30.17

【**例 30.8**】加工排序問題。設有 5 個工件需在 A、B 上加工，加工的順序為先 A 後 B，每個工件所需加工時間（單位：小時）如表 30.5 所示。問：如何安排加工順序，使機床連續加工完成所有工件的加工總時間最少？

表 30.5

工件號碼	加工時間/h	
	機床 A	機床 B
1	3	6
2	7	2
3	4	7
4	5	3
5	7	4

解 我們按照從工件 1 至工件 5 的自然順序分析加工工時數，如表 30.6 所示。

表 30.6

行數	資訊標注	工件號碼				
		1	2	3	4	5
一	在 A 上結束的時刻	3	10	14	19	26
二	在 B 上開始的時刻	3	9	11	18	21
三	第二行不能小於第一行		10	12	19	22
四	第三行不能小於第一行			14	21	23
五	第四行不能小於第一行					26

第一行（在 A 上結束的時刻）為 3、3+7、3+7+4、3+7+4+5、3+7+4+5+7；

第二行（在 B 上開始的時刻）為 3、3+6、3+6+2、3+6+2+7、3+6+2+7+3；

因為一個工件在 B 上開始的時刻不早於在 A 上結束的時刻，所以做以下調整：在第二行，因為 9<10，所以將第二行從第二個元素 9 開始，全都加 1，變為第三行；接下來觀察第三行，因為 12<14，所以第三行從數字 12 開始，每個元素都加 2，變為第四行；同理，第四行的最後一個元素

23<26，將 23 加上 3，變為 26；這說明在機床 B 上，工件 5 的開始加工
時刻為 26，從而總加工時間為 26+4=30。

確認理解了上述計算方法，認真閱讀下面的程式：

```
#加工工件在機床上的排序問題
from collections import defaultdict
a=np.array([[3,6],[7,2],[4,7],[5,3],[7,4]])
a_copy=a.copy()
def toOrder(a):
    temp=[]
    for i in range(len(a)):
        for j in range(len(a_copy)):
            if all(a[i]==a_copy[j]):
                temp.append(j+1)
                break
    #字典的值不能為串列
    return tuple(temp)
minTime=1000
myDict=defaultdict(set)
np.random.seed(0)
for _ in range(100):
    np.random.shuffle(a)
    t1_end=[]
    for i in range(len(a)):
        t1_end.append(sum(a[:i+1,0]))
    t2_start=[t1_end[0]]*len(a)
    for i in range(1,len(a)):
        t2_start[i]+=sum(a[:i,1])
    for i in range(1,len(a)):
        if t2_start[i]<t1_end[i]:
            subT=t1_end[i]-t2_start[i]
            for j in range(i,len(a)):
                t2_start[j]+=subT
    useTime=a[-1,-1]+t2_start[-1]
    if useTime<=minTime:
        myDict[useTime].add(toOrder(a))
```

```
    minTime=min(minTime,useTime)
myDict
```

註釋：

（1）函數 *toOrder(a)* 將一個5×2 的串列轉為按序號加工的元組，如將 [[3,6]，[4,7]，[7,2]，[7,4]，[5,3]] →（1，3，2，5，4），元組可以作為集合的元素，而串列卻不可以；

（2）採用隨機安排加工順序，計算每次加工順序所使用的總時間，方法如一開始分析的.這樣的隨機過程我們進行 100 次；

（3）如果有某個總用時比目前記錄的所用的總時間還要少，將其保留至字典 myDict 中。這樣，除了可以求出最短用時，還可以知道此時對應的所有排序方法。

執行程式，結果如圖 30.18 所示。

```
defaultdict(set,
            {30: {(3, 1, 2, 4, 5)},
             29: {(3, 2, 1, 5, 4)},
             28: {(1, 5, 3, 4, 2),
              (1, 5, 4, 3, 2),
              (3, 1, 4, 5, 2),
              (3, 1, 5, 4, 2),
              (3, 4, 1, 5, 2),
              (3, 4, 5, 1, 2),
              (3, 5, 1, 4, 2),
              (3, 5, 4, 1, 2),
              (4, 3, 5, 1, 2)}})
```

▲圖 30.18

註釋： 由此可以看到，總用時 28 為最小用時，其不同的工件加工次序有 9 個，如果想發現更多的排序，可以透過修改 100 次為 500 次或更多，或修改 np.random.seed()的種子參數。

【例 30.9】 貨郎擔問題。求解四個城市旅行推銷員問題，其距離矩陣如表 30.7 所示。

表 30.7

j	*i*			
	1	2	3	4
	距離			
1	0	8	5	6
2	6	0	8	5
3	7	9	0	5
4	9	7	8	0

當推銷員從 1 城出發，經過每個城市一次且僅一次，最後回到 1 城，問：按怎樣的路線走，使總的行程距離最短圖

解 我們使用「隨機遊走」的方法，小規模的貨郎擔問題，較易求得最佳解。程式如下：

```
#貨郎擔問題的隨機模擬解決方法
D=[[0,8,5,6],[6,0,8,5],[7,9,0,5],[9,7,8,0]]
minDistance=10000
for _ in range(1000):
    order=np.array([0,1,2,3,0])
    #將串列 order 的第二至倒數第二個元素的次序隨機打亂
    np.random.shuffle(order[1:-1])
    distance=0
    for i in range(len(order)-1):
        distance+=D[order[i]][order[i+1]]
    if distance<minDistance:
        print('minDistance is {}\nThe order is {}->{}->{}->{}->{}\n'
            .format(distance,order[0]+1,order[1]+1,order[2]+1,order[
3]+1,order[4]+1))
    minDistance=min(distance,minDistance)
```

運行結果如圖 30.19 所示。

```
minDistance is 30
The order is 1->2->3->4->1

minDistance is 23
The order is 1->3->4->2->1
```

▲ 圖 30.19

註釋：

（1） np.random.shuffle(order[1:-1])將原串列[0,1,2,3,0]中第二至第四個元素即[1,2,3]隨機打亂；

（2） 大規模的貨郎擔問題，透過「隨機遊走」的方法，可以得到較優解。對於隨機性較強的問題，與其去探索也許本就不存在的或即使存在也是很弱的規律，似不如以「隨機」應對「隨機」有效。

圖與網路最佳化

這裡不再敘述圖的基本概念。我們從圖論中非常重要的 Dijkstra 演算法開始，學習圖的最短路徑的求法。

【例 31.1】弧的權值均為正數的情況。求圖 31.1 中從頂點 v1 至頂點 v8 的最短路徑。

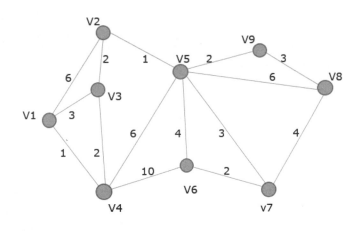

▲ 圖 31.1

解 在上一章，我們用動態規劃和「隨機遊走」的方法解決過這類問題。這兩種方法各有自己的缺陷：前者消耗運算資源過大，不適合大規模問題；後者雖然不存在佔用運算資源的問題，但對於大規模問題只能得到較優解。可以說，Dijkstra 演算法是一種較為均衡的方法，在圖論中非常重要。

透過手工填表的方法去探究規律是值得嘗試的，一般比直接去構思的演算法更好。詳細過程如表 31.1（初始表格）至表 31.10 所示。

表 31.1（初始表格）

資訊	頂點								
	V1	V2	V3	V4	V5	V6	V7	V8	V9
是否標注	×	×	×	×	×	×	×	×	×
距 V1 的最短距離	M	M	M	M	M	M	M	M	M
路徑上的上一頂點索引	-1	-1	-1	-1	-1	-1	-1	-1	-1

在初始表格中，「是否標注」是指：如果不知道 V1 至 Vi 的最短距離及路徑，則頂點 Vi 未標注，用符號「×」表示，否則用符號「√」表示；第二行，「距起始點 V1 的最短距離」規定：如果未知，用 M 表示，不妨假設 M=100000；最後一行，「路徑上的上一頂點」：假設 V1 至 V5 的最短路徑為 V1、V2、V5，則終點 V5 的上一頂點索引為 V2 的索引號，我們規定 V1 至 V9 的索引號依次為 0 至 8，如果不知道其上一頂點或其上一頂點不存在(如 V1)，此欄為-1。

我們透過圖中的資訊，逐步改變表中的資料。首先從 V1 開始，如表 31.2 所示。

表 31.2

資訊	頂點								
	V1	V2	V3	V4	V5	V6	V7	V8	V9
是否標注	√	×	×	×	×	×	×	×	×
距 V1 的最短距離	0	M	M	M	M	M	M	M	M
路徑上的上一頂點索引	-1	-1	-1	-1	-1	-1	-1	-1	-1

很明顯，起始點 V1 至 V1 的最短距離就是 0，而且毫無異議，所以 V1 為
已標注頂點。下面，在已標注頂點的臨接頂點中找出與 V1 距離最短的頂
點。現在已標注頂點只有起始點 V1，而 V1 的臨接頂點 V2、V3、V4
中，距離 V1 最短的，顯然為點 V4，其距離為 1。因為任意兩點之間的距
離值為正數（弧的權值均為正數），所以 V1 途經其他頂點至 V4 的總距
離都不可能比當前的距離 1 更短。如表 31.3 所示。

表 31.3

資訊	頂點								
	V1	V2	V3	V4	V5	V6	V7	V8	V9
是否標注	√	×	×	√	×	×	×	×	×
距 V1 的最短距離	0	M	M	1	M	M	M	M	M
路徑上的上一頂點索引	-1	-1	-1	0	-1	-1	-1	-1	-1

重複上面的步驟，在{V1, V4}的所有未標注的臨接頂點中，找出與 V1 距
離最短的頂點，即從{V2, V3, V5, V6}中找出距 V1 距離最短的點，即
V3，距離為 3。如表 31.4 所示。

表 31.4

資訊	頂點								
	V1	V2	V3	V4	V5	V6	V7	V8	V9
是否標注	√	×	√	√	×	×	×	×	×
距 V1 的最短距離	0	M	3	1	M	M	M	M	M
路徑上的上一頂點索引	-1	-1	0/3	0	-1	-1	-1	-1	-1

找出{V1, V3, V4}的所有未標注的臨接頂點{V2, V5, V6}中，距 V1 距離
最短的頂點為 V2，距離為 5，其上一頂點索引為頂點 V3，如表 31.5 所
示。

表 31.5

資訊	頂點								
	V1	V2	V3	V4	V5	V6	V7	V8	V9
是否標注	√	√	√	√	×	×	×	×	×
距 V1 的最短距離	0	5	3	1	M	M	M	M	M
路徑上的上一頂點索引	-1	2	0/3	0	-1	-1	-1	-1	-1

繼續此過程，現在已標注點的集合為 {V1, V2, V3, V4}，找出這些頂點的所有臨接頂點集合為 {V5, V6}，即在 V5 和 V6 中找出距 V1 最近的，顯然為 V5，如表 31.6 所示。

表 31.6

資訊	頂點								
	V1	V2	V3	V4	V5	V6	V7	V8	V9
是否標注	√	√	√	√	√	×	×	×	×
距 V1 的最短距離	0	5	3	1	6	M	M	M	M
路徑上的上一頂點索引	-1	2	0/3	0	1	-1	-1	-1	-1

現在已標注的點的集合為 {V1, V2, V3, V4, V5}，由於 V5 的加入，使得對未標注的頂點集 {V6, V7, V8, V9} 的分析變得更為複雜：從頂點 V6 開始分析，V6 在已標注集中的臨接頂點為 V4 和 V5，如果 V1 至 V6 的最短路徑經過 V4，此路程為 1+10=11；若經過 V5，此路程為 4+6=10；再看頂點 V7，V7 在已標注集中只有一個臨接頂點 V5，所以 V1 至 V7 的最短路程為 3+6=9；同樣道理，V1 至 V8、V9 的最短路程分別為 12、8。綜合起來比較，V1 至 V9 的最短路程 8 是本輪尋找的最短路徑。如表 31.7 所示。

表 31.7

資訊	頂點								
	V1	V2	V3	V4	V5	V6	V7	V8	V9
是否標注	√	√	√	√	√	×	×	×	√
距 V1 的最短距離	0	5	3	1	6	M	M	M	8
路徑上的上一頂點索引	-1	2	0/3	0	1	-1	-1	-1	4

按照上述方法繼續,如表 31.8~31.10 所示。

表 31.8

資訊	頂點								
	V1	V2	V3	V4	V5	V6	V7	V8	V9
是否標注	√	√	√	√	√	×	√	×	√
距 V1 的最短距離	0	5	3	1	6	M	9	M	8
路徑上的上一頂點索引	-1	2	0/3	0	1	-1	4	-1	4

表 31.9

資訊	頂點								
	V1	V2	V3	V4	V5	V6	V7	V8	V9
是否標注	√	√	√	√	√	√	√	×	√
距 V1 的最短距離	0	5	3	1	6	10	9	M	8
路徑上的上一頂點索引	-1	2	0/3	0	1	4	4	-1	4

表 31.10

資訊	頂點								
	V1	V2	V3	V4	V5	V6	V7	V8	V9
是否標注	√	√	√	√	√	√	√	√	√
距 V1 的最短距離	0	5	3	1	6	10	9	11	8
路徑上的上一頂點索引	-1	2	0/3	0	1	4	4	8	4

重複這樣的過程是有意義的，有時可能感覺這樣太過「教條」或「死板」。事實上，程式正是在熟知這一規律後才動手撰寫的。

程式如下：

```python
import numpy as np
def Dijkstra(fromIdx,endIdx,adjacentMatrix,M=100000,iterAll=False):
    """
    參數：
        fromIdx:起始點索引
        endIdx:終點索引
        adjacentMatrix:鄰接矩陣
        M:非相鄰頂點的距離
        iterAll:是否遍歷所有頂點,預設 False(當增加 endIdx 資訊後停止遍歷剩
餘頂點)
    傳回：
        distanceArray：距起始頂點的距離陣列
        parentArray：頂點的父頂點索引陣列
    """
    lenMatrix=len(adjacentMatrix)
    #儲存已標注的頂點
    T=[]
    #儲存未標注的頂點
    N_T=[]
    for idx in range(lenMatrix):
        N_T.append(idx)
    T.append(fromIdx)
    N_T.remove(fromIdx)
    #儲存頂點 endIdx 至初始頂點 fromIdx 的最短路徑上的每一頂點至 fromIdx 的最
短距離
    distanceArray=np.ones(lenMatrix)*M
    distanceArray[fromIdx]=0
    #儲存頂點 endIdx 至初始頂點 fromIdx 的最短路徑上的每一頂點的父（上一）頂點
的索引,初始均為-1
    parentArray=np.ones(lenMatrix)*(-1)
    while True:
        if endIdx in T and not iterAll:
```

```
                break
        if len(T)==lenMatrix:
                break
        storageDistance=[]
        storageIndex=[]
        storageParentIndex=[]
        #在未標注的頂點中查詢離已標注頂點距離最近的頂點
        for point in T:
                temp=[]
                for nextPoint in range(lenMatrix):
                        temp.append(M if nextPoint in T else adjacentMatrix
[point][nextPoint])
                minDistance=np.min(temp)
                minIdx=np.argmin(temp)
                storageDistance.append(minDistance+distanceArray[point])
                storageIndex.append(minIdx)
                storageParentIndex.append(point)
        minDistance_fromIdx=np.min(storageDistance)
        minDistance_Index=np.argmin(storageDistance)
        #在串列 T 中增加已標注頂點，並在 N_T 中刪除這個頂點
        if minDistance_fromIdx<M:
                appendIndex=storageIndex[minDistance_Index]
                T.append(appendIndex)
                N_T.remove(appendIndex)
                distanceArray[appendIndex]=minDistance_fromIdx
                parentArray[appendIndex]=storageParentIndex[minDistance_
Index]
        else:
                break
    return distanceArray,parentArray
```

註釋：如果理解了我們在表格上的處理過程，上述程式就不難理解了。下面來測試這個函數，程式如下：

```
M=100
matrix=np.array([
```

```
                    [0,6,3,1,M,M,M,M,M],
                    [6,0,2,M,1,M,M,M,M],
                    [3,2,0,2,M,M,M,M,M],
                    [1,M,2,0,6,10,M,M,M],
                    [M,1,M,6,0,4,3,6,2],
                    [M,M,M,10,4,0,2,M,M],
                    [M,M,M,M,3,2,0,4,M],
                    [M,M,M,M,6,M,4,0,3],
                    [M,M,M,M,2,M,M,3,0]
                    ])
fromIdx=0
endIdx=7
distance,parent=Dijkstra(fromIdx,endIdx,matrix,M=M)
distance,parent
```

執行結果如圖 31.2 所示。

```
(array([ 0.,  5.,  3.,  1.,  6., 10.,  9., 11.,  8.]),
 array([-1.,  2.,  0.,  0.,  1.,  4.,  4.,  8.,  4.]))
```

▲ 圖 31.2

最短路徑的顯示程式如下：

```
vertexes=['v1','v2','v3','v4','v5','v6','v7','v8','v9']
end_idx=endIdx
print('The shortest distance from \'{}\' to \'{}\' is {},the path is
:'.format(vertexes[fromIdx],vertexes[end_idx],distance[end_idx]),
        end=' ')
path=[]
path.append(vertexes[end_idx])
while end_idx!=fromIdx and end_idx>-1:
    end_idx=int(parent[end_idx])
    path.append(vertexes[end_idx])
path.reverse()
print(path)
```

運行結果如圖 31.3 所示。

```
The shortest distance from 'v1' to 'v8' is 11.0,the
path is: ['v1', 'v3', 'v2', 'v5', 'v9', 'v8']
```

▲圖 31.3

【例 31.2】存在弧的權值為負數的情況。如圖 31.4，求頂點 V1 至其他各頂點的最短距離。如果頂點 *A* 到頂點 *B* 之間沒有弧，則增加一個有向弧 *AB*，其權值為 +∞。為了方便程式計算，我們可以把權值設定為一個較大的數，例如 100000。

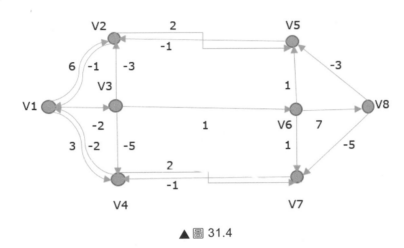

▲圖 31.4

解 函數 minDistance_with_neg_arc()程式如下：

```
def minDistance_with_neg_arc(fromIdx,adjacentMatrix,M=100000):
    """
    參數：
        fromIdx:起始頂點索引
        adjacentMatrix:鄰接矩陣
        M:非相鄰頂點的距離
    傳回值：
        success:是否計算成功(如果圖中含有負迴路，則計算失敗)
        A:自起始頂點至各頂點的最短距離陣列
    """
    lenMatrix=len(adjacentMatrix)
    A=adjacentMatrix[fromIdx]
```

```
    B=[M]*lenMatrix
    maxEdges=1
    success=True
    while A!=B:
        for i in range(lenMatrix):
            temp=[]
            for j in range(lenMatrix):
                x=A[j]+adjacentMatrix[j][i]
                if x>=M/2:x=M
                temp.append(x)
            B[i]=min(temp)
        A,B=B,A
        maxEdges+=1
        if maxEdges>=lenMatrix:
            success=False
            break
    return success,A
```

呼叫這個函數，解決例 31.2，程式如下：

```
#最短路徑問題
M=100000
disMatrix=[
            [0,-1,-2,3,M,M,M,M],
            [6,0,M,M,2,M,M,M],
            [M,-3,0,-5,M,1,M,M],
            [8,M,M,0,M,M,2,M],
            [M,-1,M,M,0,M,M,M],
            [M,M,M,M,1,0,1,7],
            [M,M,M,-1,M,M,0,M],
            [M,M,M,M,-3,M,-5,0]
          ]
success,A=minDistance_with_neg_arc(0,disMatrix)
success,A
```

運行結果如圖 31.5 所示。

$$\text{(True, [0, -5, -2, -7, -3, -1, -5, 6])}$$

▲圖 31.5

【例 31.3】裝置更新問題。某企業使用一台裝置，在每年年初，領導部門要決定是購置新的裝置，還是繼續使用舊的裝置。若購置新裝置，就要支付一定的購置費用；若繼續使用舊裝置，則需支付一定的維修費用。現在的問題是：如何制定一個幾年之內的裝置更新計畫，使得總的支付費用最少？

下面，我們用一個五年之內要更新某種裝置的計畫為例。已知該種裝置在各年年初的價格，如表 31.11 所示。

表 31.11

第 1 年	第 2 年	第 3 年	第 4 年	第 5 年
11	11	12	12	13

已經服役不同時間長度（年）的裝置所需的維修費用如表 31.12 所示。

表 31.12

已經服役年數	0~1	1~2	2~3	3~4	4~5
維修費用	5	6	8	11	18

解 建構一個包含六個頂點的圖(V1~V6)。其中 Vi 代表第 i 年年初的時刻點，變數 E_{ij} 代表由第 i 年至第 j 年$(i<j)$的裝置購置費與維修費用總和。如：E₁₆=11+5+6+8+11+18=59;E35=12+5+6=23。總支付費用的最小值即為 V1 至 V6 的最短距離，我們呼叫函數 *Dijkstra()*，程式如下：

```
#裝置更新問題
M=1000
adM=np.ones((6,6))*M
adM[0][1]=16
adM[0][2]=22
adM[0][3]=30
```

```
adM[0][4]=41
adM[0][5]=59
adM[1][2]=16
adM[1][3]=22
adM[1][4]=30
adM[1][5]=41
adM[2][3]=17
adM[2][4]=23
adM[2][5]=31
adM[3][4]=17
adM[3][5]=23
adM[4][5]=18
fromIdx=0
endIdx=5
disArr,parArr=Dijkstra(fromIdx,endIdx,adM,M=M)
disArr,parArr
```

執行結果如圖 31.6 所示。

```
(array([ 0., 16., 22., 30., 41., 53.]), array
([-1.,  0.,  0.,  0.,  0.,  2.]))
```

▲圖 31.6

註釋:從 V1 至 V6 的最短距離為 53,V6 的上一頂點為 V3,V3 的上一頂點為 V1。

另外,本題還可以使用「隨機遊走」的方法。參考程式如下:

```
#裝置更新問題的隨機模擬方法
np.random.seed(0)
minCost=M
for _ in range(50):
    project=[0]
    cost=0
    while True:
        a=np.random.randint(1,6)
        project.append(a)
```

```
      if a==5:
          project.sort()
          for idx in range(len(set(project))-1):
              cost+=adM[project[idx]][project[idx+1]]
          if cost<=minCost:
              print(project,cost)
              minCost=cost
          break
```

執行結果如圖 31.7 所示。

```
[0, 5] 59.0
[0, 1, 5] 57.0
[0, 2, 5] 53.0
[0, 3, 5] 53.0
```

▲圖 31.7

註釋：最小費用的方案有兩個，分別為第 3 年、第 4 年購入新裝置，其總支出均為 53。

【例 31.4】網路最大流問題。如圖 31.8，弧旁的數字代表弧所能承受的最大流量，求從 V0 到 V5 的最大流量。

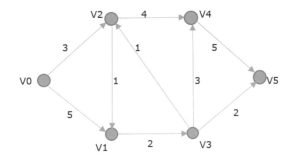

▲圖 31.8

解 對於 V1，V2，V3，V4 每一個頂點，匯入流量與流出流量的值一定相等。例如頂點 V1，由 V0-V1、V2-V1 匯入的一定等於由 V1-V3 流出的流量；由起點 V0 流出的流量，等於終點 V5 匯入的流量。根據這個關係，可以使用線性規劃解決這一問題，程式如下：

```
#網路最大流的線性規劃解法
from scipy.optimize import linprog
#價值向量
c=np.array([-1,-1,0,0,0,0,0,0,0])
#9 行 9 列的單位矩陣
Aub=np.eye(9)
bub=np.array([3,5,1,4,2,1,3,5,2])
#等式約束矩陣
Aeq=np.array([
              [1,1,0,0,0,0,0,-1,-1],
              [0,1,1,0,-1,0,0,0,0],
              [1,0,-1,-1,0,1,0,0,0],
              [0,0,0,1,0,0,1,-1,0],
              [0,0,0,0,1,-1,-1,0,-1]
             ])
beq=np.array([0]*5)
result=linprog(c,A_ub=Aub,b_ub=bub,A_eq=Aeq,b_eq=beq,method='simplex
')
np.round(-result.fun,3),np.round(result.x,3)
```

運行結果如圖 31.9 所示。

```
(5.0, array([3., 2., 0., 3., 2., 0., 0., 3., 2.]))
```

▲圖 31.9

下面我們就這個問題進一步學習程式設計的方法，首先我們想找一條由起點至終點的路徑，如：[V0,V1,V2,V5]、[V0,V1,V3,V2,V4,V5] 或 [V0,V2,V4,V5]，這樣的路徑有很多，但不認為[V0,V1,V3,V2,V1,V3,V5] 是一個合法的路徑。一個合法路徑所包含的頂點必須互不相同，即一個頂點僅能出現一次。可以用函數 *find_path()* 實現這個功能，我們將此過程稱為「尋徑」，首先用陣串列達當前的每條邊的最大流量資訊，程式如下：

```
MaxFlow=np.zeros((5,6,2))
MaxFlow[0][1][0]=5
MaxFlow[0][2][0]=3
MaxFlow[1][3][0]=2
MaxFlow[2][1][0]=1
MaxFlow[2][4][0]=4
MaxFlow[3][2][0]=1
MaxFlow[3][4][0]=3
MaxFlow[3][5][0]=2
MaxFlow[4][5][0]=5
```

註釋：這是一個三維陣列，形如矩陣：

$$\begin{pmatrix} (0,0) & (5,0) & (3,0) & & & \\ & & & (2,0) & & \\ & (1,0) & & & (4,0) & \\ & & (1,0) & & (3,0) & (2,0) \\ & & & & & (5,0) \end{pmatrix}$$

其他未標出的元素均為(0,0)，(5,0)代表 V0 至 V1 的最大允許流量為 5，第二個 0 佔用的位置是我們找到最佳解時，V0 至 V1 的真實流量。

下面看「尋徑」函數，程式如下：

```
#隨機獲得一條從起點至終點的路徑
def find_path(max_flow,max_search_times=10000):
    success=False
    from_idx=0
    path=[from_idx]
    search_times=0
    while search_times<max_search_times:
        next_vertexes=[index for index in range(len(max_flow[0])) if
 max_flow[from_idx][index][0]>max_flow[from_idx][index][1]]
        if len(next_vertexes)==0:
            search_times+=1
            from_idx=fromIdx
            continue
```

```
        next_vertex=next_vertexes[np.random.randint(len(next_vertexe
s))]
        path.append(next_vertex)
        if next_vertex==len(max_flow[0])-1:
            success=True
            break
        from_idx=next_vertex
    if success:
        for i in range(len(path)-1,0,-1):
            if path[i] in path[:i]:
                #去除路徑中的圈
                path.remove(path[i])
        return path
    else:return []
```

註釋：find_path()函數從 V0 開始，尋找下一個頂點，滿足這兩個頂點的邊沒有達到最大容量，如果找到了，例如是 V1，則繼續尋找 V1 的下一個頂點，直到找到 V5 為止。以下是程式執行的合法路徑，此路徑是隨機的（路徑不唯一），程式如下：

```
find_path(MaxFlow)
```

執行結果如圖 31.10 所示。

[0, 1, 3, 2, 4, 5]

▲圖 31.10

以上述路徑為例，在此路徑上，V3 至 V2 的承載能力為 1，是最小的，我們為此路徑的每條邊分配流量 1；繼續呼叫此函數尋找合法路徑，假設後面找到的路徑為[0,1,3,5]，此時，由於 V1 至 V3 已經被第一條路徑分配 1 個流量了，所以，這條路徑的最大負載能力為 2-1=1，繼續下一個找到的路徑為[0,2,4,5]，此路徑的最大負載能力為 3，從而我們就獲得了最佳解是 5。此時，雖然 V0 至 V1 還有 3 個流量沒有達到最大，但由於其後繼邊只有 V1 至 V3，這條邊的容量已達最大。

此時的真實流量圖 31.11 所示，用箭頭表示路徑中流的方向，這是一個最佳解。

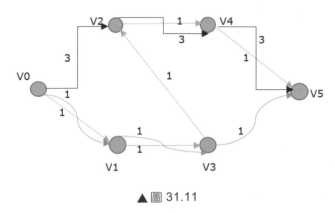

▲圖 31.11

假設隨機生成的路徑為[0,1,3,2,4,5]與[0,2,1,3,5]，如圖 31.12 所示。

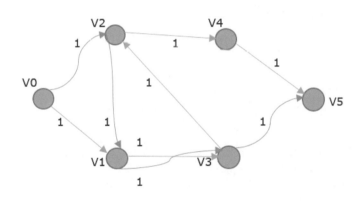

▲圖 31.12

由於 V1 至 V3 已達到最大容量，所以由 V0 流出至 V1 的流量已不可能再增大了，即使 V0 至 V2 的負荷達到最大值 3，整個網路的最大流量也不過為 4。

這是因為網路中出現了「圈」──V1、V3、V2、V1，注意到如果我們為這個圈中的所有邊減去這些邊的最小值 1(這幾條邊的值分別為 1、1、2)，如圖 31.13 所示。

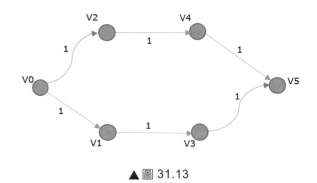

▲圖 31.13

對頂點 V1、V2、V3、V4 來講,除去「圈」之後不影響各自的流入與流出的平衡(想想為什麼),但此時 V1 至 V3 的流量沒有達到最大值 2,這樣,就為 V0 至 V1 的流出提供了機會。網路流中的「圈」,就像河流中的漩渦,它對水的流動總是起阻礙作用的。函數 find_circle()的功能就是找出網路中這樣的圈,程式如下:

```
#用隨機模擬方法查看有方向圖中是否有圈
def find_circle(max_flow,max_search_times=100):
    hasCircle=False
    minVetex_idx=1
    maxVetex_idx=len(max_flow[0])-2
    for idx in range(minVetex_idx,maxVetex_idx+1):
        path=[idx]
        distance=[]
        search_times=0
        from_idx=idx
        while search_times<max_search_times:
            next_vertexes=[index for index in range(minVetex_idx,max
Vetex_idx+1) if max_flow[from_idx][index][1]>0]
            if len(next_vertexes)==0:
                path=[idx]
                distance=[]
                search_times+=1
                from_idx=idx
                continue
```

```
                 next_vertex=next_vertexes[np.random.randint(len(next_ver
texes))]
            path.append(next_vertex)
            distance.append(max_flow[from_idx][next_vertex][1])
            if next_vertex==idx:
                hasCircle=True
                min_dis=min(distance)
                for i in range(len(path)-1):
                    max_flow[path[i]][path[i+1]][1]=max_flow[path[i]
][path[i+1]][1]-min_dis
                return hasCircle
            from_idx=next_vertex
    return hasCircle
```

testFlow 是未除圈之前的資料，測試程式如下：

```
testFlow=np.zeros((5,6,2))
testFlow[0][1]=[5,1]
testFlow[0][2]=[3,1]
testFlow[1][3]=[2,2]
testFlow[2][1]=[1,1]
testFlow[2][4]=[4,1]
testFlow[3][2]=[1,1]
testFlow[3][5]=[2,1]
testFlow[4][5]=[5,1]
print(find_circle(testFlow))
```

執行結果如圖 31.14 所示。

True

▲ 圖 31.14

函數 max_net_flow()實現了網路最大流的計算，程式如下：

```
#網路最大流函數，傳回網路最大流和對應頂點、邊的索引及流量及資訊
def max_net_flow(max_flow):
    while True:
```

```
        path=find_path(max_flow)
        if len(path)==0:
            if find_circle(max_flow):continue
            S=set()
            for row in range(len(max_flow)):
                for col in range(len(max_flow[0])):
                    if max_flow[row][col][0]>0:
                        S.add((row,col,max_flow[row][col][1]))
            return sum(max_flow[0])[1],S
        flowArr=[]
        for i in range(len(path)-1):
            appendFlow=max_flow[path[i]][path[i+1]][0]-
max_flow[path[i]][path[i+1]][1] if path[i]<path[i+1]\
                       else max_flow[path[i]][path[i+1]][1]
            flowArr.append(appendFlow)
            minFlow=min(flowArr)
        for i in range(len(path)-1):
            max_flow[path[i]][path[i+1]][1]=max_flow[path[i]][path[i
+1]][1]+minFlow
```

最後測試這個函數,程式如下:

```
max_net_flow(MaxFlow)
```

執行結果如圖 31.15 所示。

```
(5.0,
 {(0, 1, 2.0),
  (0, 2, 3.0),
  (1, 3, 2.0),
  (2, 1, 0.0),
  (2, 4, 3.0),
  (3, 2, 0.0),
  (3, 4, 0.0),
  (3, 5, 2.0),
  (4, 5, 3.0)})
```

▲ 圖 31.15

註釋：

（1）多執行幾次，以得到更多的方案。

（2）可以將此方法簡稱為「尋徑除圈」法。

（3）由於隨機性的原因，有時在規定的嘗試次數達到上限時，可能沒有
發現本應該發現的路徑或圈，這會造成最大流的資料錯誤，多執行
幾次 max_net_flow()函數比增加嘗試次數要好一些。

【例 31.5】最小費用最大流問題。如圖 31.16 所示，邊 $\overrightarrow{v_i v_j}$ 旁邊的數字
(b_{ij}, c_{ij}) 分別為 $\overrightarrow{v_i v_j}$ 的最大承載流量與單位流量的費用，求在達到網路最
大流的情況下的最小費用。

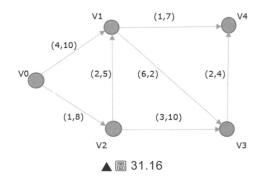

▲ 圖 31.16

解 首先使用函數 *max_net_flow()*求出其網路最大流，然後用線性規劃求
出最小費用。程式如下：

```
#先求出網路最大流
flow=np.zeros((4,5,2))
flow[0][1][0]=4
flow[0][2][0]=1
flow[2][1][0]=2
flow[1][3][0]=6
flow[1][4][0]=1
flow[2][3][0]=3
flow[3][4][0]=2
f,s=max_net_flow(flow)
f
```

執行結果如圖 31.17 所示。

3.0

▲ 圖 31.17

用線性規劃的方法求出最小費用，程式如下：

```
#用線性規劃的方法求最小費用最大流
import pulp
x=[pulp.LpVariable(f'x{i}',lowBound=0,cat='Integer') for i in range(7)]
c=[10,8,2,7,5,10,4]
#[(0,1),(0,2),(1,3),(1,4),(2,1),(2,3)(3,4)]
m=pulp.LpProblem()
m+=pulp.lpDot(x,c)
m+=(x[0]+x[1]==3)
m+=(x[0]+x[4]==x[2]+x[3])
m+=(x[1]==x[4]+x[5])
m+=(x[5]+x[2]==x[6])
m+=(x[3]+x[6]==3)
m+=(x[0]<=4)
m+=(x[1]<=1)
m+=(x[2]<=6)
m+=(x[3]<=1)
m+=(x[4]<=2)
m+=(x[5]<=3)
m+=(x[6]<=2)
m.solve()
print(pulp.value(m.objective))
print([pulp.value(var) for var in x])
```

執行結果如圖 31.18 所示。

49.0
[3.0, 0.0, 2.0, 1.0, 0.0, 0.0, 2.0]

▲ 圖 31.18

網路計畫

如果一個專案由若干個工作群組成，那麼這些工作之間必然存在先後順序或相互依賴的關係。我們可以將這些工作按照彼此之間的業務順序將其放置在圖的邊上，並為頂點編號。

【例 32.1】開發一個新產品，需要完成的工作及其先後順序關係、各項工作需要的時間，整理在表中，如表 32.1 所示。

表 32.1

序號	工作名稱	工作代號	工作持續時間/天	緊後工作
1	產品設計和製程設計	A	60	B,C,D,E
2	外購搭配件	B	45	L
3	鍛件準備	C	10	F
4	工裝製造 1	D	20	G,H
5	鑄件	E	40	H
6	機械加工 1	F	18	L
7	工裝製造 2	G	30	K
8	機械加工 2	H	15	L
9	機械加工 3	K	25	L
10	裝配與偵錯	L	35	/

其網路計畫圖如圖 32.1 所示（注意：由頂點 4 至 5 增加了一個虛工作 VW:0）：

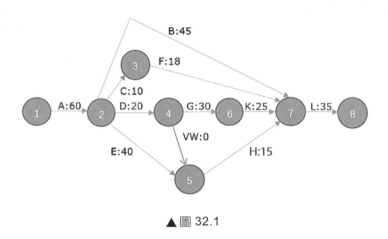

▲圖 32.1

本例的工作數量為 10 個，其網路計畫圖相對較為簡單。但若這樣的工作有 100 個或更多，我們想透過手工的方法表示出其順序關係和邏輯關係就比較困難。

我們設計把工作表轉換成網路計畫圖的程式，這看似簡單，實際上較為複雜。

首先從術語「物件導向程式設計」開始。本書以前的程式設計被稱為「過程程式設計」，我們非常自然地將圖中導向的邊與矩陣（陣列）中的元素對應起來，並將行與列的序號和頂點的索引建立聯繫，頂點的索引號並不參與運算，而頂點之間的邊雖然參與運算，但這些邊的值本身並未發生改變，過程導向的程式設計非常容易理解，但其局限性也是明顯的.如本例：兩個頂點之間的邊代表一項工作，對於頂點的編號，我們希望從左至右是嚴格遞增的；一項工作，有很多屬性：工作名稱、工作代號、工作持續時間、緊前工作、緊後工作等，這些值在業務中已被固化，即這些值不會再發生改變，但有一些我們非常關心的值現在還未確定──各項工作的最早開始時間、最遲開始時間、最早結束時間及最遲結束時間，這幾個時間分別用字母 ES、LS、EF、LF 表示，這些值依賴於最終的網路計畫

圖。我們當然可以建立很多陣列來儲存及維護這些資訊，但有更為合理的
方法：將「工作」視為一類「事物」，並將上述有關的業務值稱之為這類
「事物」的屬性，這類「事物」——在這裡是「工作」，被稱為物件。物
件有時也會執行一些特定的動作，例如物件「人」會「吃飯」這個動作，
我們稱之為這個物件的「事件」或「方法」，就像我們經常使用的
np.max()，其中 max()就是物件 np 的「函數」、「方法」或「事件」。
python 這樣定義一個類別（物件或事物），程式如下：

```python
class Work():
    def __init__(self):
        #類別 Work 的屬性
        self.idx=-1
        self.name=''
        self.describe=''
        #緊前工作
        self.ahead_work_idxes=[]
        #緊後工作
        self.back_work_idxes=[]
        #左節點索引
        self.from_node_idx=-1
        #右節點索引
        self.to_node_idx=-1
        self.D=0
        self.ES=0
        self.EF=0
        self.LS=0
        self.LF=0
        self.TF=0
        self.FF=0
        self.isOnKeypath=False
```

__init__(self)函數是類別 Work 的初始化函數，在這個函數中，我們一般
定義類別 Work 的各種屬性，本例不需為 Work 定義其他函數，我們僅使
用它的這些屬性，這些屬性的含義分別為：

- Idx，某工作的索引號或鍵值，唯一的，類型：整數。
- Name，工作代號，類型：字元。
- Describe，工作描述（註：相當於本例的工作名稱），字元。
- ahead_work_idxes，緊前工作，串列。
- back_work_idxes，緊後工作，串列。
- from_node_idx，工作在圖中對應的有向邊的起點編號，整數。
- to_node_idx，工作在圖中對應的有向邊的終點編號，整數。
- D，工作的持續時間，整數。
- ES，EF，LS，LF，在前文已經說過，TF、FF 分別為某工作的總時差、自由時差。
- isOnKeypath，某工作是否在關鍵路線上（用時最長的工作路線），預設為 False。

實際上，這和資料庫系統中儲存資料的資料表是一樣的。

下面為各項工作給予值，程式如下：

```
workes=[]
w=Work()
w.idx=1
w.name='A'
w.describe='產品設計和製程設計'
w.back_work_idxes=[2,3,4,5]
w.D=60
workes.append(w)

w=Work()
w.idx=2
w.name='B'
w.describe='外購搭配件'
w.ahead_work_idxes=[1]
w.back_work_idxes=[10]
w.D=45
workes.append(w)
```

```
w=Work()
w.idx=3
w.name='C'
w.describe='鍛件準備'
w.ahead_work_idxes=[1]
w.back_work_idxes=[6]
w.D=10
workes.append(w)

w=Work()
w.idx=4
w.name='D'
w.describe='工裝製造1'
w.ahead_work_idxes=[1]
w.back_work_idxes=[7,8]
w.D=20
workes.append(w)

w=Work()
w.idx=5
w.name='E'
w.describe='鑄件'
w.ahead_work_idxes=[1]
w.back_work_idxes=[8]
w.D=40
workes.append(w)

w=Work()
w.idx=6
w.name='F'
w.describe='機械加工1'
w.ahead_work_idxes=[3]
w.back_work_idxes=[10]
w.D=18
workes.append(w)
```

```
w=Work()
w.idx=7
w.name='G'
w.describe='工裝製造 2'
w.ahead_work_idxes=[4]
w.back_work_idxes=[9]
w.D=30
workes.append(w)

w=Work()
w.idx=8
w.name='H'
w.describe='機械加工 2'
w.ahead_work_idxes=[4,5]
w.back_work_idxes=[10]
w.D=15
workes.append(w)

w=Work()
w.idx=9
w.name='K'
w.describe='機械加工 3'
w.ahead_work_idxes=[7]
w.back_work_idxes=[10]
w.D=25
workes.append(w)

w=Work()
w.idx=10
w.name='L'
w.describe='裝配與偵錯'
w.ahead_work_idxes=[2,6,7,8]
w.D=35
workes.append(w)
```

在為串列 workes 增加一項工作時，我們使用 *w=Work()*初始化一項新的工作，這行程式觸發呼叫 Work 類別的__init__()函數，然後為 w 的各屬性給予值。稱 w 為類別 Work 的實例。

現在各項工作及其已有的資訊已儲存在串列 workes 中——換言之，現在在串列 workes 中，已經儲存著 10 個類型為 Work 的物件。

關於「物件導向」程式設計，我們不再過多地展開。

為了在 VSCode 上更進一步地顯示工作資訊，我們匯入 pandas 函數庫，程式如下：

```
#顯示(列印)工作資訊
import pandas as pd
def print_workes(workes):
    df=pd.DataFrame(columns=['idx','name','describe','ahead_workes',
\
        'back_workes','from','to','D','ES','EF','LS','LF','TF','FF',
\
            'isOnKeypath'])
    for i in range(len(workes)):
        df.loc[i]=[workes[i].idx,workes[i].name,workes[i].describe,\
         workes[i].ahead_work_idxes,workes[i].back_work_idxes,\
         workes[i].from_node_idx,workes[i].to_node_idx,workes[i].D,w
orkes[i].ES,workes[i].EF,workes[i].LS,workes[i].LF,workes[i].TF\
            ,workes[i].FF,workes[i].isOnKeypath]
    return df
print_workes(workes)
```

註釋：pandas 是一個匯入、操作、匯出資料表的函數庫，是 python 的協力廠商函數庫，在這裡我們僅使用其顯示功能，各項工作資訊可以像一個 excel 表一樣在 VSCode 上呈現，但字型較小。執行程式，結果如圖 32.2 所示。

	idx	name	describe	ahead_workes	back_workes	from	to	D	ES	EF	LS	LF	TF	FF	isOnKeypath
0	1	A	產品設計和製程設計	[]	[2, 3, 4, 5]	-1	-1	60	0	0	0	0	0	0	False
1	2	B	外購配套件	[1]	[10]	-1	-1	45	0	0	0	0	0	0	False
2	3	C	鍛件準備	[1]	[6]	-1	-1	10	0	0	0	0	0	0	False
3	4	D	工裝製造1	[1]	[7, 8]	-1	-1	20	0	0	0	0	0	0	False
4	5	E	鑄件	[1]	[8]	-1	-1	40	0	0	0	0	0	0	False
5	6	F	機械加工1	[3]	[10]	-1	-1	18	0	0	0	0	0	0	False
6	7	G	工裝製造2	[4]	[9]	-1	-1	30	0	0	0	0	0	0	False
7	8	H	機械加工2	[4, 5]	[10]	-1	-1	15	0	0	0	0	0	0	False
8	9	K	機械加工3	[7]	[10]	-1	-1	25	0	0	0	0	0	0	False
9	10	L	裝配與偵錯	[2, 6, 7, 8]	[]	-1	-1	35	0	0	0	0	0	0	False

▲圖 32.2

函數 get_first_work_indexes()獲得所有無緊前工作的工作串列，程式如下：

```
#獲得所有無緊前的工作
def get_first_work_indexes(workes):
    first_workes=[]
    for work in workes:
        if len(work.ahead_work_idxes)==0:
            first_workes.append(work.idx)
    return first_workes

first_work_idxes=get_first_work_indexes(workes)
first_work_idxes
```

執行結果如圖 32.3 所示。

[1]

▲圖 32.3

註釋：我們在撰寫程式時不要受當前例子的影響，而想當然地認為專案的第一項工作只有一個，由經驗——幾項工作同時開工的情況出現在很多實際專案中；但一般情況，專案的最後一個工作是唯一的。

函數 get_a_path()獲得一條工作路徑，程式如下：

```
#隨機獲得一個工作路徑
import random as r
def get_a_path(workes):
    path=[]
    nowAddIndex=first_work_idxes[r.randint(0,len(first_work_idxes)-
1)]
    path.append(nowAddIndex)
    while True:
        next_to_choice=workes[nowAddIndex-1].back_work_idxes
        if len(next_to_choice)==0:
            break
        nowAddIndex=next_to_choice[r.randint(0,len(next_to_choice)-
1)]
        path.append(nowAddIndex)
    return path

get_a_path(workes)
```

執行結果如圖 32.4 所示。

[1, 5, 8, 10]

▲圖 32.4

註釋：這代表著 A →E →H →L 這條工作線路。

下面的程式查詢所有路徑，並將其儲存在字典 path_dict 中，程式如下：

```
#獲得所有工作路徑並將其儲存至字典
from collections import defaultdict
path_dict=defaultdict(int)
for _ in range(1000):
    path=get_a_path(workes)
    path_length=0
    for i in range(len(path)):
        for work in workes:
            if work.idx==path[i]:
                path_length+=work.D
```

```
            break
    path_dict[tuple(path)]=path_length
path_dict
```

運行結果如圖 32.5 所示。

```
defaultdict(int,
            {(1, 2, 10): 140,
             (1, 3, 6, 10): 123,
             (1, 4, 8, 10): 130,
             (1, 5, 8, 10): 150,
             (1, 4, 7, 9, 10): 170})
```

▲圖 32.5

總共有 5 條不同的工作路徑，用時越長的路徑，對於我們規劃各項工作越有支配價值，用時最長的路徑稱為關鍵路徑。下面按照路徑用時長短對各路徑排序，時間長的排在前面，程式如下：

```
#將字典按值(路徑工作時長)排序
from operator import itemgetter
sorted_dict=sorted(path_dict.items(),key=itemgetter(1),reverse=True)
sorted_dict
```

執行結果如圖 32.6 所示。

```
[((1, 4, 7, 9, 10), 170),
 ((1, 5, 8, 10), 150),
 ((1, 2, 10), 140),
 ((1, 4, 8, 10), 130),
 ((1, 3, 6, 10), 123)]
```

▲圖 32.6

註釋：

（1）字典本身不支援排序。

（2）經過排序後，sorted_dict 的類型發生了改變，現在為串列。

下面完善關鍵路徑的工作資訊。由於專案的總工期也就是關鍵路徑的時長，所以，關鍵路徑上的任一工作都沒有彈性，程式如下：

```
#設定關鍵路徑上每項工作的屬性資訊
key_path_workes=list(sorted_dict[0][0])
minMarkIdx=1
ES=0
for i in range(len(key_path_workes)):
    work_idx=key_path_workes[i]-1
    workes[work_idx].from_node_idx=minMarkIdx
    workes[work_idx].ES=ES
    workes[work_idx].LS=ES
    ES+=workes[work_idx].D
    workes[work_idx].EF=ES
    workes[work_idx].LF=ES
    minMarkIdx+=1
    workes[work_idx].to_node_idx=minMarkIdx
    workes[work_idx].isOnKeypath=True
print_workes(workes)
```

註釋：minMarkIdx 是一個全域變數，記錄當前標注過的最大頂點編號；
程式執行結果如圖 32.7 所示。

	idx	name	describe	ahead_workes	back_workes	from	to	D	ES	EF	LS	LF	TF	FF	isOnKeypath
0	1	A	產品設計和製程設計	[]	[2, 3, 4, 5]	1	2	60	0	60	0	60	0	0	True
1	2	B	外購配套件	[1]	[10]	-1	-1	45	0	0	0	0	0	0	False
2	3	C	鍛件準備	[1]	[6]	-1	-1	10	0	0	0	0	0	0	False
3	4	D	工裝製造1	[1]	[7, 8]	2	3	20	60	80	60	80	0	0	True
4	5	E	鑄件	[1]	[8]	-1	-1	40	0	0	0	0	0	0	False
5	6	F	機械加工1	[3]	[10]	-1	-1	18	0	0	0	0	0	0	False
6	7	G	工裝製造2	[4]	[9]	3	4	30	80	110	80	110	0	0	True
7	8	H	機械加工2	[4, 5]	[10]	-1	-1	15	0	0	0	0	0	0	False
8	9	K	機械加工3	[7]	[10]	4	5	25	110	135	110	135	0	0	True
9	10	L	裝配與偵錯	[2, 6, 7, 8]	[]	5	6	35	135	170	135	170	0	0	True

▲ 圖 32.7

下面的程式，為每條路徑上的頂點增加編號：

```
#為非關鍵路徑上的工作設定左右節點編號
for i in range(1,len(sorted_dict)):
    deal_path=list(sorted_dict[i][0])
```

```
    workes[deal_path[0]-1].from_node_idx=1
    for idx in range(len(deal_path)-1):
        if workes[deal_path[idx]-1].to_node_idx<0 and workes[deal_
path[idx+1]-1].from_node_idx>0:
            workes[deal_path[idx]-1].to_node_idx=workes[deal_path
[idx+1]-1].from_node_idx
            continue
        if workes[deal_path[idx]-1].to_node_idx>0 and workes[deal_
path[idx+1]-1].from_node_idx<0:
            workes[deal_path[idx+1]-1].from_node_idx=workes[deal_
path[idx]-1].to_node_idx
            continue
        if workes[deal_path[idx]-1].to_node_idx<0 and workes[deal_
path[idx+1]-1].from_node_idx<0:
            minMarkIdx+=1
            workes[deal_path[idx]-1].to_node_idx=minMarkIdx
            workes[deal_path[idx+1]-1].from_node_idx=minMarkIdx
            continue
    if workes[deal_path[-1]-1].to_node_idx<0:
        minMarkIdx+=1
        workes[deal_path[-1]-1].to_node_idx=minMarkIdx

print_workes(workes)
```

運行結果如圖 32.8 所示。

	idx	name	describe	ahead_workes	back_workes	from	to	D	ES	EF	LS	LF	TF	FF	isOnKeypath
0	1	A	產品設計和制程設計	[]	[2, 3, 4, 5]	1	2	60	0	60	0	60	0	0	True
1	2	B	外購配套件	[1]	[10]	2	7	45	60	105	90	135	30	30	False
2	3	C	鍛件準備	[1]	[6]	2	6	10	60	70	107	117	47	0	False
3	4	D	工裝製造1	[1]	[7, 11]	2	3	20	60	80	60	80	0	0	True
4	5	E	鑄件	[1]	[8]	2	5	40	60	100	80	120	20	0	False
5	6	F	機械加工1	[3]	[10]	6	7	18	70	88	117	135	47	47	False
6	7	G	工裝製造2	[4]	[9]	3	4	30	80	110	80	110	0	0	True
7	8	H	機械加工2	[5, 11]	[10]	5	7	15	100	115	120	135	20	20	False
8	9	K	機械加工3	[7]	[10]	4	7	25	110	135	110	135	0	0	True
9	10	L	裝配與偵錯	[2, 6, 7, 8]	[]	7	8	35	135	170	135	170	0	0	True
10	11	VW	虛工作	[4]	[8]	3	5	0	80	80	120	120	40	20	False

▲圖 32.8

根據當前的頂點編號作圖，如圖 32.9 所示。

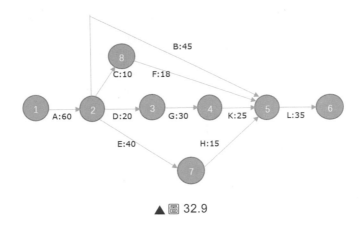

▲ 圖 32.9

上圖有兩個地方與業務要求不一致：

（1）H 為 D 的緊後工作沒有表示出來。

（2）在任一工作路徑中，編號大的不能在編號小的前面，而這裡的 7、8 在 5 的前面。

首先解決第一個問題：增加虛工作，如果兩個存在緊前緊後關係的工作沒有表現出來，就在這兩個工作之間增加一個虛工作，程式如下：

```
# 增加虛工作 VW
for i in range(len(sorted_dict)):
    deal_path=list(sorted_dict[i][0])
    for idx in range(len(deal_path)-1):
        if workes[deal_path[idx]-1].to_node_idx!=workes[deal_path
[idx+1]-1].from_node_idx:
            work=Work()
            work.idx=len(workes)+1
            work.from_node_idx=workes[deal_path[idx]-1].to_node_idx
            work.to_node_idx=workes[deal_path[idx+1]-1].from_node_idx
            work.name='VW'
            work.describe='虛工作'
            work.ahead_work_idxes=[deal_path[idx]]
```

```
        work.back_work_idxes=[deal_path[idx+1]]
        workes[deal_path[idx]-1].back_work_idxes.append(work.idx)
        workes[deal_path[idx]-1].back_work_idxes.remove(deal_
path[idx+1])
        workes[deal_path[idx+1]-1].ahead_work_idxes.append
(work.idx)
        workes[deal_path[idx+1]-1].ahead_work_idxes.remove(deal_
path[idx])
        workes.append(work)
print_workes(workes)
```

執行結果如圖 32.10 所示。

	idx	name	describe	ahead_workes	back_workes	from	to	D	ES	EF	LS	LF	TF	FF	isOnKeypath
0	1	A	產品設計和製程設計	[]	[2, 3, 4, 5]	1	2	60	0	60	0	60	0	0	True
1	2	B	外購配套件	[1]	[10]	2	5	45	0	0	0	0	0	0	False
2	3	C	鍛件準備	[1]	[6]	2	8	10	0	0	0	0	0	0	False
3	4	D	工裝製造1	[1]	[7, 11]	2	3	20	60	80	60	80	0	0	True
4	5	E	鑄件	[1]	[8]	2	7	40	0	0	0	0	0	0	False
5	6	F	機械加工1	[3]	[10]	8	5	18	0	0	0	0	0	0	False
6	7	G	工裝製造2	[4]	[9]	3	4	30	80	110	80	110	0	0	True
7	8	H	機械加工2	[5, 11]	[10]	7	5	15	0	0	0	0	0	0	False
8	9	K	機械加工3	[7]	[10]	4	5	25	110	135	110	135	0	0	True
9	10	L	裝配與偵錯	[2, 6, 7, 8]	[]	5	6	35	135	170	135	170	0	0	True
10	11	VW	虛工作	[4]	[8]	3	7	0	0	0	0	0	0	0	False

▲ 圖 32.10

注意最後一行增加了一個虛工作。現在查看所有工作路徑，程式如下：

```
#查看增加虛擬工作後的工作路徑
new_path_dict=defaultdict(int)
for _ in range(1000):
    path=get_a_path(workes)
    path_length=0
    for i in range(len(path)):
        for work in workes:
            if work.idx==path[i]:
                path_length+=work.D
                break
```

```
    new_path_dict[tuple(path)]=path_length
new_path_dict
```

執行結果如圖 32.11 所示。

```
defaultdict(int,
            {(1, 2, 10): 140,
             (1, 5, 8, 10): 150,
             (1, 3, 6, 10): 123,
             (1, 4, 11, 8, 10): 130,
             (1, 4, 7, 9, 10): 170})
```

▲圖 32.11

其中，編號為 11 的工作就是虛工作。

下面將字典重新排序，程式如下：

```
#排序
new_sorted_dict=sorted(new_path_dict.items(),key=itemgetter(1),reverse=True)
new_sorted_dict
```

運行結果如圖 32.12 所示。

```
[((1, 4, 7, 9, 10), 170),
 ((1, 5, 8, 10), 150),
 ((1, 2, 10), 140),
 ((1, 4, 11, 8, 10), 130),
 ((1, 3, 6, 10), 123)]
```

▲圖 32.12

將頂點編號重新排列，程式如下：

```
#重置每項工作的左右節點編號
for _ in range(1000):
    deal_path=r.randint(0,len(new_sorted_dict)-1)
    path=list(new_sorted_dict[deal_path][0])
    nodes=[]
    for i in range(len(path)):
        nodes.append(workes[path[i]-1].to_node_idx)
    nodes.sort()
    for i in range(len(nodes)):
```

```
        if i==0:
            workes[path[i]-1].to_node_idx=nodes[i]
        else:
            workes[path[i]-1].from_node_idx=nodes[i-1]
            workes[path[i]-1].to_node_idx=nodes[i]
    for i in range(len(new_sorted_dict)):
        every_path=list(new_sorted_dict[i][0])
        for j in range(len(every_path)-1):
            workes[every_path[j]-1].to_node_idx=workes[every_path
[j+1]-1].from_ node_idx
print_workes(workes)
```

執行結果如圖 32.13 所示。

	idx	name	describe	ahead_workes	back_workes	from	to	D	ES	EF	LS	LF	TF	FF	isOnKeypath
0	1	A	產品設計和製程設計	[]	[2, 3, 4, 5]	1	2	60	0	60	0	60	0	0	True
1	2	B	外購配套件	[1]	[10]	2	7	45	0	0	0	0	0	0	False
2	3	C	鍛件準備	[1]	[6]	2	6	10	0	0	0	0	0	0	False
3	4	D	工裝製造1	[1]	[7, 11]	2	3	20	60	80	60	80	0	0	True
4	5	E	鑄件	[1]	[8]	2	5	40	0	0	0	0	0	0	False
5	6	F	機械加工1	[3]	[10]	6	7	18	0	0	0	0	0	0	False
6	7	G	工裝製造2	[4]	[9]	3	4	30	80	110	80	110	0	0	True
7	8	H	機械加工2	[5, 11]	[10]	5	7	15	0	0	0	0	0	0	False
8	9	K	機械加工3	[7]	[10]	4	7	25	110	135	110	135	0	0	True
9	10	L	裝配與偵錯	[2, 6, 7, 8]	[]	7	8	35	135	170	135	170	0	0	True
10	11	VW	虛工作	[4]	[8]	3	5	0	0	0	0	0	0	0	False

▲圖 32.13

註釋：隨機產生一個工作路徑，第一個 for 迴圈記錄這條路徑上的頂點編號，按由小到大排序；第二個 for 迴圈更新這條工作路徑上的頂點編號；因為更新過的這條工作路徑上的頂點，也可能是其他工作路徑上的頂點，第三個 for 迴圈更新其他路徑的頂點，用圖 32.14 說明此問題。

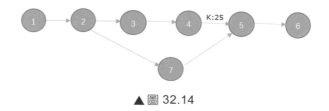

▲圖 32.14

例如：隨機產生的工作路徑為 $1→2→7→5→6$，將此路徑更新為 $1→2→5→6→7$，注意原來頂點 4 和頂點 5 之間的工作 K，現在的後繼頂點變為 6，此資訊必須更新！

完善 ES 和 EF，程式如下：

```
# 完善 ES 和 EF
for i in range(1,len(new_sorted_dict)):
    path=list(new_sorted_dict[i][0])
    ES=0
    for idx in range(len(path)):
        if workes[path[idx]-1].EF>0:
            ES=workes[path[idx]-1].EF
        else:
            workes[path[idx]-1].ES=ES
            ES+=workes[path[idx]-1].D
            workes[path[idx]-1].EF=ES
print_workes(workes)
```

運行結果如圖 32.15 所示。

	idx	name	describe	ahead_workes	back_workes	from	to	D	ES	EF	LS	LF	TF	FF	isOnKeypath
0	1	A	產品設計和製程設計	[]	[2, 3, 4, 5]	1	2	60	0	60	0	60	0	0	True
1	2	B	外購配套件	[1]	[10]	2	7	45	60	105	0	0	0	0	False
2	3	C	鍛件準備	[1]	[6]	2	6	10	60	70	0	0	0	0	False
3	4	D	工裝製造1	[1]	[7, 11]	2	3	20	60	80	60	80	0	0	True
4	5	E	鑄件	[1]	[8]	2	5	40	60	100	0	0	0	0	False
5	6	F	機械加工1	[3]	[10]	6	7	18	70	88	0	0	0	0	False
6	7	G	工裝製造2	[4]	[9]	3	4	30	80	110	80	110	0	0	True
7	8	H	機械加工2	[5, 11]	[10]	5	7	15	100	115	0	0	0	0	False
8	9	K	機械加工3	[7]	[10]	4	7	25	110	135	110	135	0	0	True
9	10	L	裝配與偵錯	[2, 6, 7, 8]	[]	7	8	35	135	170	135	170	0	0	True
10	11	VW	虛工作	[4]	[8]	3	5	0	80	80	0	0	0	0	False

▲ 圖 32.15

網路計畫圖如圖 32.16 所示。

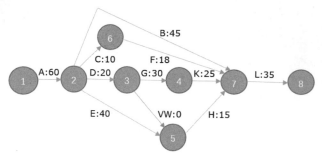

▲圖 32.16

根據業務規則完善其他資料資訊，程式如下：

```
# 完善 LS 和 LF
for i in range(1,len(new_sorted_dict)):
    LF=new_sorted_dict[0][1] #170
    path=list(new_sorted_dict[i][0])
    for idx in range(len(path)-1,-1,-1):
        if workes[path[idx]-1].isOnKeypath:
            LF=workes[path[idx]-1].ES
            continue
        workes[path[idx]-1].LF=LF
        LF-=workes[path[idx]-1].D
        workes[path[idx]-1].LS=LF
print_workes(workes)
```

運行結果如圖 32.17 所示。

	idx	name	describe	ahead_workes	back_workes	from	to	D	ES	EF	LS	LF	TF	FF	isOnKeypath
0	1	A	產品設計和製程設計	[]	[2, 3, 4, 5]	1	2	60	0	60	0	60	0	0	True
1	2	B	外購配套件	[1]	[10]	2	7	45	60	105	90	135	0	0	False
2	3	C	鍛件準備	[1]	[6]	2	6	10	60	70	107	117	0	0	False
3	4	D	工裝製造1	[1]	[7, 11]	2	3	20	60	80	60	80	0	0	True
4	5	E	鑄件	[1]	[8]	2	5	40	60	100	80	120	0	0	False
5	6	F	機械加工1	[3]	[10]	6	7	18	70	88	117	135	0	0	False
6	7	G	工裝製造2	[4]	[9]	3	4	30	80	110	80	110	0	0	True
7	8	H	機械加工2	[5, 11]	[10]	5	7	15	100	115	120	135	0	0	False
8	9	K	機械加工3	[7]	[10]	4	7	25	110	135	110	135	0	0	True
9	10	L	裝配與偵錯	[2, 6, 7, 8]	[]	7	8	35	135	170	135	170	0	0	True
10	11	VW	虛工作	[4]	[8]	3	5	0	80	80	120	120	0	0	False

▲圖 32.17

接下來，繼續完善 TF 和 FF，程式如下：

```
# 完善 TF 和 FF
for i in range(1,len(new_sorted_dict)):
    path=list(new_sorted_dict[i][0])
    for idx in range(len(path)-1):
        if workes[path[idx]-1].isOnKeypath:
            continue
        workes[path[idx]-1].TF=workes[path[idx]-1].LS-
workes[path[idx]-1].ES
        workes[path[idx]-1].FF=workes[path[idx+1]-1].ES-
workes[path[idx]-1].EF
print_workes(workes)
```

執行結果如圖 32.18 所示。

	idx	name	describe	ahead_workes	back_workes	from	to	D	ES	EF	LS	LF	TF	FF	isOnKeypath
0	1	A	產品設計和製程設計	[]	[2, 3, 4, 5]	1	2	60	0	60	0	60	0	0	True
1	2	B	外購配套件	[1]	[10]	2	7	45	60	105	90	135	30	30	False
2	3	C	鍛件準備	[1]	[6]	2	6	10	60	70	107	117	47	0	False
3	4	D	工裝製造1	[1]	[7, 11]	2	3	20	60	80	60	80	0	0	True
4	5	E	鑄件	[1]	[8]	2	5	40	60	100	80	120	20	0	False
5	6	F	機械加工1	[3]	[10]	6	7	18	70	88	117	135	47	47	False
6	7	G	工裝製造2	[4]	[9]	3	4	30	80	110	80	110	0	0	True
7	8	H	機械加工2	[5, 11]	[10]	5	7	15	100	115	120	135	20	20	False
8	9	K	機械加工3	[7]	[10]	4	7	25	110	135	110	135	0	0	True
9	10	L	裝配與偵錯	[2, 6, 7, 8]	[]	7	8	35	135	170	135	170	0	0	True
10	11	VW	虛工作	[4]	[8]	3	5	0	80	80	120	120	40	20	False

▲ 圖 32.18

最後，我們將結果匯出至 excel 檔案，程式如下：

```
# 將資料匯出至 Excel
import xlwt
work_book=xlwt.Workbook()
work_sheet=work_book.add_sheet('網路計畫圖資料')
work_sheet.write(0,0,'工作 ID')
work_sheet.write(0,1,'工作代號')
work_sheet.write(0,2,'工作描述')
```

```
work_sheet.write(0,3,'左節點編號')
work_sheet.write(0,4,'右節點編號')
work_sheet.write(0,5,'D')
work_sheet.write(0,6,'ES')
work_sheet.write(0,7,'EF')
work_sheet.write(0,8,'LS')
work_sheet.write(0,9,'LF')
work_sheet.write(0,10,'TF')
work_sheet.write(0,11,'FF')
work_sheet.write(0,12,'關鍵路線圖')
for i in range(len(workes)):
    work_sheet.write(i+1,0,workes[i].idx)
    work_sheet.write(i+1,1,workes[i].name)
    work_sheet.write(i+1,2,workes[i].describe)
    work_sheet.write(i+1,3,workes[i].from_node_idx)
    work_sheet.write(i+1,4,workes[i].to_node_idx)
    work_sheet.write(i+1,5,workes[i].D)
    work_sheet.write(i+1,6,workes[i].ES)
    work_sheet.write(i+1,7,workes[i].EF)
    work_sheet.write(i+1,8,workes[i].LS)
    work_sheet.write(i+1,9,workes[i].LF)
    work_sheet.write(i+1,10,workes[i].TF)
    work_sheet.write(i+1,11,workes[i].FF)
    work_sheet.write(i+1,12,'√' if workes[i].isOnKeypath else '')
work_book.save('./第32章 網路計畫圖.xls')
```

註釋：

（1）需要安裝 xlwt 函數庫，如果需要讀取 excel,安裝 xlrd 函數庫；

（2）匯出 Excel 檔案和當前檔案在同一路徑。

排隊論

由於服務資源相對於服務物件（也稱為顧客）的不平衡，排隊現象經常出現於服務資源受限的經濟活動與社會生活中，如：銀行的服務視窗、0800 人工服務台、銷售部門向倉庫送達的提貨單、到達機場上空待降落的飛機等。這裡服務的物件分別為：待辦理銀行業務的顧客、打入的電話、提貨單、飛機，而服務機構（也稱為服務台、服務生）分別為：銀行工作人員、0800 人工服務人員、倉庫管理員、跑道。從服務機構的角度看的話，服務物件的到達具有一定的隨機性。儘管一個機場飛機的到達時刻相對固定，但地面上跑道的佔用情況卻不是固定不變的，從而解決飛機正常降落也是一個隨機事件。

因為排隊現象大量出現在日常生活中，為了提高社會服務效率、降低服務成本就必須了解排隊論中的相關指標，並合理設定服務資源。

首先，從理解資料開始：以 τ_i 表示第 i 號顧客到達的時刻，以 s_i 表示對其服務的時間，則相繼到達的時間間隔 t_i 和排隊等待時間 w_i 為：

$$t_i = \tau_{i+1} - \tau_i$$

$$w_{i+1} = \begin{cases} w_i + s_i - t_i, & w_i + s_i - t_i \geq 0 \\ 0, & w_i + s_i - t_i < 0 \end{cases}$$

排隊等待時間有兩種情況。第一種情況是，當 i 號顧客正在等待或正在被服務時，即服務台忙時，第 $i+1$ 號顧客到達；第二種情況是，服務台閒時，即對第 i 號顧客的服務結束後，第 $i+1$ 號顧客才到達。

【例 33.1】某服務機構是單服務台，按照先到先服務原則，記錄 41 個顧客的到達時刻 τ 和服務時間 S（分鐘），結果如表 33.1 所示。在表中，第 1 號顧客到達時刻記為 0，對這 41 名顧客的全部服務時間總計為 127 分鐘。試根據表中資料資訊，求出平均間隔時間、平均服務時間及平均等待時間。

表 33.1

i	τ_i	s_i	i	τ_i	s_i	i	τ_i	s_i
1	0	5	15	61	1	29	106	1
2	2	7	16	62	2	30	109	2
3	6	1	17	65	1	31	114	1
4	11	9	18	70	3	32	116	8
5	12	2	19	72	4	33	117	4
6	19	4	20	80	3	34	121	2
7	22	3	21	81	2	35	127	1
8	26	3	22	83	3	36	129	6
9	36	1	23	86	6	37	130	3
10	38	2	24	88	5	38	133	5
11	45	5	25	92	1	39	135	2
12	47	4	26	95	3	40	139	4
13	49	1	27	101	2	41	142	1
14	52	2	28	105	2			

解 匯入原始資料，程式如下：

```
#原始資料
original_data=[
              [1,0,5],[2,2,7],[3,6,1],[4,11,9],[5,12,2],[6,19,4],
              [7,22,3],[8,26,3],[9,36,1],[10,38,2],[11,45,5],
              [12,47,4],[13,49,1],[14,52,2],[15,61,1],[16,62,2],
              [17,65,1],[18,70,3],[19,72,4],[20,80,3],[21,81,2],
              [22,83,3],[23,86,6],[24,88,5],[25,92,1],[26,95,3],
              [27,101,2],[28,105,2],[29,106,1],[30,109,2],
              [31,114,1],[32,116,8],[33,117,4],[34,121,2],
              [35,127,1],[36,129,6],[37,130,3],[38,133,5],
              [39,135,2],[40,139,4],[41,142,1]
              ]
compute_data=[]
for i in range(len(original_data)):
    if i==0:
        compute_data.append([original_data[1][1]-original_data[0]
[1],0])
    elif i==len(original_data)-1:
        w=compute_data[i-1][1]+original_data[i-1][2]-compute_data
[i-1][0]
        w=w if w>0 else 0
        compute_data.append([0,w])
    else:
        t=original_data[i+1][1]-original_data[i][1]
        w=compute_data[i-1][1]+original_data[i-1][2]-compute_data
[i-1][0]
        w=w if w>0 else 0
        compute_data.append([t,w])
data=np.hstack((original_data,compute_data))
data[:5]
```

運行結果如圖 33.1 所示。

```
array([[ 1,  0,  5,  2,  0],
       [ 2,  2,  7,  4,  3],
       [ 3,  6,  1,  5,  6],
       [ 4, 11,  9,  1,  2],
       [ 5, 12,  2,  7, 10]])
```

▲ 圖 33.1

註釋：

輸出的結果為前 5 個顧客的編號、到達時刻、服務時間、與下一個顧客的到達間隔及等待時間。求出平均間隔時間、平均服務時間及平均等待時間，程式如下：

```
aver_t=np.mean(data[:-1],axis=0)[3]
aver_s,aver_w=np.mean(data,axis=0)[[2,4]]
np.round((aver_t,aver_s,aver_w),3)
```

運行結果如圖 33.2 所示。

```
array([3.55 , 3.098, 3.317])
```

▲ 圖 33.2

排隊論模型的分類：$X/Y/Z/A/B/C$，各符號的含義如下：

X：相繼到達間隔時間的分佈。

Y：服務時間的分佈。

Z：服務台的數量。

A：系統容量限制。

B：顧客源數目 m。

C：服務規則，如先到先服務（FCFS），後到先服務（LCFS）等。

並規定：如果略去後三項，一般指的是模型：$X/Y/Z/\infty/\infty/FCFS$。

下面，我們說明負指數分佈和卜松分佈實際上是一致的：

$$F(x) = 1 - e^{-\frac{x}{\theta}} = e^{\frac{x}{\theta}}e^{-\frac{x}{\theta}} - e^{-\frac{x}{\theta}} = (e^{\frac{x}{\theta}} - 1)e^{-\frac{x}{\theta}} \quad (\text{記 } \lambda = \frac{1}{\theta})$$

$$= (e^{\lambda x} - 1)e^{-\lambda x}$$

$$= (1 + \lambda x + \frac{\lambda^2 x^2}{2!} + \frac{\lambda^3 x^3}{3!} + \cdots + \frac{\lambda^k x^k}{k!} + \cdots - 1)e^{-\lambda x}$$

$$= (\lambda x + \frac{\lambda^2 x^2}{2!} + \frac{\lambda^3 x^3}{3!} + \cdots + \frac{\lambda^k x^k}{k!} + \cdots)e^{-\lambda x}$$

取 $x = 1$ 得：$(1 + \lambda + \frac{\lambda^2}{2!} + \frac{\lambda^3}{3!} + \cdots + \frac{\lambda^k}{k!} + \cdots)e^{-\lambda} = 1$，而卜松分佈（離散型

的）的機率公式 $P\{X = k\} = \frac{\lambda^k e^{-\lambda}}{k!}$ 即為上述式子的一般項；與連續型的

負指數分佈唯一不同的是：

$F(0) = 0$ 而 $P\{X=0\} = e^{-\lambda}$。

對於卜松分佈，單位時間內平均到達的顧客數為 λ 個，而對於負指數分佈，服務台每處理一個顧客平均所需時間的期望為 θ，或某件事發生的時間的期望為 θ。

如果單位時間內顧客到達的人數服從卜松分佈，而服務台服務一個顧客的時間服從負指數分佈，我們將此排隊模型記為：$M / M / Z$。

對模型求解可以依照數學理論去分析，也可以透過隨機模擬的方法估計相關參數。對於前者，由於分析過程要對模型進行簡化處理，得到的經驗公式的信服度與模型的複雜程度成反比(註：信服度低並不表示公式不正確，對於在隨機事件中尋找某個必然的規律或公式本身就是一個機率問題，而非絕對的公式)；而後者可以透過大量的隨機模擬以應對任意組合的排隊模型。這裡採用後者。

現以標準的 $M/M/1$ 模型 ($M/M/1/\infty/\infty/FCFS$) 展示隨機模擬試驗的方法。

【例 33.2】 某醫院手術室根據病人來診和完成手術的時間記錄，任意抽查了 100 個工作小時，每小時平均就診的病人數為 2.1 個，又任意抽查了 100 個完成手術的病例，所用時間平均為 0.4 人/小時，求下列指標：

（1）W_s：系統中病人逗留時間的期望值。

（2）W_q：系統中病人等待時間的期望值，即病人排隊等待時間的期望值。

（3）L_s：系統中病人的平均數。

（4）L_q：佇列中等待的平均病人數。

（5）ρ：服務強度，這裡指醫生的工作強度。

解 病人單位時間（1 小時）到達的人數服從參數為 2.1 的卜松分佈，而一個病人的手術時長服從參數為 0.4 的負指數分佈。不妨假設在單位時間內每個病人到達的時刻服從均勻分佈，我們隨機模擬服務物件（病人）為 2000 個的情形 100 次，求出逗留時間和等待時間的平均值；首先匯入必需的函數庫及函數，程式如下：

```
from scipy.stats import poisson,expon,uniform
import numpy as np
```

函數 gen_reach_T()隨機生成顧客到達的時刻，程式如下：

```
#生成服務物件達到時間
def gen_reach_T(lamda,uniform_scale,gen_size,random_seed):
    np.random.seed(random_seed)
    generator=poisson(lamda)
    nums=0
    gen_nums=[]
    while nums<gen_size:
        num=generator.rvs(size=1)
```

```
        gen_nums.append(num)
        nums+=num
#修改最後一個元素，使串列 gen_nums 的各項和恰好為 gen_size
gen_nums[-1]-=nums-gen_size
gen_nums=list(np.array(gen_nums).ravel())
reach_T=[]
for idx,num in enumerate(gen_nums):
    if num>0:
        T_s=uniform(idx,uniform_scale).rvs(size=num)
        T_s.sort()
        for t in T_s:
            reach_T.append(t)
reach_T=list(np.round(np.array(reach_T).ravel(),2))
#將首個服務物件到達的時刻設為 0
reach_T[0]=0
return reach_T
```

測試 gen_reach_T()函數，程式如下：

```
reach T=gen reach T(2.1,1.0,1000,0)
reach_T[:10]
```

運行結果如圖 33.3 所示。

```
[0, 0.47, 0.51, 0.71, 1.04, 1.06, 1.29, 1.83, 2.53, 2.67]
```

▲圖 33.3

註釋：

由於隨機性的原因，在第一個小時內一共到達 4 位顧客(病人)，第二個小時內也是到達 4 位顧客，實際上平均每小時到達顧客的平均數為 2.1 個。

函數 gen_service_T()隨機產生每個顧客的服務時長，程式如下：

```
#生成對每個服務物件的服務時長
def gen_service_T(theta,gen_size,random_seed):
    np.random.seed(random_seed)
    generator=expon(0,theta)
```

```
    return list(np.round(generator.rvs(size=gen_size),2))
np.mean(gen_service_T(0.4,1000,0))
```

執行結果如圖 33.4 所示。

0.40155

▲ 圖 33.4

函數 gen_Lq_Ls_rou（）生成系統的佇列長度、隊長及服務強度。這裡由於需要使用 pandas.cut()函數，首先匯入 pandas 函數庫 import pandas as pd，再執行。程式如下：

```
#要使用 pd.cut 函數
import pandas as pd

def gen_Lq_Ls_rou(reach_t,service_t):
    start_service_t=[]
    stop_service_t=[]
    start_service_t.append(reach_t[0])
    stop_service_t.append(service_t[0])
    size=len(reach_t)
    for i in range(1,size):
        if reach_t[i]>=stop_service_t[i-1]:
            start_service_t.append(reach_t[i])
            stop_service_t.append(reach_t[i]+service_t[i])
        else:
            start_service_t.append(stop_service_t[i-1])
            stop_service_t.append(stop_service_t[i-1]+service_t[i])
    Lq,Ls,rou=[],[],[]
    observe_t=np.linspace(0,stop_service_t[-1],size)
    for i in range(size):
        #pd.cut()函數將區間分為左開右閉的區間,因為 reach_t[0]=0,所以這裡要
加上 1
        total_come_nums=pd.cut(reach_t,[0,observe_t[i]]).value_count
s()[0]+1
        total_leave_nums=pd.cut(stop_service_t,[0,observe_t[i]]).val
ue_counts()[0]
```

```
        sub=total_come_nums-total_leave_nums
        if sub==0:
            Lq.append(sub)
            Ls.append(sub)
        else:
            Lq.append(sub-1)
            Ls.append(sub)
        rou.append(sum(service_t)/stop_service_t[-1])
    return Lq,Ls,rou
```

註釋：

（1）gen_Lq_Ls_rou()函數首先生成每個顧客開始服務與結束服務的時刻串列，然後透過 pd.cut()函數計算：從時刻 0 至每一個觀察時刻為止，總共到達的顧客數與總共離開的顧客數，從而統計每一個觀察時刻的隊與佇列的長度，服務強度等於總服務時間除以最後一個顧客的離開時間。

（2）此函數執行耗時較長。

使用 M_M_1 函數計算各個指標，程式如下：

```
import sys
#M_M_1 函數輸出隨機模擬的各指標資訊
def M_M_1(lamda=2.1,uniform_scale=1.0,theta=0.4,gen_size=2000,\
        random_seed=np.random.randint(20,size=(100,2)),bCompute_Ls_
Lq_rou=False):

    #如果需要輸出這幾個指標，僅輸出 20 個隨機模擬的結果
    if bCompute_Ls_Lq_rou:random_seed=np.random.randint(20,size=(20,
2))

    result=[]
    for [seed_1,seed_2] in random_seed:
        info=[]
        reach_T=gen_reach_T(lamda,uniform_scale,gen_size,seed_1)
        service_T=gen_service_T(theta,gen_size,seed_2)
```

```
        interval_T=[reach_T[i+1]-reach_T[i] for I in range(len
(reach_T)-1)]
        wait_T=[0]
        for i in range(1,len(service_T)):
            temp=wait_T[i-1]+service_T[i-1]-interval_T[i-1]
            wait_T.append(temp if temp>=0 else 0)
        info.append(wait_T)
        stay_T=list(np.array(wait_T)+np.array(service_T))
        info.append(stay_T)
        if bCompute_Ls_Lq_rou:
            lq,ls,rou=gen_Lq_Ls_rou(reach_T,service_T)
            info.append(lq)
            info.append(ls)
            info.append(rou)
            Wq,Ws,Lq,Ls,rou=np.mean(np.array(info),axis=1)
            result.append([Wq,Ws,Lq,Ls,rou])
            print('In test {}:\tWq={:.3f}, Ws={:.3f}, Lq={:.3f}, Ls=
{:.3f}, rou={:.3f}'\.format(len(result),Wq,Ws,Lq,Ls,rou))
            sys.stdout.flush()
        else:
            Wq,Ws=np.mean(np.array(info),axis=1)
            result.append([Wq,Ws])
            print('In test {}:\tWq={:.3f}, Ws={:.3f}'.format(len(res
ult),Wq,Ws))
            sys.stdout.flush()
    return np.mean(np.array(result),axis=0)
```

註釋：

因為耗時的原因，最後一個參數 bCompute_Ls_Lq_rou 指明是否計算這三個指標，如果計算這三個指標，我們僅做 20 次的隨機模擬。

下面分兩種情況呼叫函數 M_M_1()函數。

程式如下：

```
M_M_1()
```

因為執行結果內容顯示太長，僅取後 10 次的結果及平均結果，如圖 33.5 所示。

```
In test 91:      Wq=2.054, Ws=2.447
In test 92:      Wq=1.447, Ws=1.838
In test 93:      Wq=1.436, Ws=1.828
In test 94:      Wq=2.217, Ws=2.624
In test 95:      Wq=2.700, Ws=3.092
In test 96:      Wq=1.893, Ws=2.301
In test 97:      Wq=2.134, Ws=2.534
In test 98:      Wq=1.517, Ws=1.909
In test 99:      Wq=1.770, Ws=2.161
In test 100:     Wq=1.910, Ws=2.304

array([2.12511015, 2.5248283 ])
```

▲圖 33.5

程式如下：

```
M_M_1(bCompute_Ls_Lq_rou=True)
```

同樣，僅取後 10 次的結果及平均結果，如圖 33.6 所示。

```
In test 11:      Wq=2.056, Ws=2.456, Lq=4.362, Ls=5.205, rou=0.848
In test 12:      Wq=1.891, Ws=2.292, Lq=3.977, Ls=4.822, rou=0.846
In test 13:      Wq=2.332, Ws=2.739, Lq=4.865, Ls=5.718, rou=0.852
In test 14:      Wq=2.114, Ws=2.514, Lq=4.487, Ls=5.332, rou=0.847
In test 15:      Wq=1.926, Ws=2.336, Lq=4.030, Ls=4.886, rou=0.860
In test 16:      Wq=1.261, Ws=1.654, Lq=2.570, Ls=3.367, rou=0.797
In test 17:      Wq=2.415, Ws=2.822, Lq=5.054, Ls=5.908, rou=0.852
In test 18:      Wq=3.482, Ws=3.886, Lq=7.344, Ls=8.195, rou=0.852
In test 19:      Wq=1.940, Ws=2.334, Lq=4.105, Ls=4.944, rou=0.836
In test 20:      Wq=2.787, Ws=3.180, Lq=5.888, Ls=6.715, rou=0.830

array([2.168677  , 2.57074225, 4.554825  , 5.39745   , 0.843979  ])
```

▲圖 33.6

註釋：

（1）我們看到，即使是模擬 2000 個病人參與的情況，各個指標在每一次 試驗中也相差很大，但多次的平均數接近於理論值。

（2）其他排隊模型可根據業務規則及所需指標對程式進行修改或補充。

本章最後,我們透過一個例子再次學習排隊系統的隨機模擬法。

【例 33.3】分析排隊系統的隨機模擬法。設某倉庫前有一卸貨場,貨車夜間到達,白天卸貨。每天只能卸貨 2 車,若一天內到達數超過 2 車,那麼就延後到次日卸貨。表 33.2 是貨車到達數的機率分佈。求每天延後卸貨的平均車數。

表 33.2

到達車數	0	1	2	3	4	5	≥6
機率	0.23	0.30	0.30	0.1	0.05	0.02	0

解 我們模擬連續 2000 天的情況 1000 次,取延後卸貨車數的平均數,程式如下:

```
result=[]
test_days,test_times=2000,1000
for _ in range(test_times):
    reached_num=np.random.choice([0,1,2,3,4,5],size=test_days,\
        p=[0.23,0.3,0.3,0.1,0.05,0.02])
    can_unload=[2]*(test_days)
    delay_unload=[reached_num[0]-can_unload[0] \
        if reached_num[0]-can_unload[0]>0 else 0]
    for i in range(1,test_times):
        delay_=delay_unload[-1]+reached_num[i]-can_unload[i]
        delay_unload.append(delay_ if delay_>0 else 0)
    result.append(np.mean(delay_unload))
np.mean(result)
```

運行結果如圖 33.7 所示。

0.9216759999999999

▲圖 33.7

參考文獻

[1] 同濟大學數學系.高等數學（上冊）[M].北京：高等教育出版社，2014.

[2] 同濟大學數學系.高等數學（下冊）[M].北京：高等教育出版社，2014.

[3] Matthes E.Python 程式設計從入門到實踐[M].北京：人民郵電出版社，2016.

[4] Stewart J M.Python 科學計算[M]. 北京：機械工業出版社，2019.

[5] 盛驟，謝式千，潘承毅.機率論與數理統計[M].北京：高等教育出版社，2008.

[6] 運籌學教材編寫組.運籌學[M]. 北京：清華大學出版社，2012.